测绘行业职业教育工学结合一体化规划教材

专题地图编制

付　翔　史俊明　边志华
刘豪杰　贾红玲　郑殿军　编著

黄河水利出版社
·郑州·

内 容 提 要

本教材根据高、中等职业院校学生的知识水平及用人单位对学生知识和技能的需求，按照"项目引导、任务驱动、淡化理论、注重实操"的原则撰写而成。全书共编写了十一个项目，具体是：认识专题地图、学习 CorelDRAW X3 绘图软件、编绘地理底图及编制作者原图、编制政区地图、编制城区地图、编制交通旅游地图、编制人口地图、编制工业地图、编制农业地图、编制土地利用现状图、编制地势图。结合测绘单位实际生产情况，以 CorelDRAW X3 图形处理软件为平台，详细介绍了各类专题地图的编制过程、技术、操作方法及完成各个项目应具备的相关知识和技能。

本书可作为高、中等职业院校地图制图与 GIS 专业的专业课教材，也可供从事地图制图的技术人员参考。

图书在版编目(CIP)数据

专题地图编制/付翔等编著. —郑州：黄河水利出版社，2015.8
ISBN 978-7-5509-1113-0

Ⅰ.①专… Ⅱ.①付… Ⅲ.①专题地图-地图编绘 Ⅳ.①P285

中国版本图书馆 CIP 数据核字(2015)第 084041 号

出版社：黄河水利出版社
地址：河南省郑州市顺河路黄委会综合楼 14 层　　邮政编码：450003
发行单位：黄河水利出版社
发行部电话：0371-66026940、66020550、66028024、66022620(传真)
E-mail：hhslcbs@126.com
承印单位：郑州金狮印务有限公司
开本：787 mm×1 092 mm　1/16
印张：15.75
字数：390 千字　　印数：1—3 000
版次：2015 年 8 月第 1 版　　印次：2015 年 8 月第 1 次印刷

定价：38.00 元

前　言

专题地图编制是一门专门研究各种信息的收集、分析、分类与综合，研究信息的表达和图形化，最终实现专题信息可视化的学科。专题信息涵盖面十分广泛，它既包括地形、地质、地貌、气象、水文、土壤、植被、动物等自然信息，也包括政治、人口、经济、文化、历史等社会人文信息，因此《专题地图编制》是地图制图学科中应用十分广泛的一门课程。自然信息和社会人文信息均可用专题制图的方法进行表达和分析，并利用计算机技术、网络技术将各种分析结论传输到有关决策部门，为实施各种决策提供参考。随着计算机技术的发展，专题地图编制的理论、技术方法也得到快速发展。近年来，地图生产部门和科研机构已经采用全数字制图技术，利用空间数据资源，设计制作专题地图，以提高专题地图制作质量，缩短专题地图生产周期，降低专题地图生产成本，增加专题地图产品种类，使专题地图在国民经济建设和人们日常生活中发挥出越来越大的作用。

本书根据国家职业院校“地图制图与地理信息系统专业教学标准”，以及测绘地理信息企事业单位的生产情况，突破了传统教材的编写模式和方法，遵循“项目引导、任务驱动、淡化理论、注重实操”的原则，分列了十一个项目。除第一个项目外，其他十个项目均以技能训练为重点，在教学中实现“教、学、做”三者合一，以提升学生的实际操作能力，促进学生知识、能力、素质的协调发展。

本教材对相似的项目均按照统一的内容框架进行编写，每个项目具体内容包括项目目标、实例素材、相关知识、技能训练四部分。其中，技能训练部分配置了多幅插图，这些插图均是各位参编教师结合目前用人单位生产工艺，以 CorelDRAW 图形处理软件为平台而精心绘制的。全书图文并茂，通俗易懂，力求为读者创造一个“真实的学习和工作环境”，使理论教学与实践训练有机结合，相互融通，按照实训操作方法、步骤，即可顺利完成每个项目的技能训练。

本书由付翔担任主编，负责大纲设计、项目编写及统稿；郑殿军参与了大纲的审定、定稿等工作。付翔负责编写：项目 2 学习 CorelDRAW X3 绘图软件、项目 6 编制交通旅游地图、项目 9 编制农业地图、项目 10 编制土地利用现状图；史俊明负责编写：项目 3 编绘地理底图及编制作者原图、项目 4 编制政区地图、项目 7 编制人口地图、项目 11 编制地势图；边志华负责编写：项目 1 认识专题地图、项目 5 编制城区地图、项目 8 编制工业地图；黄河勘测规划设计有限公司教授级高级工程师刘豪杰、高级工程师贾红玲负责了技能训练部分大纲的拟定和内容的编写。

本书由河南省地图院国家测绘地理信息局青年学术和技术带头人、高级工程师卢清国审稿。

本书在编写过程中得到了郑州测绘学校教务处及地图制图与地理信息系统教学部全体老师的鼎力相助,在此一并表示感谢!本书于 2013 年 12 月完成第一稿,经过一年的试用、修改完善,最终定稿。由于作者水平有限,书中不妥之处,敬请读者批评指正!

编　者

2015 年 1 月

目　录

项目1 认识专题地图

项目目标

(1)初步认识专题地图,学习并掌握专题地图的概念、特征、构成。
(2)了解专题地图的类型、常用表示方法及一般成图过程。

实例素材

1 各种单张纸质专题地图

(1)河南省地势图。
(2)郑州市城区图。
(3)河南省政区图。
(4)郑州市交通旅游图。

2 各种专题地图集、地图册

(1)河南省经济地图集。
(2)云南省地图集(盒装)。
(3)中国高速公路及城乡公路网地图集。

3 各种电子地图

(1)河南省电子地图。
(2)中国电子地图。
(3)世界电子地图。

相关知识

1 专题地图的基本概念

地图按其内容,可分为普通地图和专题地图(主题地图)两大基本类型。

普通地图是全面反映制图区域内自然要素和人文要素一般特征的地图。它不偏重于某个或某些要素,具有较广泛的内容,能帮助读者了解制图区域的地理全貌,是一种全要素地图。这类地图用途广泛，是编制各种专题地图的基础资料。

专题地图是一种深入解释制图区域内某一种或少数几种自然或社会人文要素专题特征的地图。专题地图简明、突出而完备地显示一种或几种要素，从而使地图内容成为专题化。与普通地图不同，专题地图的内容和形式多种多样，它是各种科学研究的辅助工具，并满足于社会经济各部门各种特殊的用途。

专题地图的制图对象可大可小，大则包括多种相关地理要素，如气候图中的气温、降水等；小则仅含某种具体事象，如单一工业部门地图。

1.1 专题地图的基本特征

与普通地图相比，专题地图具有以下特征：

(1)与普通地图相比，专题地图只将某一种或几种相关联的要素特别完备而详尽地显示出来，而其他要素的显示则较为次要，甚至某些要素根本不予表示。例如，在地势图上地貌用等高线加分层设色表示得很详细，为了增强地形的立体感，有时还加以晕渲，而人文要素就表示得很简单；在政区地图和经济地图上通常不表示地貌，但居民点则按行政意义或经济意义详细地分级表示；而在交通图上则详细表示道路网，甚至表示其经济技术指标。

(2)专题地图的内容，除那些在地表上能见到的和能进行测量的自然现象或人文现象外，还有那些往往是不能见到的或不能直接量测的自然现象或人文现象。例如地质构造、气候现象、洋流、民族组成和历史事件等。

(3)在专题地图上不仅可以表示现象的现状及其分布，而且能表示出现象的发展动态变化和发展规律。例如环境保护方面的地图、人口地图和经济预测图。

1.2 专题地图的定义

综上所述，专题地图的定义应是：按照地图主题的要求，突出而完善地表示与主题相关的一种或几种要素，使地图内容专题化、形式多样化、用途专门化的地图。

1.3 专题地图的内容构成

专题地图表示内容，可区分为两种形式，一是在普通地图中选择一种或几种要素（如地势、道路网等），详细而完备地予以重点反映，如地势图就是以地势和水系作为主要表示内容的地图，图上基本不反映社会人文要素；二是除泛泛反映普通地图上的少数要素外，还要表示出普通地图上所没有（如地面上看不到或不能直接量测）的某些专题要素，如地质图上的隐伏断层、气候图上的气象要素、人口图上的人口密度等，都是这一形式的典型代表。

专题地图的内容主要由三个部分构成，即专题地图的数学要素、专题地图的专题要素和专题地图的地理基础要素。

1.3.1 专题地图的数学要素

与普通地图一样，构建专题地图的数学要素有坐标网、比例尺和地图定向等内容。

在专题地图中，对人文、经济现象一般是表示其相对的定性、定量指标及其在区域间的对比关系，因此多数采用较小的比例尺。在这种地图上，坐标网为地理坐标网，即经纬网；控制点不表示；地图定向一般以中央经线为正北方向。

对自然现象、资源状况，诸如地质现象、地貌现象、土壤及植被的分布、各种土地资源状况的表示，由于它们都必须以国家的基本地形图为基础，通过勘测和调绘获得，因此与普通地图一样，有一定的比例尺系列。大、中比例尺地图的坐标网也存在着两种坐标网，即地理坐标网（经纬网）和平面坐标网（投影坐标网）；大比例尺地图上要选用一些高等级的控制点，如同国家基本大比例尺图一样，运用三北方向图。但中、小比例尺地图只用地理坐标网，以经线定向，不表示控制点。

专题地图因其主题和用途的要求，会有多种多样的地图投影供选择，不同的投影性质其经纬网的形状也不完全相同。

1.3.2 专题地图的专题要素

专题要素是专题地图内容的主体。根据地图主题和用途要求的不同，专题要素在不同的专题地图中，有的只表示一种要素，有的则表示多种要素；由于可以运用不同的表示方法，有的表示方法可以详细而精确地表达专题内容，有的则只能概略地表达专题内容；有的表示方法可以表达专题内容的多重属性，有的却只能表达内容的某一属性；加之地图用途所决定的地图比例尺要求的不同，因此不同的专题地图，其专题要素的内容容量、精确程度和复杂程度是有很大差异的，这些差异在后面的项目里会论及。

1.3.3 专题地图的地理基础要素

如前所述，专题地图根据其各自的主题，有着各自要求表达的专题要素。这些要素不论是地质、地貌、气候、水文、土壤、植被，还是人口、社会、经济、文化、历史状况，都会因发生的区域不同而有所不同。描述这些区域地理状况的要素如水系、居民地、交通网、地貌、土质、植被及境界等（地理基础要素），是作为专题地图的底图而存在的，而表示这些地理要素的地图就称为专题地图的底图。底图具有确定专题要素位置的控制骨架作用，是确定专题要素的控制系统，底图中的这些要素就是地理基础要素。

2 专题地图的分类

专题地图既可以表示普通地图上有的，也可以表示普通地图上没有的地理要素；既可以表示实际可见的地物，也可以表示实地看不到的现象。由于制图对象极其广泛，因此其地图分类方法与普通地图相比要复杂得多。可以从专题内容的性质、地图符号的结构及其分布形式、地图概括与简化的深度、地图用途以及制图所用技术的先进程度等5个角度来进行分类。

2.1 按内容性质分类

按地图内容性质来划分，专题地图常常被分为自然地图、人文地图和其他专题图三大类。每一大类由于其各自性质不同，又可进一步划分出若干个二级类。

2.1.1 自然地图

自然地图是指主要表示自然要素的地图。

（1）地势图：以地势和水系为主要要素，地势一般采用等高线，外加分层设色或晕渲法进行表示。

（2）地貌图：反映地表形态的外部特征、类型、成因、年龄及其发展过程。

（3）地质图：显示地面以下各种岩层的分布、内部结构及其形成和发展的规律。

（4）地球物理图：显示各种地球物理现象，如地磁、地电、重力异常、地震、火山等的分布规律。

(5)气象—气候图:反映地表气象—气候状况,包括太阳辐射量、日照、地表热平衡、气团、气压、气旋、锋面、气温、降水以及风、云、雾、霜、雪、湿度、蒸发量以及气候带、气候区划等要素的时空分布规律。其中,气象图反映短时变化,气候图反映长期规律。

(6)水文图:反映海洋水文和陆地水文现象的时空分布规律,内容包括潮汐、洋流、海水温度、密度、盐度、湖泊水文、陆地水文网的分布及其密度、径流深度、径流系数等。

(7)土壤图:反映地表土壤的外部特征、类型及其地域分布规律。

(8)植被图:表示地表植被或植物群落的类型及其地理分布。

(9)动物地理图:显示各种野生动物在世界各地或区域的分布。

(10)生态保护图:包括生态环境图、自然资源图、环境医学图(医疗地理图)等图种。

(11)景观图:表示制图区域内各种自然景观要素,如地势、气候、水文、土壤、植被、动物等综合发展的规律,解释它们彼此间的相互联系、相互制约的关系,借以对制图区域进行综合性的分析研究,从而得出评价景观健康状况的结论。

2.1.2 人文地图

人文地图指主要表示社会经济要素的地图。

(1)政区图:以世界政治区域、各国间的政治关系、一个或几个国家的行政区划及其政治行政中心为主要内容。

(2)人口图:以聚落分布、人口密度、民族分布、人口迁移、人口的自然变动以及宗教信仰等为内容的地图。

(3)城市图:有城市现状平面图、城市规划图等,内容包括城市结构、城市职能、城市旅游、土地利用以及城市生态等。

(4)历史地图:表示人类社会的历史现象,如古代各个国家或民族的分布、各国的文化、经济、民族运动、商业路线、政治和军事事件等。

(5)文教地图:以文化教育卫生等方面机构和设施的分布为主要内容。

(6)经济地图:包括动力资源和矿产资源图、工业部门图、农业图、林业图、交通运输图(铁路、公路、航运、管道运输)、通信地图(电信、邮政等)、商业贸易图、综合经济图等图种。

(7)旅游图:反映与旅游有关的内容,如交通、饮食、住宿、娱乐等旅游设施以及风景区、名胜古迹等旅游资源。常常附有风景图片、文字说明等信息。

2.1.3 其他专题图

其他专题图是指不能归属于上述内容类型的专题地图,而适用于某种特种用途的地图。

(1)海图:包括航海图、海底地形图、海底地质图、海洋地磁图、海洋重力异常图、海洋气候图、海洋水文图、海洋化学图、海洋生物图等图种。

(2)航空图:包括普通航空图、导航图、夜航图等。

(3)宇航图与天体图:包括宇航图、月球图和其他星球图(火星图、金星图等)。

(4)教学图:包括教学用的各种地理挂图、地图集、教学插图等。

2.2 按符号结构分类

按照地图符号结构划分,专题地图可划分为下列七种类型。

2.2.1 类型图

按照专题要素的分类体系,在地图上表示出各种类型的界线,并依图例给各个图斑填充相应的颜色或晕线花纹。该图形所形成的图斑大小不一,同一类型可在不同地区出现,图形复杂,常见地图有地貌类型图、植被类型图、土壤类型图等。如图1-1所示。

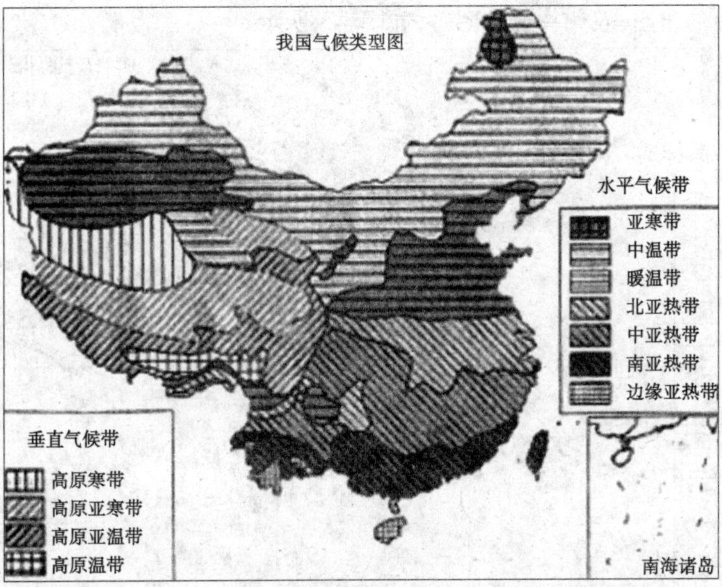

图1-1　类型图示例

2.2.2　区划图

按照预定指标对专题要素进行分等定级,将性质或特征相同或相似的地方划分为同一区域,并在地图上绘出各分区界线,每一区划单元之间都有明确的界线相隔,同一区划单元在图上一般不重复,图形简单、明了,常见地图有行政区划图、气候区划图、地貌区划图、自然区划图、经济区划图等,如图1-2所示。

图1-2　区划图示例

2.2.3　分布图

用定点符号法、范围法、点数法等在图上表示专题要素的分布情况，如矿产分布图、人口分布图、居民地分布图、农作物分布图等，如图 1-3 所示。

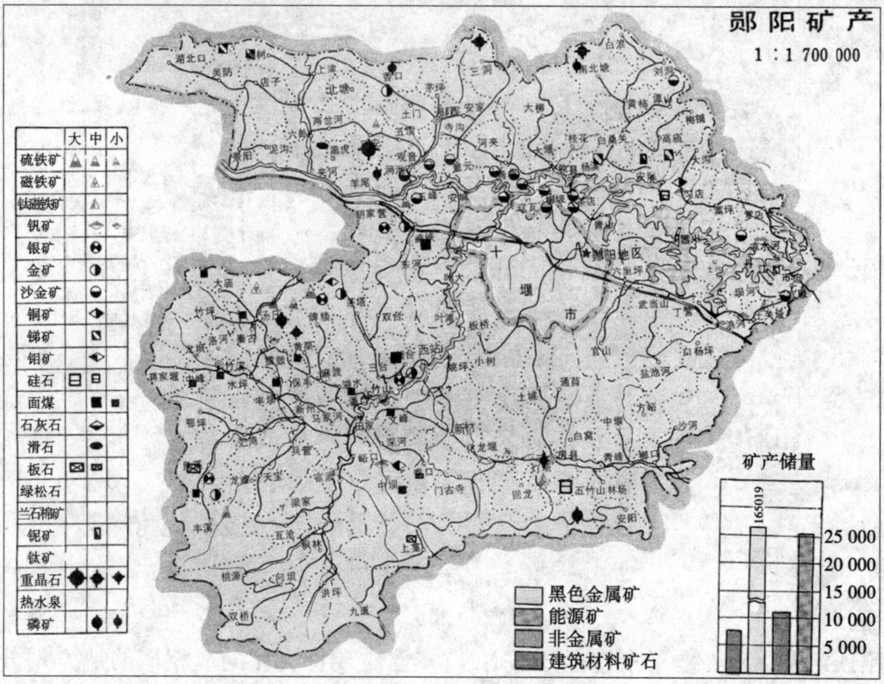

图 1-3　分布图示例

2.2.4　运动线图

表示地理事象的运动规律和趋势，常见地图有风向图、洋流图、货流图、行军路线图等，如图 1-4 所示。

2.2.5　等值线图

根据实地观测或测量数据，在图上用一组数值相等的平滑曲线来反映现象分布的梯度与趋势，常见地图有等高线图、等压线图、等雨量线图、等温线图等，如图 1-5 所示。

2.2.6　统计地图

根据社会经济统计资料，以结构化图形或统计图表的形式表示统计数据所依附的统计点位或单元的数量大小。常用方法有分级统计图法、分区统计图表法、定位图表法等，如图 1-6所示。

2.3　按概括程度分类

按内容概括程度划分，专题地图可分为分析图、合成图和综合图三种类型。

2.3.1　分析图

编制这类图的资料都是比较简单的，对现象不概括或很少概括，只反映单一的质量特征或数量特征，如图 1-7 所示。例如矿产分布图、森林分布图、等温线图，从图上可以获得简单、明确、具体的信息。

2.3.2　组合图

组合图是将几种相关的地理事项根据预定指标综合地显示在地图上，如图 1-8 所示。

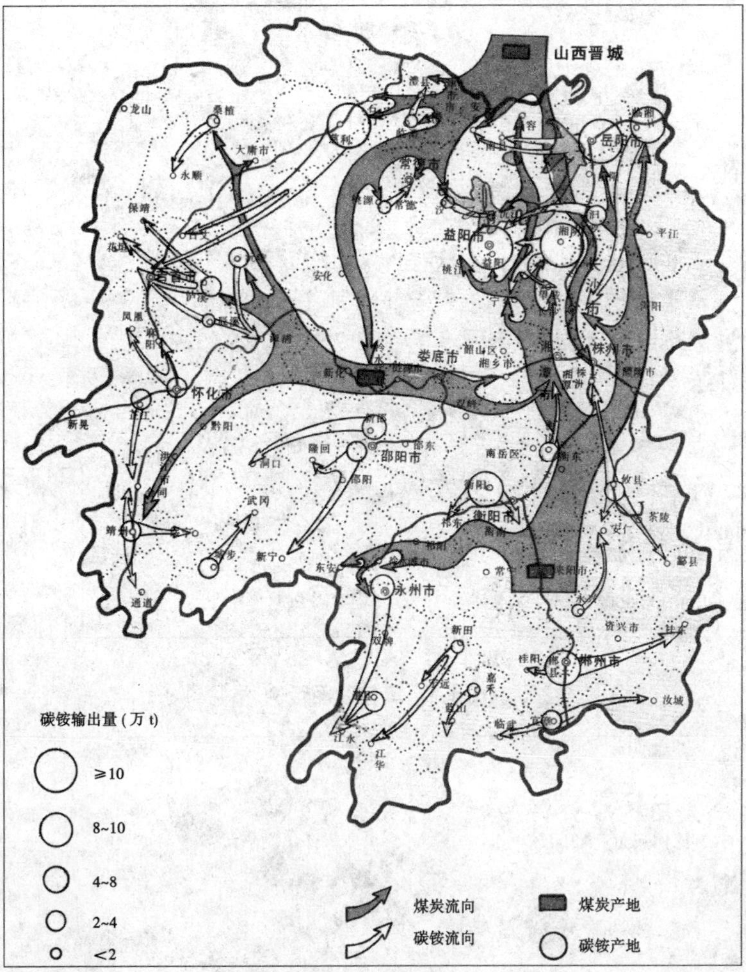

图1-4　运动线图示例

例如,气候区划图上每一气候区内就包括了组合的现象。这种图上不反映单一的和具体的气候资料,而是各种气候要素的组合。各种区划图都属于组合图性质。

2.3.3　综合图

综合图也称复合图,考虑到地面上各种现象的相互联系、相互制约的关系,在地图上常用分析法、合成法,既反映各种事象的具体指标,又反映它们的合成情况。即把有关的各种现象的有机联系和相互制约综合地表示在同一幅图上,如图1-9所示。常见的图种有景观图、综合经济图。

2.4　按地图用途分类

按照用途划分,专题地图可分为教学图、参考图、军用图等,还可分为国民经济地图、科学教育地图、国防地图等。

2.5　按制图所用技术的先进程度分类

按照所用技术的先进程度常常将其划分为普通专题图、数字专题图两种类型。

图 1-5　等值线图示例

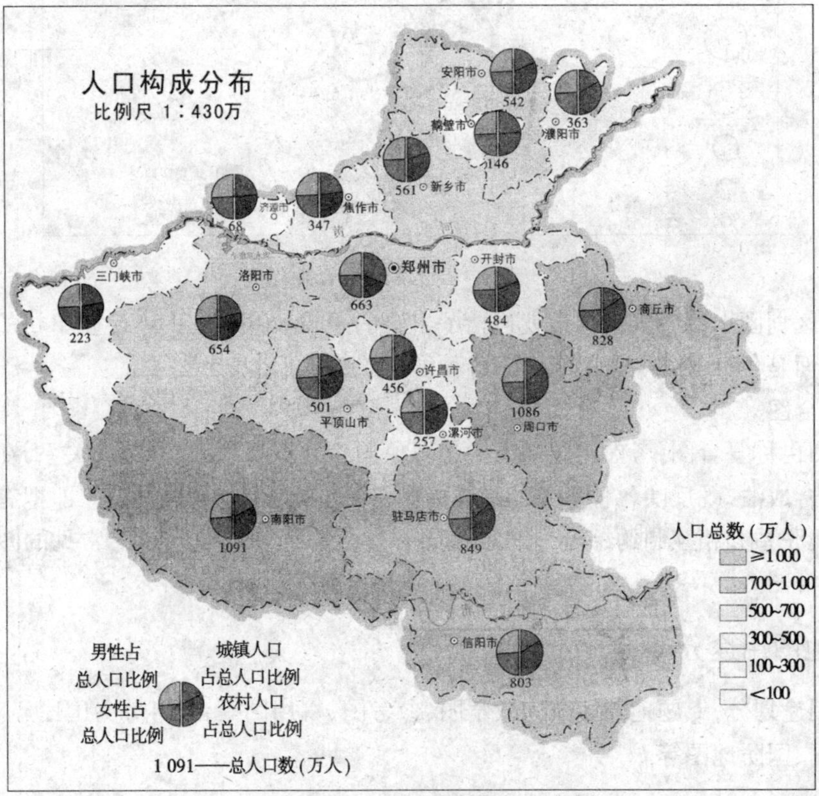

图 1-6　统计地图示例

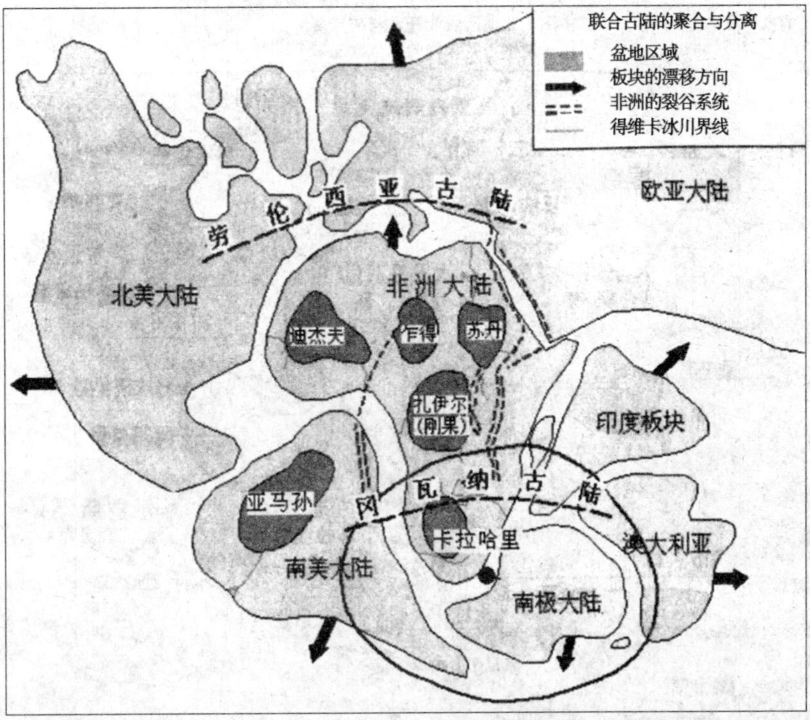

图1-7　分析图示例

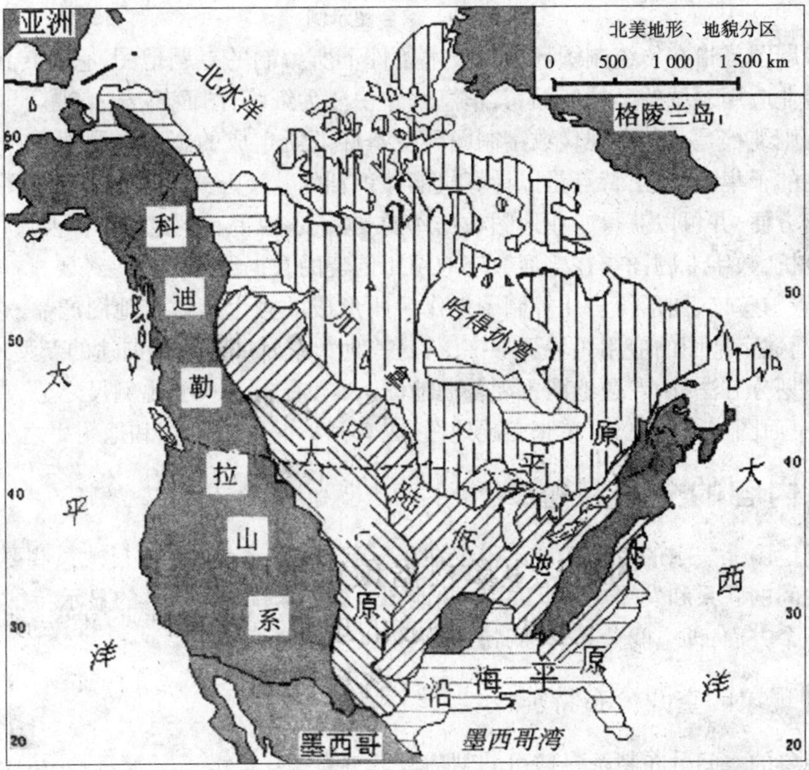

图1-8　组合图示例

图 1-9　综合图示例

普通专题图是指在传统制图环境与技术条件下所编制的专题地图，它是传统的普通地图向各个专业应用领域的延伸产品，其信息载体一般为纸张，图面简洁、美观。与此相对应，数字专题图则纯粹是一种在现代数字制图环境条件下所生成的新型专题地图产品，它是全体数字地图的子集，其突出特点是以计算机能够识别的数字形式记录和表示地图要素，数据管理与更新方便，并可以获得专业地图数据库的支持，一般带有确定的坐标及属性标志。从技术层面分析，数字专题图是在普通数字地图所创建的数据源的基础上经要素提取、图层组合、图面配置与整饰、图形符号化等制图操作后所形成的派生型数字地图产品，它比普通专题地图、普通数字地图的应用领域更加广泛，是一种大有发展潜力和前途的新型地图。

除上述划分方法外，专题地图也和普通地图一样，有大、中、小比例尺之分，单幅图与多幅图之分，桌面图与挂图之分，单张专题地图、成套（系列）专题地图和地图集之分。

3　专题内容的分布特征

在专题地图上表示的专题内容不仅仅在于显示其空间分布，还要反映这些要素的特征，以及它们之间的联系和发展。因此，在专题地图上，从地图内容要素的显示特征来看，一般包括以下三个方面，即空间分布、时间特征及数量、质量特征。

3.1　各种现象的空间分布特征

各种现象的空间分布特征一般可归纳为以下三大类：

（1）实地上分布面积较小（按地图比例尺仅能定位于点）或呈点状的，如居民点、工矿企业中心。

(2)分布呈线状或带状的,如道路、河流、海岸等。

(3)呈离散的或连续的面状分布,可分为:

间断而成片分布于广大面积上的,如湖泊、沼泽、森林、煤矿分布区等;

在大面积上分散分布的,如农作物播种、人口分布等;

连续而布满整个制图区域的,如气温、地质、土壤类型等。

前两种离散分布有一定的意义,如散布的集群可视为成片分布,而在大面积上大量的成片小块可视为散列,应相应采用不同的表示方法。

3.2　各种现象的时间特征

各种现象的时间特征通常有以下4种情况:

(1)反映现象特定时刻的,如某一截止日期的行政区划状况或工业产值,可有历史、现状和未来三种状况。

(2)反映现象变迁过程的,如人口迁移、战线移动、货运等。

(3)反映某一段时间的变化情况,如两个时间的经济对比。

(4)反映现象周期变化的,如许多气候现象、水文现象。

3.3　各种现象的数量特征和质量特征

地图上表示的信息可以有一个至几个质量和数量特征,反映出现象在两个空间中的分布,即实在的测量空间和抽象的概念空间。测量空间的物体参数表示为1~3个变量的函数,它受地图比例尺和投影的制约;概念空间的物体参数表示为一至几个变量的函数,它不依赖于地图比例尺和投影。例如,居民点的定位分布、工业点的中心定位、河流的延伸分布、政区的范围都是测量空间中的表示;而符号面积反映的人口数,符号大小和结构反映的工业点的数量、质量指标,政区内人口密度,河流线状符号的粗细或颜色反映水流的流向、流速和水体容量等,都属现象在概念空间的分布特征。

4　专题地图内容的主要表示方法

现代地图,由于用途和内容不同,表示的方法和整饰的方法也是多种多样的。其中某些方法在普通地图上已广泛采用,如用符号法表示各种独立地物和居民点、用线状符号表示河流和道路、用箭状符号表示水流的流向、用等高线表示地貌、在点绘的轮廓范围内加底色表示森林等。这些方法在专题地图上不仅也被广泛采用,而且有了发展和变换(例如工业点与居民点符号不完全相同)。其他一些方法,如点数法、定位图表法和统计图法等,则是某些专题地图的专用方法。

目前,专题地图内容的表示方法主要有以下几种:

(1)定点符号法:点状分布要素的表示方法。

(2)线状符号法:线状分布要素的表示方法。

(3)质底法:满布于制图区域现象质量特征的表示方法。

(4)等值线法:满布于制图区域现象数量特征的表示方法。

(5)范围法:间断呈片状分布现象的表示方法。

(6)点数法:分散分布现象的表示方法。

(7)定位图表法:适用于多种分布现象的表示方法。

(8)分级统计图法:适用于多种分布现象的表示方法。

(9)分区统计图表法:适用于多种分布现象的表示方法。

(10)运动线法:现象移动的表示方法。

各种表示方法间虽有本质上的不同,但在某些形式上仍有相近或相同的地方。表示方法的选择取决于现象和物体的空间分布特征,以及地图用途的要求。

5　常用制图软件

目前,可以用于计算机地图制图的软件非常多,在功能上各具特色,下面主要介绍几种制图软件。

5.1　CorelDRAW 软件

CorelDRAW 是加拿大 Corel 公司推出的集矢量图形绘制、文字编辑和印刷排版于一体的图形软件。其界面如图 1-10 所示。CorelDRAW 具有强大的平面设计功能,而且还提供了 3D 的效果设计,自推出以来,一直受到广大美术人员和平面设计人员的欢迎。鉴于其功能完善,操作设计渐变,图层和对象管理功能强大,也越来越多地应用于地图的编绘工作之中。

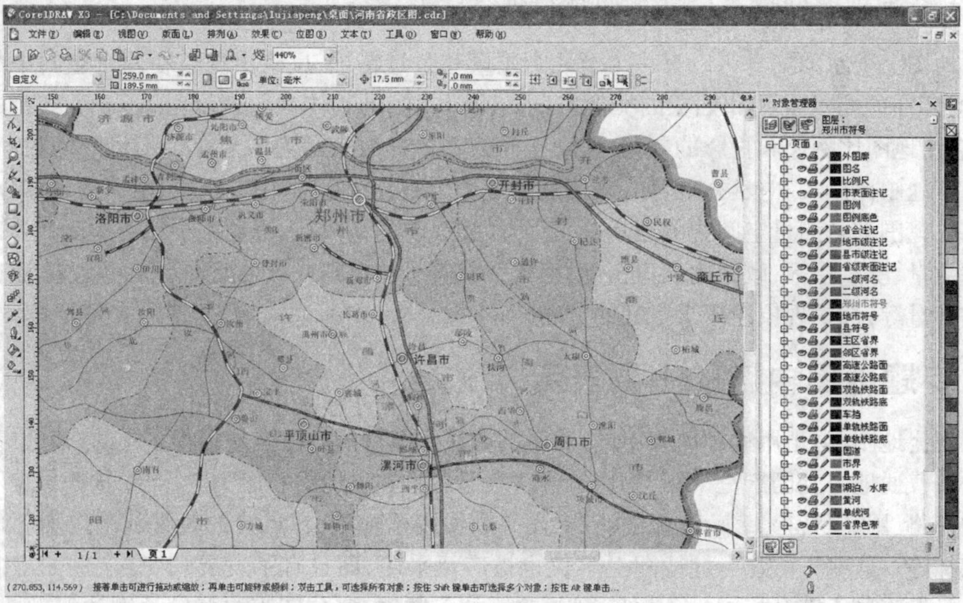

图 1-10　CorelDRAW 界面

尽管 CorelDRAW 软件在图形编辑、设计和表达上功能强大,但在地图制图方面仍然存在着局限性。由于 CorelDRAW 并非专业的 CAC 系统,无法建立目标之间有效的空间关系,通常按照图形对象来组织地图目标的结构,缺乏更有效的描述和管理机制,在数据采集、编辑过程中往往存在步骤重复、操作烦琐的情况,难以提高地图制图的自动化程度。

5.2　MapGIS 软件

MapGIS 是中国地质大学(武汉)信息工程学院开发的工具型地理信息系统软件,它集地图输入、数据库管理及空间数据分析于一体,是一种全汉字大型智能软件系统。

MapGIS分为“图形处理”“库管理”“空间分析”“图像处理”及“实用服务”5大部分。一般的处理过程是:首先用“图形处理”系统采集图形、图像、属性等数据,然后通过“图像处理”和“实用服务”系统将输入的数据进行整饰和校准,通过“库管理”进行入库和库维护,接下来通过“空间分析”进行各种查询、分析、统计等操作,最后将需要输出的图形、图像、报表等数据,通过“输出”系统输出。其界面如图1-11所示。

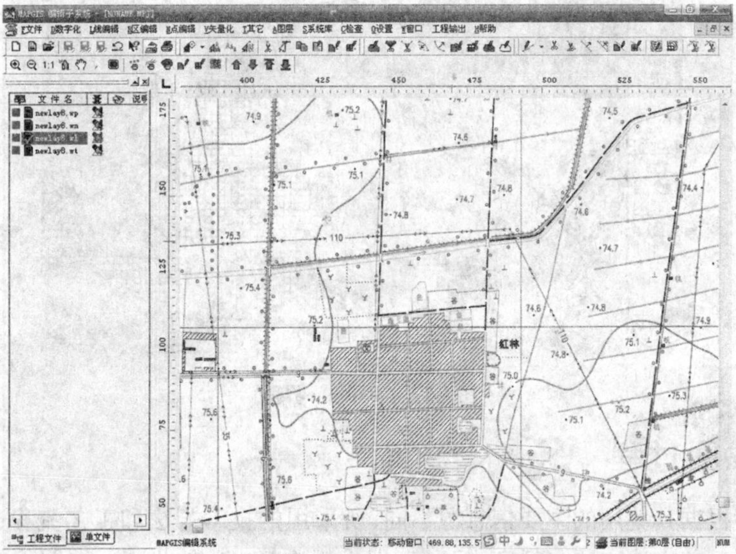

图1-11　MapGIS界面

5.3　AutoCAD Map 3D软件简介

AutoCAD Map 3D是美国Autodesk公司开发的软件,基于AutoCAD技术构建而成,是用于创建和管理空间数据的领先工程GIS平台。它可以用于编制专题地图。AutoCAD Map 3D可以直接访问工程设计和GIS中使用的多种主要数据格式,在CAD与GIS之间架起了一座桥梁。AutoCAD Map 3D支持使用AutoCAD软件工具维护各种地理空间信息,允许在单一环境中集成GIS功能,从而提高了设计质量,提高了工作效率和数据质量。如果与Autodesk MapGuide Enterprise软件搭配使用,AutoCAD Map 3D能以最快速度向web或内部网进行空间信息的发布。

5.4　MapInfo软件

MapInfo Professional是美国MapInfo公司的核心GIS桌面软件产品,其界面如图1-12所示。它支持多种本地或者远程数据库,很好地实现了数据可视化,可生成各种专题地图。能够进行基本的二维GIS空间分析与查询,并支持动态图层。在专题制图方面,它具有以下几个重要特点:一是硬件要求低,支持普通微机桌面办公系统;二是界面简洁,操作方便,容易上手;三是专题数据显示方式多样,利用点、线、面三种基本图形元素以及丰富的地图符号、文本样式、线型、填充样式和颜色库,使各种类型的专题地图制作都能满足;四是一切操作均基于“表”,通过一张张“表”使数据与地图图形有机地结合在一起。

MapInfo Professional 以表的形式组织所有图形信息与属性数据,每一张表在专题地图中都可被理解为一个地图图层,系统可以很方便地对表进行浏览、查询、维护等的操作。可以导入、修编和输出多元文件数据,并实现“投影转换、图形编辑、数据查询、代码匹配、空间分析、专题制图、打印输出”等 GIS 功能。

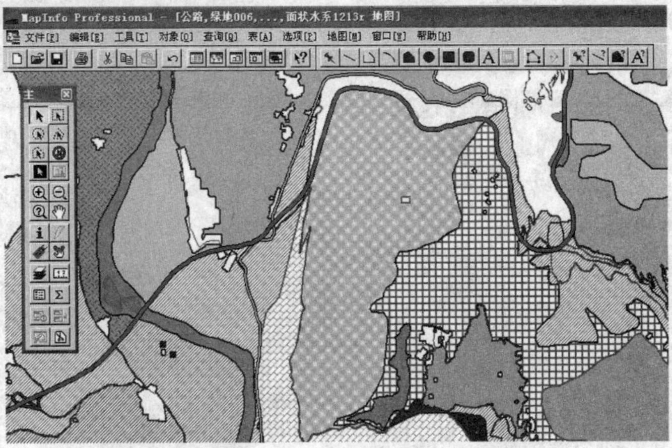

图 1-12 MapInfo 界面

6 一般成图过程

专题制图根据其使用的主要信息源不同,所采用的技术方法和工艺流程也不同。常规资料图的制图工艺方法主要包括三大环节,即编辑准备(地图设计)、地图编绘、地图制印。其成图过程框图如图 1-13 所示。

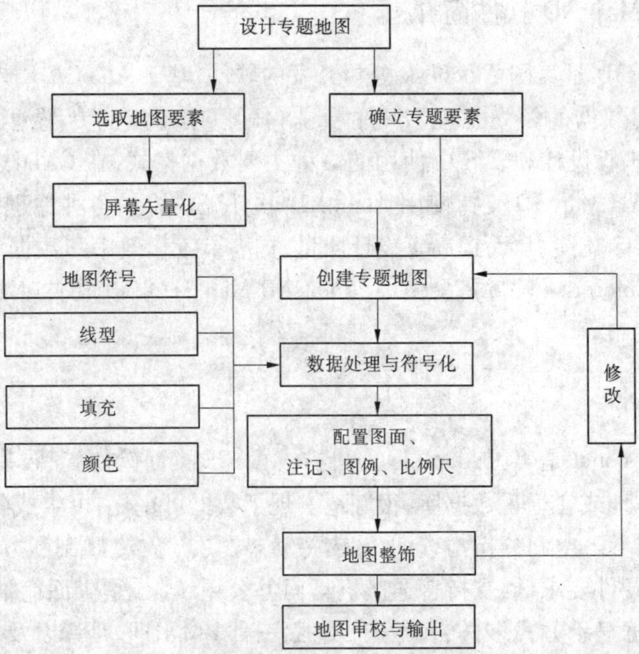

图 1-13 一般成图过程

技能训练

1　收集各种专题地图

通过各种途径(如向图书馆借阅、上网下载、购买等),收集如下资料:

(1)各种单张纸质专题地图。

(2)各种专题地图集、地图册。

(3)各种电子地图。

2　阅读各种专题图,并对专题地图分类及总结专题地图的特征

(1)阅读收集到的专题地图,并对其进行分类。

(2)总结专题地图的基本特征。

(3)以任一幅专题地图为例,说明其主题,表示了哪些专题要素及地理基础要素。

思考题

1. 什么是专题地图?与普通地图相比,专题地图的特征有哪些?
2. 专题地图的内容主要由哪些部分组成?
3. 按地图的内容性质,专题地图可以分为哪些类型?
4. 按地图符号的结构,专题地图可以分为哪些类型?
5. 按地图内容的概括程度,专题地图可以分为哪些类型?
6. 各种地理现象的空间分布特征有哪些?
7. 各种地理现象的时间特征有哪些?

项目2　学习 CorelDRAW X3 绘图软件

CorelDRAW 是由加拿大的 Corel 公司所推出的一款专门用于矢量图设计的软件，它是基于 Windows 平台的绘图软件，集矢量图绘制、位图处理与编辑、版面设计、网页编辑和动画制作于一身，在图像设计领域，特别是矢量图设计方面有着举足轻重的地位，原用于美术、广告界。可以利用 CorelDRAW 制作全彩色插图、复杂画面（图形）、徽标、用于 World wide web 的图形、美术标题、接近照片效果的图像、超现实主义的图像、动画片、剪贴图片库等。由于其功能强大，现已在地图制图和地图出版部门得到了广泛的应用，它不仅是一款很好的专题地图绘图软件，而且还是一个能组版并能直接输出 EPS 文件格式的桌面出版软件。

CorelDRAW X3 绘图软件的主要特点如下：

（1）灵活的位图图像导入功能。CorelDRAW 虽然是一款矢量图形设计软件，但仍然提供了多种格式的图像导入功能，从而可以导入扫描的地图图像，作为基础图层，在其上进行数字化跟踪、编辑和符号化表达。

（2）强大的图层和对象管理功能。CorelDRAW 建立了对象管理器和对象数据管理器，可以方便增加、删除图层和设置、修改图层属性，并进一步对图层中各对象进行管理。通过对图层的“可见”“可编辑”和“可打印”等特征项的设置，可以方便地控制地图的编辑、显示和打印输出。

（3）强大的绘线功能。尤其是绘制曲线，可以说是 CorelDRAW 软件的一大特点。它拥有一组各具特色的绘线工具，可以根据用户的具体需要选择。其中有一种“贝塞尔工具”，可用于绘制平滑曲线，且节点很少。

（4）强大的节点编辑功能。节点编辑实际上就是线编辑，用节点编辑功能可以很方便地进行形状改变、线段连接和分割、曲线光滑和锐化等一系列的曲线编辑工作。

（5）强大的面填充功能。CorelDRAW 在面填充方式中，除平铺色外，还有图案花纹填充、PostScript 填充、渐变色填充等，大大丰富了地图的表现能力。

（6）丰富的文字注记和编辑功能。在一些计算机制图软件中，道路名和水系的注记不一定呈直线均匀排列，往往需要一个字一个字地输入、定位，而 CorelDRAW 只要一个路名或几个路名以字符串的形式一次输入，执行一个“文本适合路径”的命令就可以沿着道路或河流自动注记，而且会随着道路或河流的方向变化而自动改变其文字的方向。

（7）丰富的图形和文字效果功能。CorelDRAW 软件能提供丰富的图形和文字效果，如立体的、阴影的、变形的等。这对于提高地图艺术效果是必不可少的，也是一般矢量制图软件所难以实现的。

（8）方便的图例符号建库和调用功能。CorelDRAW 软件提供了图例符号库建立和调用的功能，可以有针对性地开发地图符号库，不管是点符号、线型符号还是面填充符号，调用都十分方便。符号库还有一个十分明显的特点是：符号可以无级缩放，并且只要事先设置好轮廓线的缺省值，符号再小，仍能保持它的精致程度。

（9）图形文件数据量小。同一个图形文件，从 AutoCAD 的 dxf 格式转为 CorelDRAW 的

cdr 格式,其数据量减少了 7 ~ 10 倍,这对于大数据量的地图制图作业是十分有利的。

(10)可以输出众多格式的图形图像文件。包括常用的 AI、dxf、dwg、emf、svg、pct 等图形文件和 bmp、3Pg、tif、gif、psd 等图像格式文件。可以方便地与其他软件系统实现数据共享,也有利于解决二次开发过程中的数据读取问题。

项目目标

(1)了解 CorelDRAW X3 绘制专题地图常用的功能。

(2)掌握绘制专题地图常用的菜单和工具使用方法。

实例素材

(1)CorelDRAW X3 多媒体教学光盘。

(2)使用 CorelDRAW X3 软件绘制的专题地图。

相关知识

开始使用 CorelDRAW X3 之前,应该熟悉下列术语和概念。

(1)对象:绘图中的一个元素,如图像、形状、线条、文本、曲线、符号或图层。

(2)绘图:在 CorelDRAW X3 中创建的作品,如地图、工艺品、徽标、海报等。

(3)矢量图形:由决定所绘制线条的位置、长度和方向的数学描述生成的图像。

(4)位图:由像素网格或点网格组成的图像。

(5)泊坞窗:包含与某个工具或任务相关的命令和设置的窗口。

(6)展开工具栏:打开一组相关工具的按钮。

(7)美术字:可以应用阴影等特殊效果的一种文本类型。

(8)段落文本:可以应用格式编排选项并以大块文本进行编辑的一种文本类型。

1 打开/关闭 CorelDRAW X3 程序

1.1 打开 CorelDRAW X3 程序

安装完 CorelDRAW X3 程序后,计算机桌面上会显示 CorelDRAW X3 图标,如图 2-1 所示,双击该图标,便可打开 CorelDRAW X3 程序。

当然,也可以通过单击计算机屏幕左下角的"开始"按钮,执行"所有程序"→"CorelDRAW X3"命令,打开 CorelDRAW X3 程序。

打开 CorelDRAW X3 程序之后,首先显示欢迎屏幕,如图 2-2 所示。在此开始进行所需的设计工作。欢迎屏幕提示进行新建、打开或者其他操作,选择其中一项,展开屏幕。

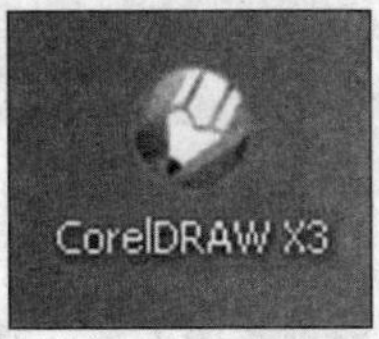

图 2-1　CorelDRAW X3 图标

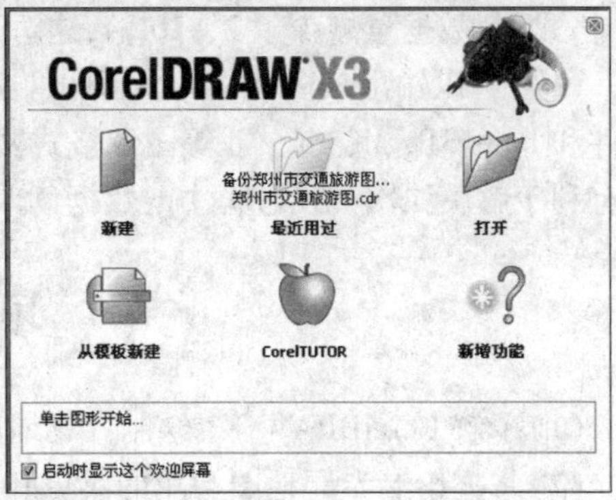

图 2-2　CorelDRAW X3 的欢迎屏幕

欢迎屏幕中的各按钮功能详解如下：

新建：按下此按钮，CorelDRAW X3 会自动打开一个名为“图形 1”的新文件，可以在此文件中进行绘图设计。

最近用过：按下此按钮，CorelDRAW X3 会打开上一次编辑过的文件（如图 2-2 中的郑州市交通旅游图），以方便使用者继续进行绘图设计工作。如果是第一次执行 CorelDRAW X3，则该功能无效。

打开：按下此按钮，将显示“打开绘图”的窗口，根据使用者的需要，打开已保存的文件。

从模板新建：CorelDRAW X3 软件为使用者提供了多达 550 种图形模板，在进行图形设计之前，使用者可通过“从模板新建”窗口选定自己需要的模板，然后在这个模板上进行加工，如此可以提高图形设计的速度。

CorelTUTOR：按下此按钮，CorelDRAW X3 会打开 CorelTUTOR 教学，通过此教学可以学习 CorelDRAW X3 的基础知识。

新增功能：按下此按钮，打开“CorelDRAW X3”窗口，在窗口中，可以选定需要了解的新增功能说明，它详细列举了 CorelDRAW X3 的新增功能。

启动时显示这个欢迎屏幕：打开 CorelDRAW X3 软件，首先会显示欢迎屏幕，如果下一次进入时不想再显示这个欢迎屏幕，则可以将欢迎屏幕底部的“启动时显示这个欢迎屏幕”复选框前的“√”去掉，关闭窗口后，并不会影响 CorelDRAW X3 系统的打开，而是跳过欢迎屏幕，直接进入绘图窗口。

1.2　关闭 CorelDRAW X3 程序

同其他应用程序一样，要关闭程序，单击 CorelDRAW X3 工作界面右上角的“关闭”按钮即可，如图 2-3 所示。

2　认识 CorelDRAW X3 的工作界面

图 2-3　“关闭”按钮

CorelDRAW 版本不同，其屏幕构成也不完全一样，这里主要以 CorelDRAW X3 版本为例。

CorelDRAW X3 的工作界面如图 2-4 所示，和大多数软件一样，其界面是由标题栏、菜单栏、工具栏、工具箱等窗口元素组成的。下面逐一介绍 CorelDRAW X3 窗口各组成元素。

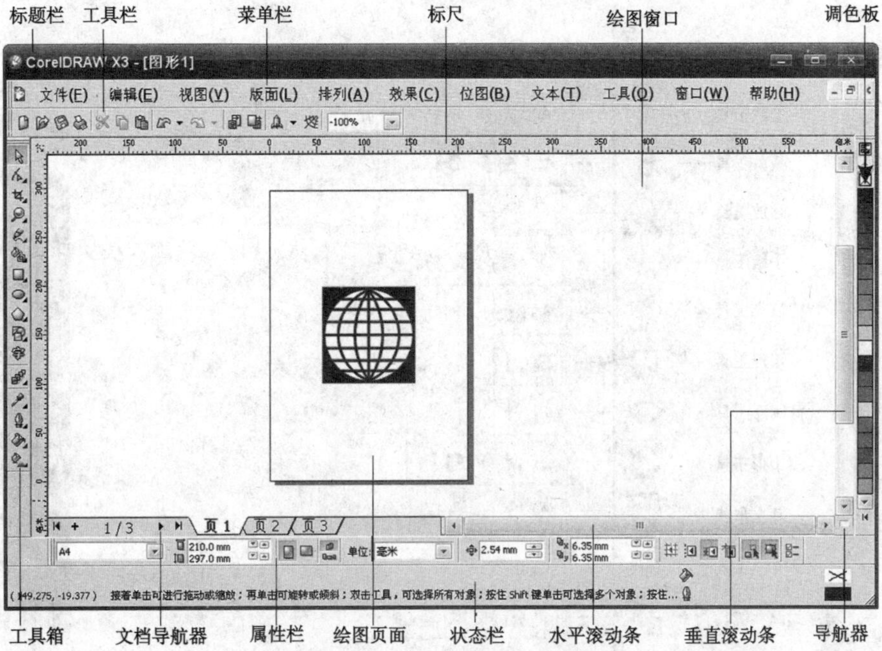

图 2-4　CorelDRAW X3 工作界面

标题栏:位于整个窗口的最顶层,依序显示软件的名称与当前正在处理的文件名称,如图 2-4 所示。

菜单栏:标题栏下面就是菜单栏,包括【文件】、【编辑】、【视图】、【版面】、【排列】、【效果】、【位图】、【文本】、【工具】、【窗口】和【帮助】共十一类功能,如图 2-4 所示,单击便可展开对应的菜单栏,执行所需的功能项目。

工具栏:包括"新建""打开"和"保存文件"等常用的工具按钮,默认情况下,它固定于菜单栏下方,如图 2-4 所示。

工具箱:一般情况下,工具箱固定于窗口左方,它包含了所有进行图形设计的工具,包括"挑选工具""形状工具""裁剪工具""缩放工具""智能填充工具"和"文本工具"等,其中有些按钮的右下角有黑色三角形标记,表示可以按住它展开其他相同类型的工具项目,如图 2-4和图 2-5 所示。

绘图窗口:提供绘图的场所,中间为绘图页面,文件的可打印区域就是此范围中的内容,如图 2-4 所示。

桌面:绘图中的一个区域,此区域位于绘图页面边框的外面,可以在此试验和创建对象,以供将来使用。决定使用这些对象时,可以把它们从桌面区域拖至绘图页面。

标尺:CorelDRAW X3 在默认状态下会显示标尺,主要显示绘图区域尺寸,方便绘图设计,如图 2-4 所示。

调色板:在调色板上单击可以设置填充的颜色。若在调色板中单击右键可设置图形轮廓颜色。若单击下部的"展开"按钮,可以展开显示所有的颜色,如图 2-4 和图 2-6 所示。

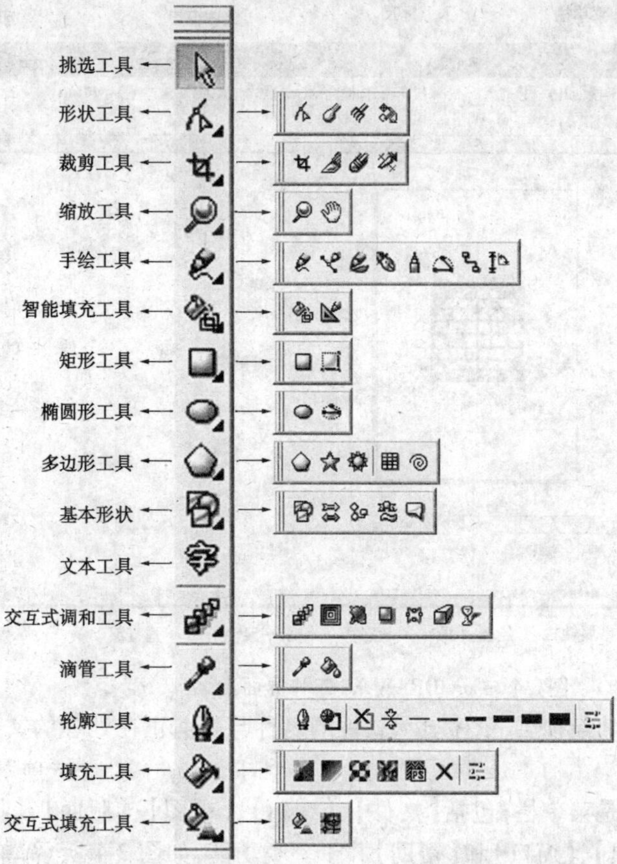

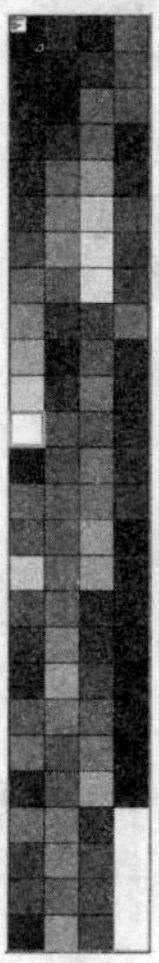

图 2-5　工具箱　　　　图 2-6　展开的调色板

属性栏：属性栏显示与当前活动工具或所执行的任务相关的最常用的功能，如图 2-4 所示。尽管属性栏外观看起来像工具栏，但其内容并不是固定的，会随使用的工具或任务而变化。例如，单击工具箱中的“文本”工具时，属性栏显示与文本相关的命令。在下面的示例中，属性栏显示文本、格式编排、对齐和编辑工具等内容，如图 2-7 所示。可以根据需要自定义属性栏的内容和位置。

图 2-7　使用“文本”工具时显示的属性栏

状态栏：状态栏显示有关选定对象（如对象所在的图层、颜色、填充类型和轮廓、光标位置和相关命令）的信息，为绘图者提供参考数据。状态栏的内容是不固定的，它会随选定对象的不同而变化，如图 2-4 和图 2-8 所示。

图 2-8　状态栏

文档导航器：文档导航器位于窗口左下方，提供使用者进行页面文件切换之用。只要单击箭头或任意一个页面标签,便可从当前页面切换到另外一个页面,如图 2-4 所示。

以上这些界面内容是必不可少的,大部分是固定的,但也有些是活动的,若在界面上找不到,可以从【工具】菜单的【选项】命令的"自定义"里打开(具体方法见后面的介绍)。

导航器:绘图窗口右下角的按钮,可以开一个较小的显示窗口,帮助使用者在绘图上进行移动操作,如图 2-4 所示。

3　设置最佳工作环境

不同的制图者在进行绘图时,会有不同的操作习惯,久而久之,会找到一种最适合自己的工作环境。如果是在自己所熟悉的工作环境里进行制图,一定可以收到事半功倍的效果。下面将讲解如何将 CorelDRAW X3 的窗口环境改造成自己所习惯的最佳工作环境。

3.1　显示

执行【工具】→【选项】命令,打开"选项"窗口,选择该窗口中的"显示"选项,系统提供了各种影响图形查看的功能项目。例如,使用"全屏预览"时,可在此选择图形显示视图的方式,"使用草稿视图"显示视图,可以加快屏幕重新刷新的速率,但是不会精确显示图形的绘制结果;"使用增强视图"显示视图,能在屏幕上更精确地显示图形的实际打印结果。一般选择"使用增强视图"。

如果使用者想要让图形适合页面,则需勾选"显示页边框"复选框。除选择"全屏预览"选项外,使用者还可以设置"手工刷新"和"自动平移"等选项。下面介绍"选项"窗口中"显示"选项的内容,如图 2-9 所示。

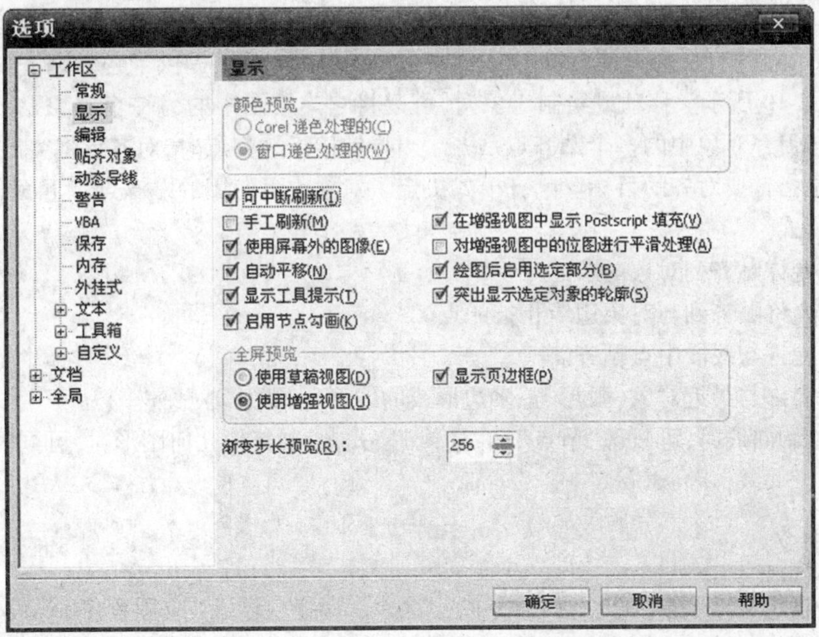

图 2-9　设置"显示"选项中的项目

可中断刷新:复杂的绘图可能要花很长的时间来重新刷新。如果勾选"可中断刷新"复选框,使用者可以中断刷新,以对图形作进一步修改。当该复选框被启用时,若单击图形中的任何部分,便可中断刷新,让使用者立即进行修改。

手工刷新:如果使用者正在进行较小规模的编修,并不想让刷新的动作打扰绘制工作,可勾选“手工刷新”复选框,该选项功能可以让使用者中断屏幕刷新,直到使用者变更设置选项或手动更新。当准备更新编修结果时,按快捷键 <Ctrl> + <W>。

使用屏幕外的图像:该选项可以让使用者将所进行的编修结果复制到存储介质中保存。

自动平移:当使用者在使用某一工具拖曳出窗口边界时,“自动平移”选项会让绘图窗口自动向外平移,将绘图结果显示在屏幕上。当使用者正处于缩放视图时,此特性尤其有用,因为以这种视图操作时,使用者绘制的所有图形在窗口中是看不到的。

显示工具提示:当鼠标靠近工具、按钮或功能时,将显示工具、按钮和其他特性的名称,如果是使用 CorelDRAW X3 的新手,该选项特别有用,它可以让使用者通过提示识别 CorelDRAW X3 的各种按钮和功能。

启用节点勾画:该选项可以让使用者通过“选择工具”或任何基本的绘图工具选定节点。

在增强视图中显示 Postscript 填充:默认状态下,Postscript 填充只有在打印导出时才能看到。勾选该选项,可以让使用者在“使用增强视图”视图下查看 Postscript 填充。

对增强视图中的位图进行平滑处理:该选项便于使用者经常在其绘图过程中导入位图时使用。该选项使用 2 倍重复取样,以方便查看。

绘图后启用选定部分:该选项可以让使用者在绘图后立即选定该图形。

突出显示选定对象的轮廓:勾选该选项后,可制作围绕选定图形的轮廓。

3.2 贴齐对象

打开“选项”窗口,选择该窗口中的“贴齐对象”选项,系统提供了各种贴齐对象的功能项目,如图 2-10 所示。移动或绘制对象时,可以将它与绘图中的另一个对象贴齐。可以将一个对象与目标对象中的多个贴齐点贴齐。当指针接近贴齐点时,对齐点将突出显示,表示该对齐点是指针要对齐的目标。贴齐模式决定了对象中可使用的贴齐点。下面介绍几种常用的贴齐模式。

节点:允许贴齐到对象的节点。

边缘:允许贴齐到与对象边缘相接的点。

中点:允许与线段中点贴齐。

中心:允许与最近对象(弧形、正多边形或曲线形心)的中心贴齐。

一般绘制曲线时,可只选“节点”和“边缘”模式,绘制其他几何图形时,可同时选择多种贴齐模式。

3.3 自定义

通过“自定义”功能中的各项“命令栏”“命令”“调色板”及“应用程序”等设置,能够调整为符合个人习惯的工作环境。

由于内容选项较多,而且使用者有不同的个人需求,所以在这里只讲解“自定义”部分的功能选项。执行【工具】→【自定义】命令,打开“选项”窗口,窗口中显示“自定义”说明,如图 2-11 所示。

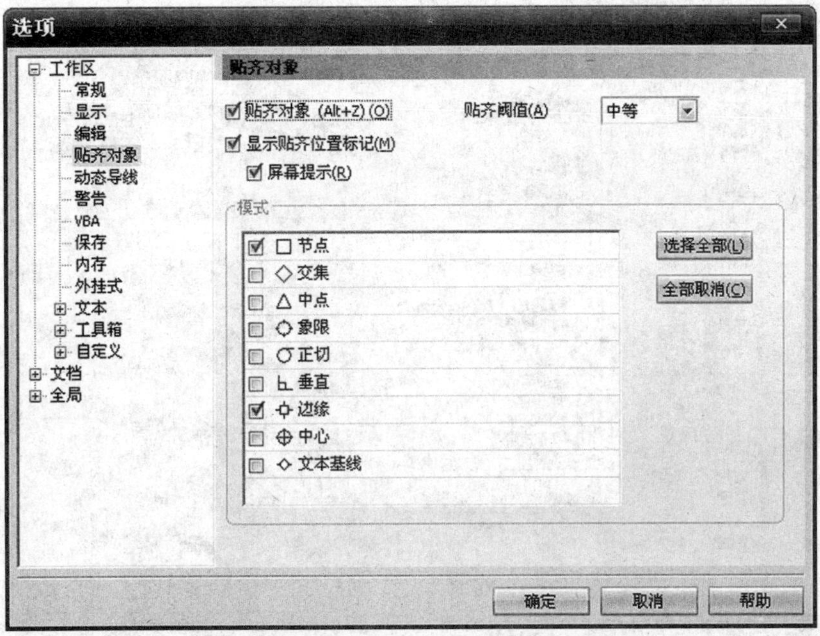

图 2-10　设置“贴齐对象”选项中的项目

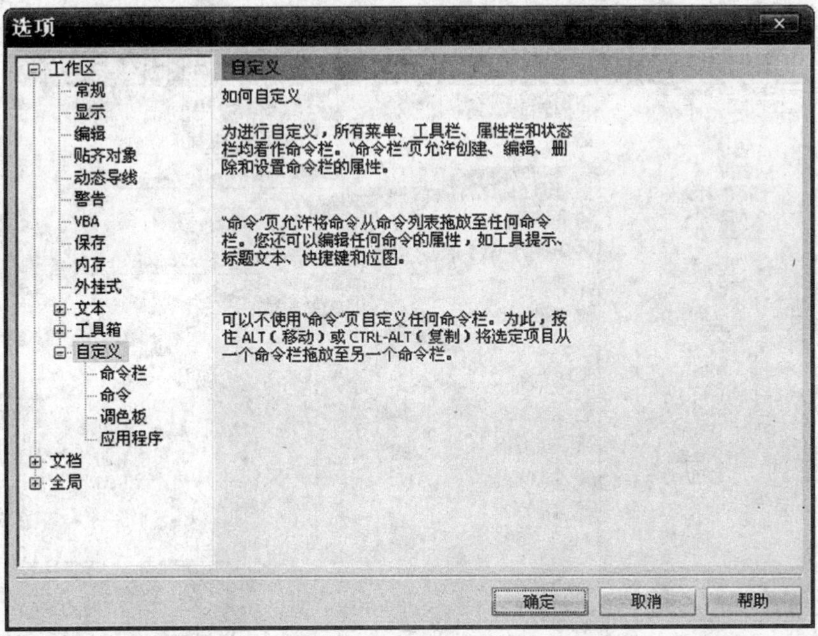

图 2-11　设置“自定义”选项中的项目

从图 2-11 中可以看到，“自定义”选项下面还有 4 个子选项，它们分别是“命令栏”“命令”“调色板”和“应用程序”，选择对应项目，窗口内会显示相对应的设置项目。说明如下：

选定“命令栏”选项后，显示“命令栏”窗口，可以设置“菜单栏”“状态栏”“标准工具栏”“属性栏”“工具箱”等内容是否在工作界面中显示；还可以设置 CorelDRAW X3 工具栏中“按钮”与“边框”的大小、“默认按钮外观”和“菜单栏模式”等内容，如图 2-12 所示。

在“命令”窗口中，可以设置“保存”“还原”“导出”“导入”“发布到 Web”和“打印”等几

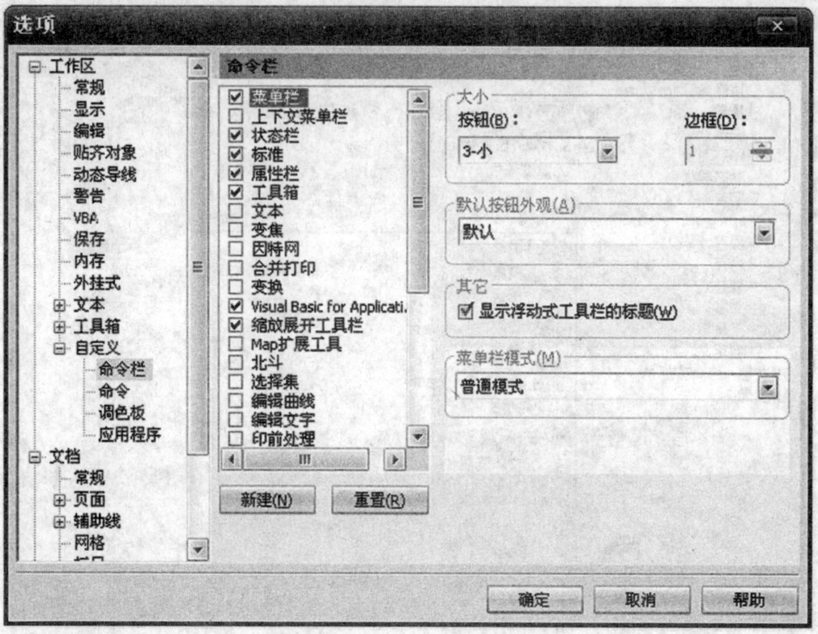

图 2-12　“命令栏”的设置窗口

十种工具栏按钮的“外观”“快捷键”和“工具提示帮助”等属性，如图 2-13 所示。

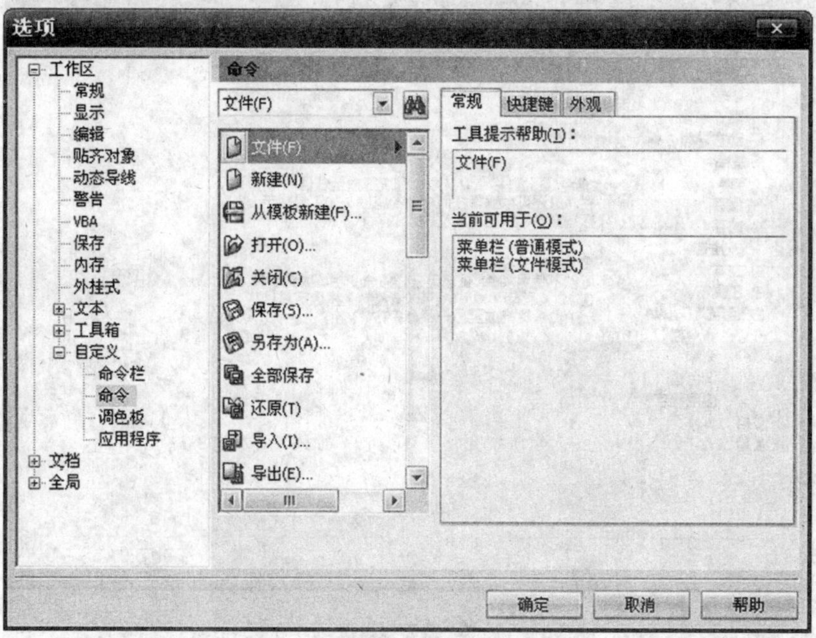

图 2-13　“命令”的设置窗口

在“调色板”窗口中，可以设置色彩的属性，还可以重新设置调色板，或修改现有的调色板等，如图 2-14 所示。

在“应用程序”窗口中，可以设置窗口界面的透明度，如图 2-15 所示。

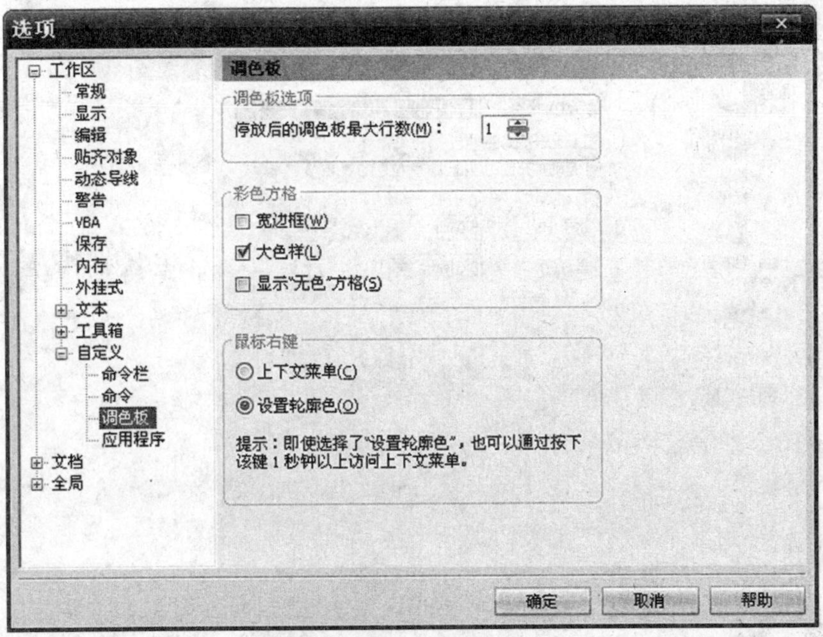

图 2-14　“调色板”的设置窗口

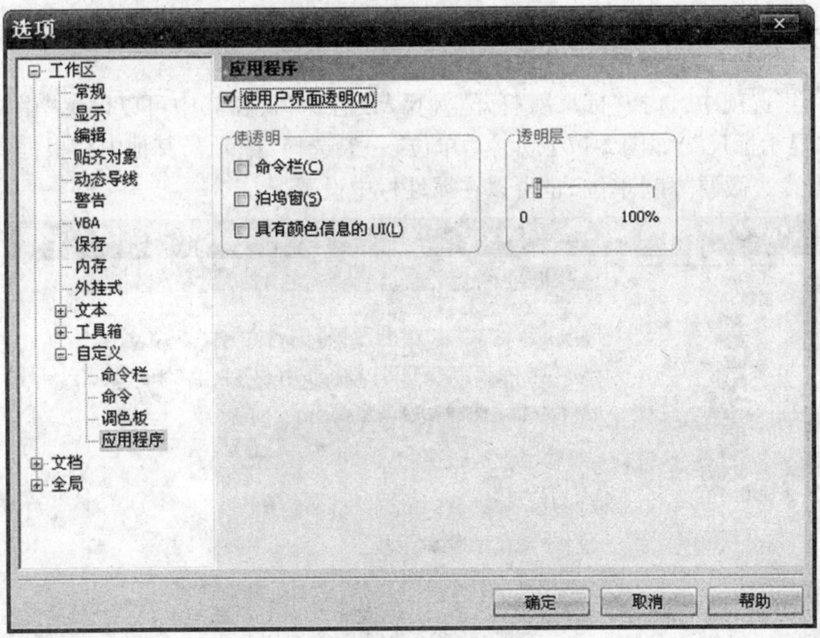

图 2-15　“应用程序”的设置窗口

3.4　常规

执行【工具】→【选项】命令，打开“选项”窗口，单击展开窗口中的“文档”选项，选择“常规”子选项，在其窗口中可以设置“显示”的方式(一般选择“增强型视图”)和“再制偏移”距离(再制快捷键 < Ctrl > + < D >)，如图 2-16 所示。另外，也可以在属性栏中设置偏移距离。

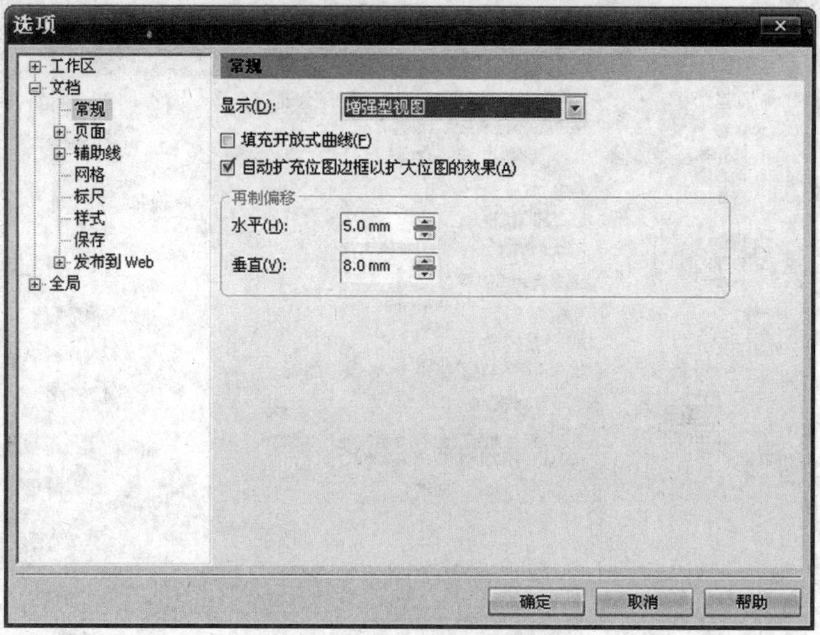

图 2-16　“常规”的设置窗口

3.5　标尺

在“文档”选项中，选择“标尺”，打开“标尺”设置窗口，在其中可以设置“微调”“单位”“原点”和“显示标尺”，如图 2-17 所示。“单位”一般选择“毫米”，其他内容根据具体制图需要而定。当然，“微调”和“单位”也可以在属性栏中设置。

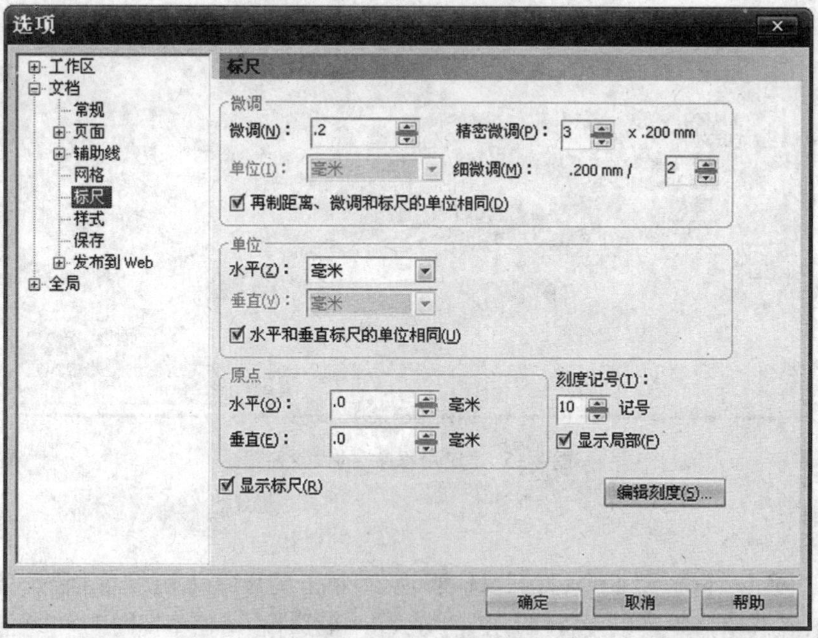

图 2-17　“标尺”的设置窗口

3.6　文本

执行【工具】→【选项】命令,打开“选项”窗口,单击“工作区”中的“文本”选项,以打开“文本”设置窗口,在其中设置“默认文本单元”为“毫米”,其他项目均用默认值,如图 2-18 所示。

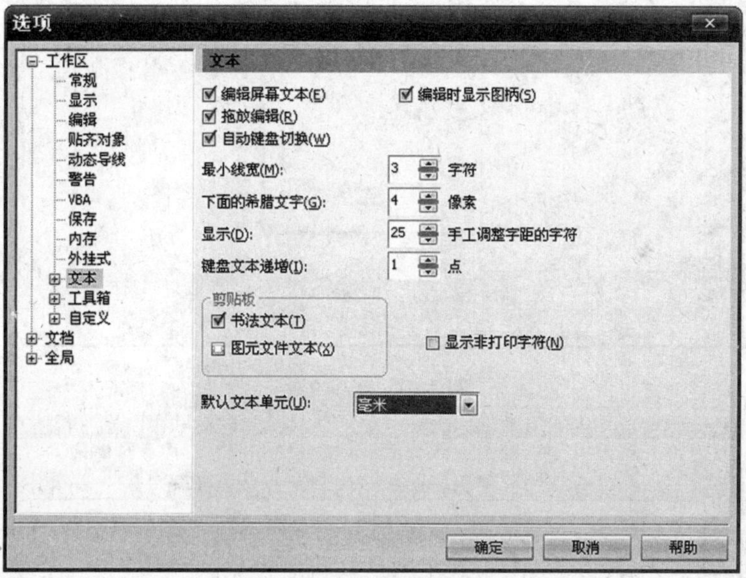

图 2-18　“文本”的设置窗口

4　文件管理

在开始一项新的绘图工作之前,应新建一个文件夹,将底图资料、数据资料等文件统一存放到该文件夹,在完成一幅地图作品后或绘制过程中,也需要将其保存到该文件夹,以便于查找。保存文件后,可能还需要再次打开或另存为其他文件。除了保存,还可以将图像导出为其他格式的文件。如何才能有效地进行文件管理呢?下面将详细介绍具体方法。

在计算机操作中,最基本的是新建、打开、保存和关闭文件等操作。因此,这也是设计工作的操作基础。下面分别介绍在 CorelDRAW X3 中新建文件、打开原有文件、保存文件和关闭文件的操作方法。

4.1　新建文件

在使用 CorelDRAW X3 绘制新地图之前,需要建立一个空白文件,文件规格则视地图需求进行设置。

通过执行【文件】→【新建】命令,增加一个新文件并打开于 CorelDRAW X3 窗口中,如图 2-19 所示。

当然,也可以直接单击标准工具栏上的“新建”按钮来完成。

完成新建文件后,将看到一份纸张大小为 A4(宽 × 高:210.0 mm × 297.0 mm)的文件,纸张的设置方向为纵向。根据制图设计的需求,可通过属性栏设置各种不同的页面参数,使页面符合制图的需要(如输入高度和宽度均为 550 mm),如图 2-20 所示。

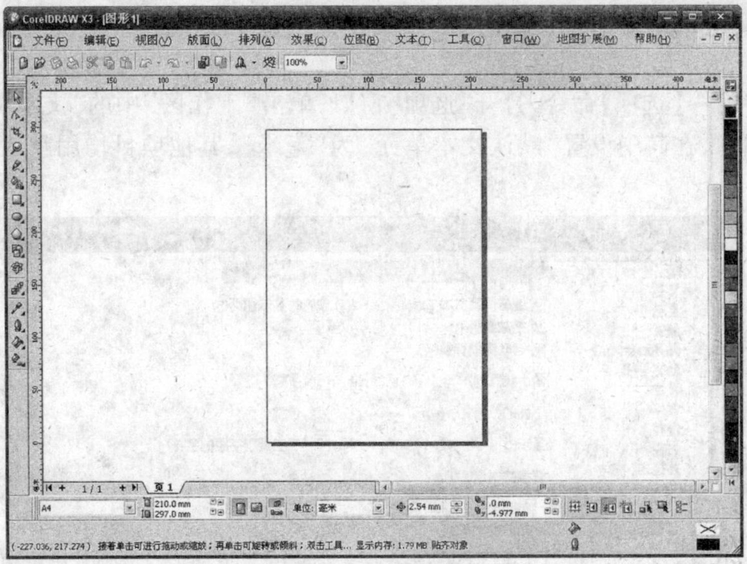

图 2-19 新建文件

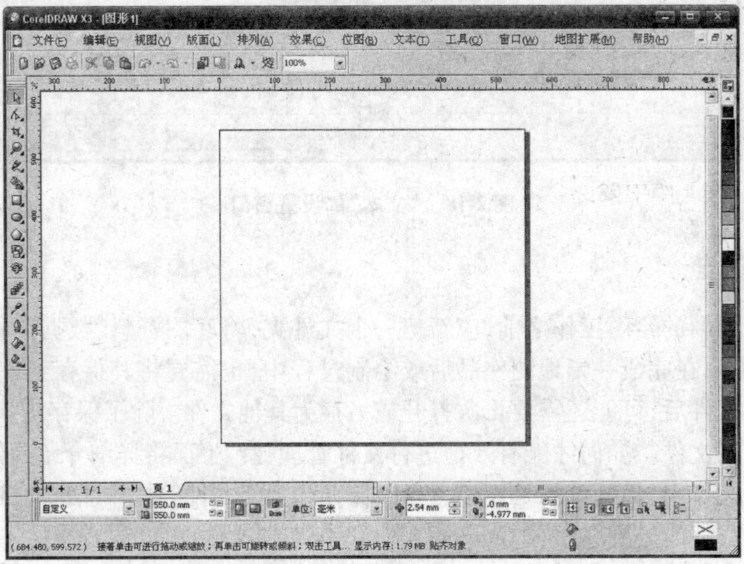

图 2-20 新设置的页面效果

4.2 打开原来文件

如果计算机中已有保存过的图像,可通过“打开”功能实现将图像打开于 CorelDRAW X3 的绘图窗口中,并可对图像进行编辑。CorelDRAW X3 支持的文件格式很丰富,能打开多达 30 种的图像类型。执行【文件】→【打开】命令,或单击工具栏上的“打开”按钮,打开“打开绘图”对话窗,指定所需的文件,打开即可,如图 2-21 所示。

如果工作窗口中已有打开的文件,新打开的页面窗口会出现在所有已打开的文件之上。

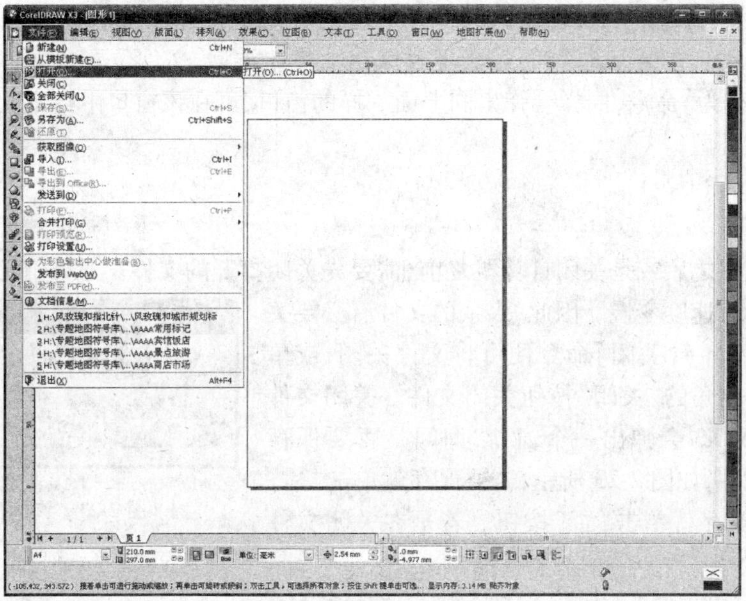

图 2-21　打开原有文件

4.3　保存文件

精心绘制完成一幅地图后，需要将它保存。在制图过程中，可能会出现突然停电或死机等意外，因此建议工作中要经常保存文件。

若是保存原有的文件，只要执行【文件】→【保存】命令，或按下工具栏上的"保存"按钮，则原有的文件再次被保存；若是保存新文件，执行【文件】→【保存】命令，或按下工具栏上的"保存"按钮后，就会弹出"保存绘图"窗口。在"保存绘图"窗口中的"保存在"项目中选择保存位置，在"文件名"栏中输入文件名称，如果使用 CorelDRAW X3 默认的文件名称，可不输入文件名称，如图 2-22 所示。

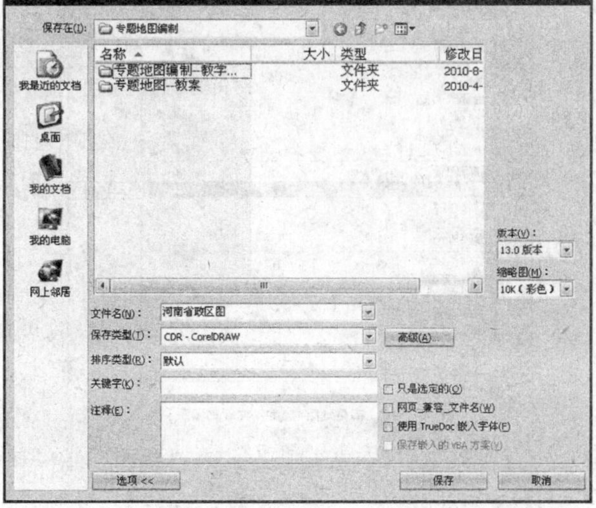

图 2-22　保存文件

在 CorelDRAW X3 中,文件默认的保存类型是“. CDR”,即文件名称保存为以“. CDR”为扩展名的格式。在保存文件时,若想更改保存文件的类型、文件位置或文件名称,可执行【文件】→【另存为】命令,同样会弹出同上面一样的窗口,可在该窗口中指定文件保存位置、名称以及文件类型。

4.4　关闭文件

绘制完地图之后或是关闭计算机之前,需要先关闭打开的文件。此外,打开过多文件会导致计算机运行速度变慢。因此,多余的文件有必要关闭。执行【文件】→【关闭】命令便可将文件关闭,或单击绘图窗口右上角的“关闭”按钮关闭文件。关闭文件时,CorelDRAW X3 会弹出一个窗口,询问是否要保存当前工作的文件,如图 2-23 所示,若要保存就单击“是”按钮,若不想保存就单击“否”按钮。若是在关闭文件之前,已保存文件,系统便不会显示询问的窗口。

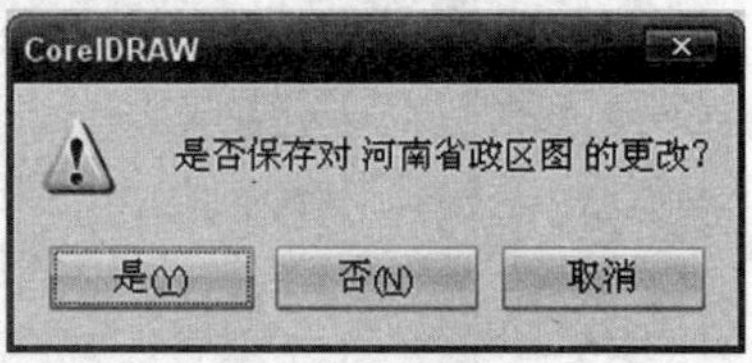

图 2-23　询问窗口

5　文件导入和文件导出

在编制专题地图的工作中,经常要在绘图窗口中加入底图(位图格式),此时可以通过“导入”命令将底图加入到 CorelDRAW X3 窗口中,然后对照底图进行编制;同样,也可以通过“导出”命令将在 CorelDRAW X3 中已经绘制好的图形以其他的文件类型导出。

5.1　导入

“导入”命令是让使用者将扫描的底图或在其他图像软件中所制作的文件导入到 CorelDRAW X3 当前的工作窗口中,也可以使用“导入”命令,将“. CDR”或“. CMX”等格式文件合并到当前的图形文件中,如图 2-24 所示。

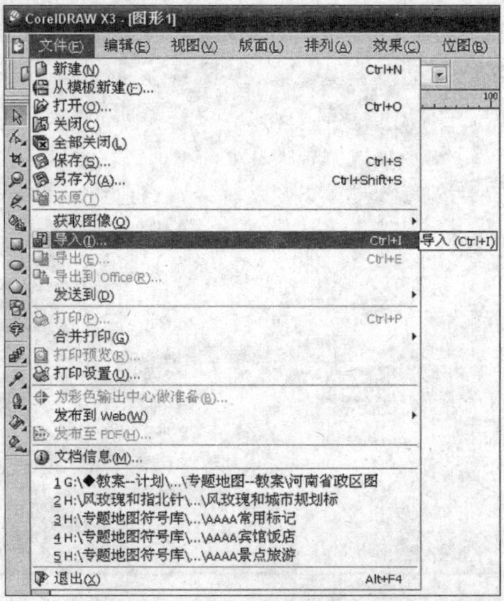

图 2-24　导入文件

5.2　导出

如果想把 CorelDRAW X3 中的绘图文件(.CDR 文件类型)再通过其他的应用软件来编辑处理,就需要利用“导出”功能,如图 2-25 所示。CorelDRAW X3 支持多种格式的文件导出,例如,导出为“.EPS”“.BMP”“.PSD”等格式后,CorelDRAW X3 完成的图形便能在其他类型的编辑软件中再进行编辑。

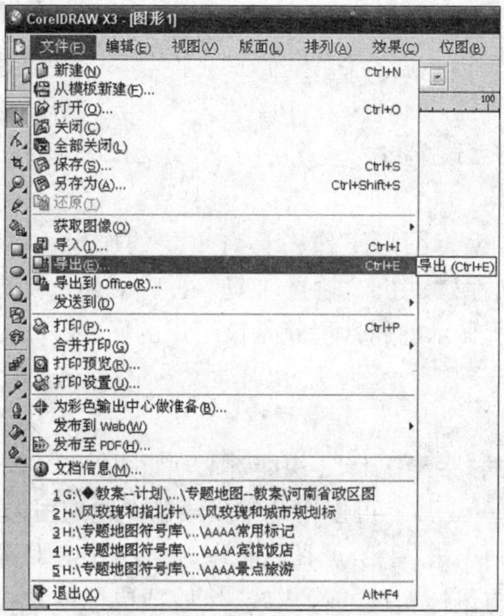

图 2-25　导出文件

6　常用绘图工具的使用

CorelDRAW X3 的绘图工具很多,在此仅介绍绘制地图常用的一些工具,其他工具的使用方法,可以通过查看 CorelDRAW X3 程序的【帮助】菜单来学习。

6.1　挑选工具

CorelDRAW X3 提供的“挑选工具”如图 2-26 所示。

在编辑图形时,首先要选择对象,CorelDRAW X3 提供的“挑选工具”就是用来选择图形、文字和节点的工具,允许选择对象、设置对象大小、倾斜和旋转对象,用它既可以选择单一对象,也可以同时选择多个对象或全部的对象。

图 2-26　挑选工具

选择工具箱中的“挑选工具”,单击一个对象,则该对象被选择,其四周会显示 8 个正方形控制点,如图 2-27 所示。若想选择多个对象,可配合按住 <Shift> 键加选更多对象,或者以拖曳的方式指定一个选择范围,在该范围内的对象将被选择。

选择绘图对象后,可以直接使用“挑选工具”移动对象位置、调整对象大小、旋转与倾斜对象。其中,按住鼠标左键不放并拖动,便可以自由移动对象。

当想放大或缩小对象时,可拖曳所选择对象的 8 个控制点进行变更。拖曳 4 个角上的控制点可等比例放大或缩小对象,若是拖曳 4 条边中间的控制点,则可以变更对象的宽与高。

完成大小调整后，若是使用"挑选工具"再单击对象，对象会呈现旋转与倾斜的状态，如图 2-28 所示。其中，通过对象 4 个角上的控制点可以任意旋转对象；而拖曳对象 4 条边中间的控制点，可以使对象倾斜。若按住 < Ctrl > 键并拖曳移动对象，可以在垂直方向或水平方向进行移动。

图 2-27　对象处于被选择状态

图 2-28　对象呈现旋转与倾斜状态

工具属性栏在绘制与编辑图形工作中具有重要的作用。和工具箱中其他工具一样，"挑选工具"也具有工具属性栏，由于"挑选工具"在 CorelDRAW X3 中可选择所有对象，因此根据选择对象的不同，所显示的属性栏就是该图形的属性。

6.2　手绘工具

CorelDRAW X3 提供的"手绘工具"（快捷键 F5）如图 2-29 所示，它是使用鼠标在绘图页面上绘制直线或曲线的一种工具。可以用此工具绘制专题地图上的直线。

绘制直线：在工具箱中单击"手绘工具"，把鼠标" + "中心对准直线起点，单击鼠标左键并立即松开，会出现一条与鼠标相连的橡皮线，然后把鼠标的" + "中心对准直线的终点再次单击左键，就可绘成一条直线，如图 2-30 所示。

图 2-29　手绘工具

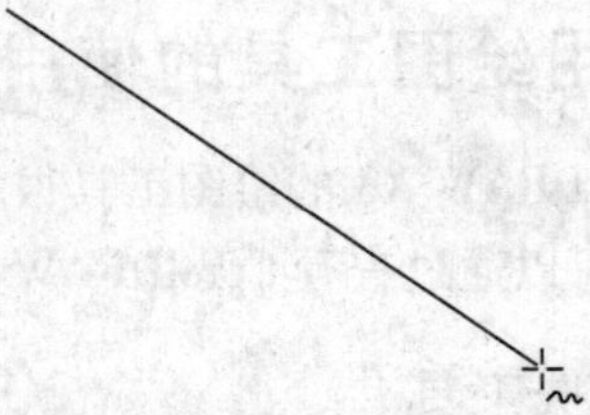

图 2-30　用"手绘工具"绘制直线

绘制曲线：在工具箱中单击"手绘工具"，在要开始曲线的位置单击，并进行拖动，在要结束曲线的位置松开左键，就会出现一条任意的曲线（绘制地图不用此方法）。

"手绘工具"的属性栏包括许多属性设置项目，可以在其中设置对象的位置、对象的大小、缩放比例、旋转角度、箭头类型、轮廓样式及轮廓宽度等，如图 2-31 所示。

图 2-31　"手绘工具"的属性栏

6.3　贝塞尔工具

“贝塞尔工具”是绘制直线和平滑曲线的一种工具，如图 2-32 所示。绘制地图时经常使用此工具，如绘制河流、道路、等高线和境界线等要素。应熟练掌握其使用方法和技巧。

绘制直线和折线：选择“贝塞尔工具”，在该线段开始的节点（第一个节点）位置单击，然后在要结束该线段的节点上单击，再按一下空格键，就可绘出一条直线。若在折线的每个节点上单击，最后按一下空格键，即可绘出折线，如图 2-33 所示。

图 2-32　贝塞尔工具

绘制曲线：选择“贝塞尔工具”，在要放置第一个节点的位置单击鼠标左键，然后松开左键，将鼠标移到要放置下一个节点的位置，按下鼠标左键并不松开，在第二个节点拖移控制柄（沿此节点处底图曲线的切线方向拖移控制柄），在拖动的同时可看到节点的两侧控制柄在移动，两个控制点（箭头）以相反的方向移动。改变控制柄的角度和长短，就可以改变曲线的曲率，通过依次单击鼠标来放置节点，使控制柄改变曲线的曲率，以创建曲线，结束时按一下空格键，这就是“贝塞尔工具”的基本用法，如图 2-34 所示。该工具需要反复练习，才能掌握其使用技巧。

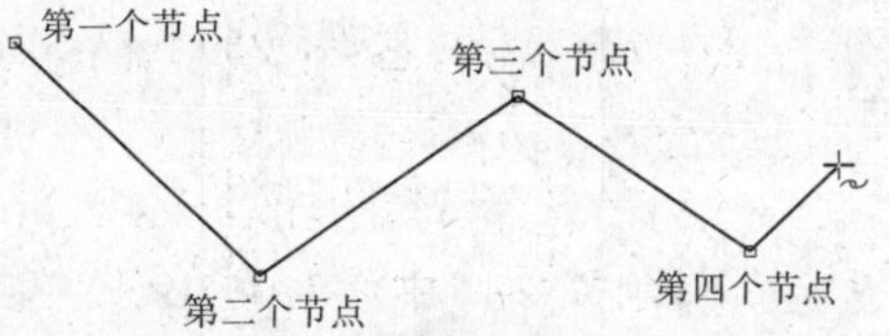

图 2-33　用“贝塞尔工具”绘折线

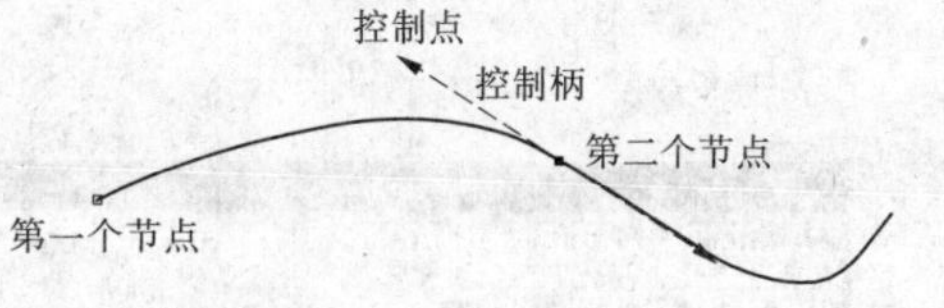

图 2-34　用“贝塞尔工具”绘曲线

“贝塞尔工具”的属性栏含有许多属性设置项目，包括添加节点、删除节点、连接两个节点、分割曲线、转换曲线为直线和平滑节点等项目，如图 2-35 所示。通过这些项目的辅助，可以绘制出符合要求的曲线。

6.4　矩形工具

CorelDRAW X3 提供的“矩形工具”如图 2-36 所示，可用来绘制长方形和正方形两种基本图形。例如，可以用此工具绘制地图的矩形图廓线、图例框等。

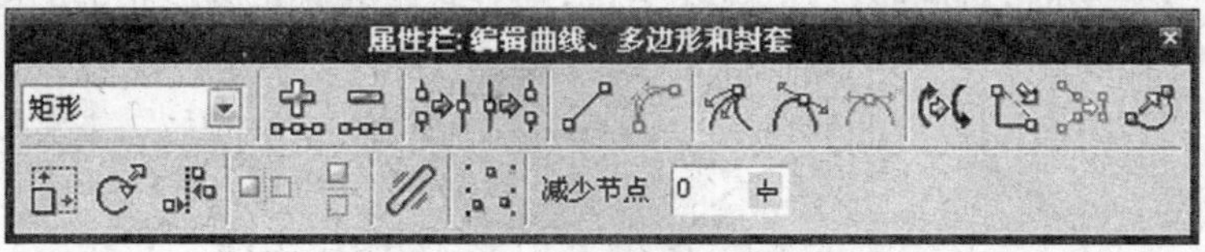

图 2-35　“贝塞尔工具”的属性栏

图 2-36　矩形工具

绘制长方形：单击工具箱中的“矩形工具”，在绘图页面上按住鼠标左键并拖动鼠标至合适的位置，松开鼠标后，便形成了矩形，如图 2-37 所示。若同时按住 < Shift > 键可绘制出从中心点扩散的长方形。

绘制正方形：单击工具箱中的“矩形工具”，按住 < Ctrl > 键，在绘图页面上按住鼠标左键并拖动鼠标至合适的位置,先松开鼠标,然后松开 <Ctrl> 键,即可绘制出正方形,如图 2-38 所示。若同时按住 <Ctrl> + <Shift> 键,可绘制出从中心点扩散的正方形。

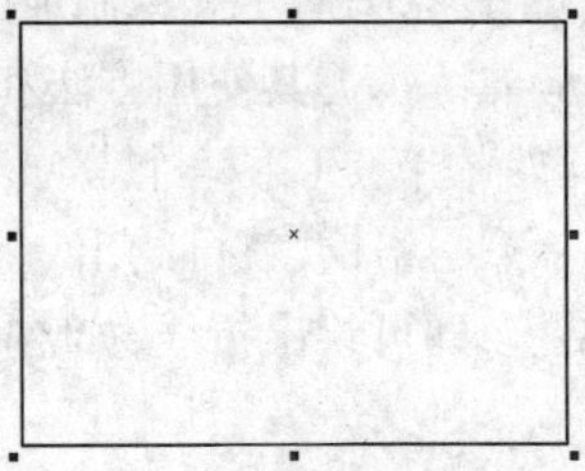

图 2-37　用“矩形工具”绘制长方形

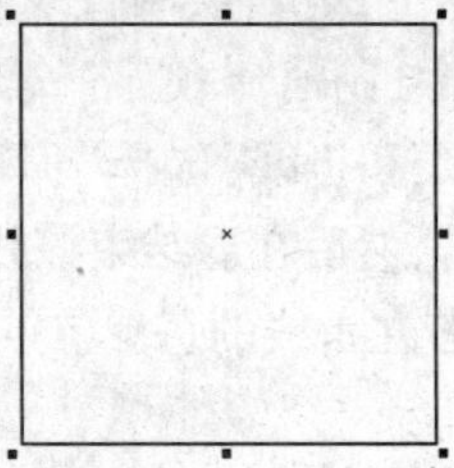

图 2-38　用“矩形工具”绘制正方形

若双击“矩形工具”按钮,可产生与页面大小相同的矩形。

“矩形工具”的属性栏拥有丰富的属性设置,例如设置矩形圆角、线条宽度和转换成曲线等。将图 2-38 正方形的“边角圆滑度”均设置为 25,如图 2-39 所示,就可得到如图 2-40 所示的圆角正方形。

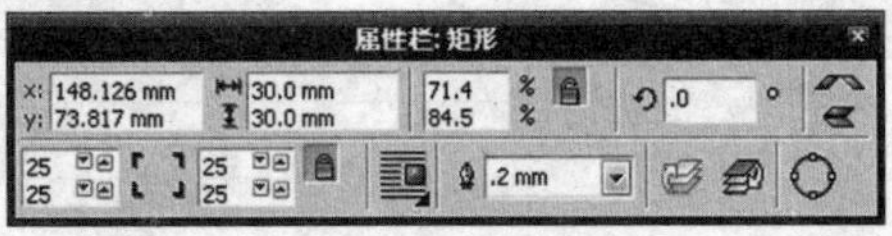

图 2-39　“边角圆滑度”设置

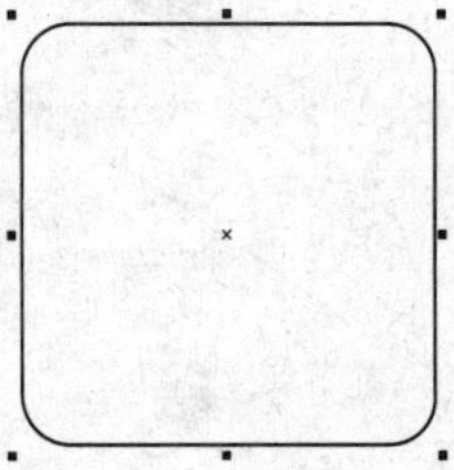

图 2-40　圆角正方形

6.5　椭圆形工具

“椭圆形工具”是用于绘制椭圆形、弧形和饼形的工具,如图 2-41 所示。可以用此工具绘制专题地图的符号。

“椭圆形工具”的使用和“矩形工具”相同,是通过拖动的方式绘制出椭圆形,如图 2-42 所示。

在绘制椭圆形、饼形或弧形时,若同时按住 <Ctrl> 键,则可绘制具有正圆形轮廓的图形效果,如图 2-43 所示。

图 2-41　椭圆形工具

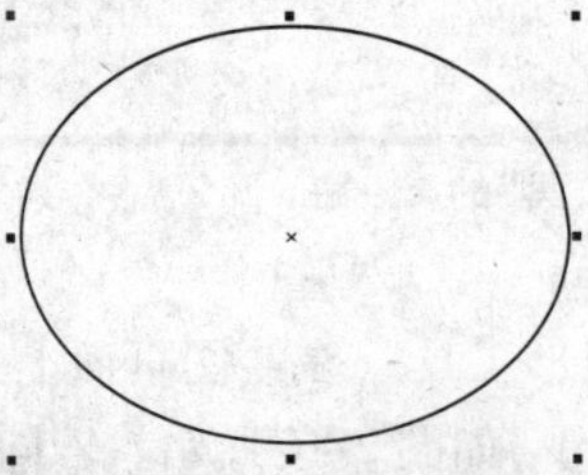

图 2-42　椭圆形

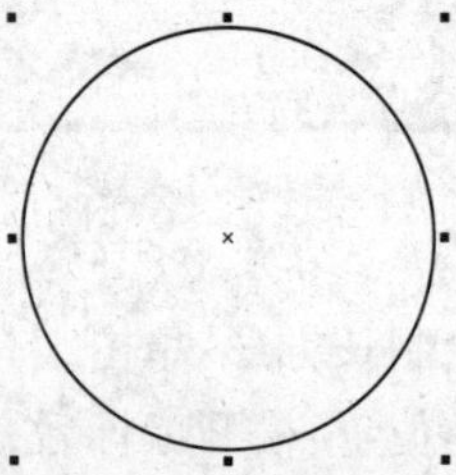

图 2-43　圆形

“椭圆形工具”的属性栏与“矩形工具”的属性栏相比，只是多了“椭圆形”“饼形”“弧形”3 种设置功能，如图 2-44 所示。当选择对应属性时，便可绘制出相应的图形效果。例如，选择“饼形”按钮，设置饼形的起始角度为 0°，结束角度为 270°，轮廓宽度为 0.2 mm（输入数字后需按 <Enter> 键），便可绘制出饼形，如图 2-45 所示。

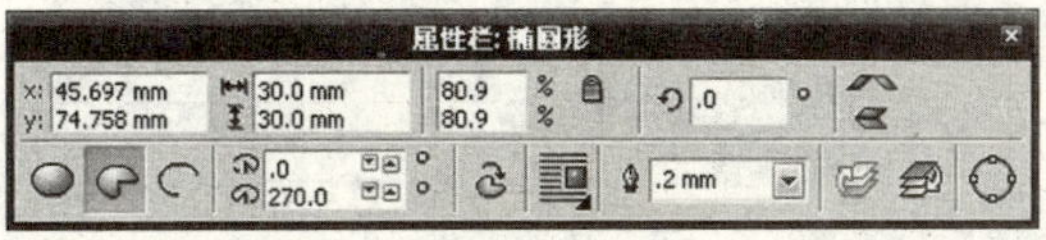

图 2-44　“椭圆形工具”的属性栏

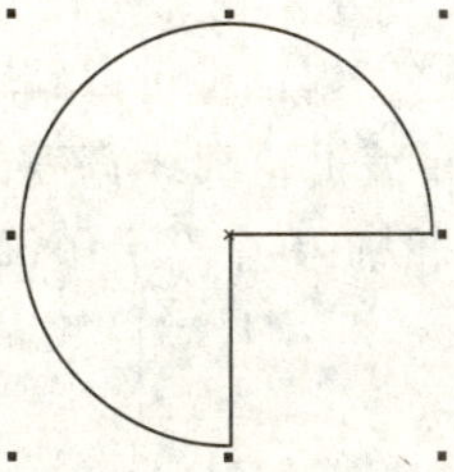

图 2-45　饼形

6.6　多边形工具

CorelDRAW X3 的“多边形工具”是绘图中经常用到的工具之一，如图 2-46所示，用它可以绘制出边数为 3 ~ 500 的多边形。绘图时按住 <Ctrl> 键，即可绘出正多边形。用它可以绘制专题地图的符号。

图 2-46　多边形工具

在绘制多边形时，可以通过该工具的属性栏设置图形的“边数”“大小”“位置”“角度”和“镜像”等属性，这些设置项目与“矩形工具”和“椭圆形工具”相同。

6.7　图纸工具

“图纸工具”是绘制网格的一种工具，如图 2-47 所示。编制专题地图时，可以用它绘制专题地图上的统计图表。

绘制网格方法：打开“绘制多边形”展开工具栏，然后单击“图纸工具”，在属性栏上的“图纸行和列数”框的顶部和底部键入相应的值（在顶部键入的值用来指定列数，在底部键入的值用来指定行数，如图 2-48 所示），指向要让网格出现的位置。沿对角线拖动鼠标以绘制网格。如果要绘制方形单元格的网格，可在拖动鼠标时按住 <Ctrl 键>。

图 2-47　图纸工具

图 2-48　“图纸工具”的属性栏

6.8　交互式轮廓图工具

“交互式轮廓图工具”如图 2-49 所示。编制专题地图时，可以用它绘制地图色带。

使用“交互式轮廓图工具”可以设置轮廓图偏移方向、轮廓图步长、轮廓图偏移、复制轮廓图属性、清除轮廓等，如图 2-50 所示。

图 2-49　交互式轮廓图工具

图 2-50　“交互式轮廓图工具”的属性栏

6.9　轮廓工具

CorelDRAW X3 的“轮廓工具”是绘图中经常用到的工具，如图 2-51 所示，使用“轮廓工具”可以设置对象轮廓线的宽度式样和颜色。单击“轮廓工具”，弹出轮廓展开工具栏对话框，如图 2-52 所示。轮廓展开工具栏中包括“轮廓画笔”对话框，可以编辑图形对象的轮廓线。“轮廓颜色”对话框可以编辑图形对象的轮廓线颜色。最后一个工具是“颜色”泊坞窗。其他的工具是编辑轮廓线宽度的，分别是：“无轮廓、细线轮廓（相当于 0. 076 mm 宽）、1/2 点轮廓、1 点轮廓（1 点等于 0. 353 mm）、2 点轮廓、8 点轮廓、16 点轮廓和 24 点轮廓”。

图 2-51　轮廓工具

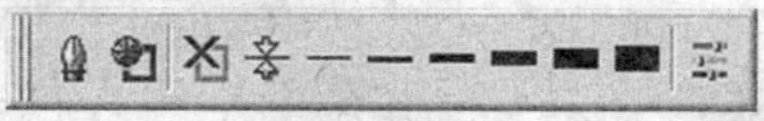

图 2-52　轮廓展开工具栏

对象没有被选中时（如果有对象被选中，则应先按一下 <Esc> 键取消选择），单击“轮廓展开工具栏”中的“轮廓画笔”，弹出“轮廓笔”默认设置对话框，如图 2-53 所示。在其上单击方框以决定哪些对象将接受新的默认设置。单击“确定”按钮后，弹出“轮廓笔”对话框，如图 2-54 所示。下面介绍对话框里常用的选项设置。

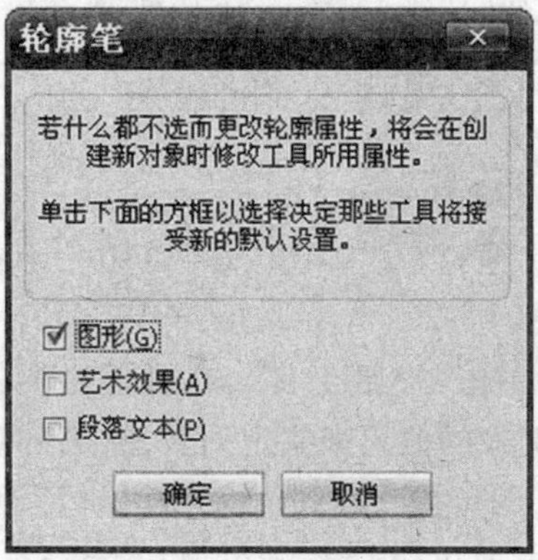

图 2-53　“轮廓笔”默认设置对话框

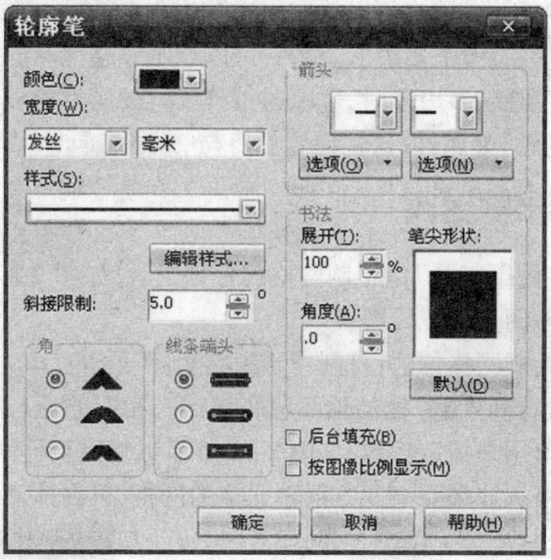

图 2-54　“轮廓笔”对话框

设置轮廓线的颜色：单击“轮廓笔”对话框中的“颜色”按钮，弹出颜色调色板，调色板上的颜色是预设的，可以任意选用。但是，地图颜色都是随时调配的，可以单击“其他”按钮，弹出“选择颜色”对话框，其上的“模型”是指颜色模式，有 CMYK、RGB 等多种模式可供选择，地图制图应选用 CMYK 颜色模式，如图 2-55 所示。输入 CMYK 值，然后点击“确定”按钮，即可设定轮廓线的颜色。

设置轮廓线的宽度：“轮廓笔”对话框的第二行是“宽度”选项，在地图制图中，将单位设为毫米，输入宽度值后，绘出的线条是一个定值。

设置轮廓线的样式：在“轮廓笔”对话框中的“样式”选项中，可以设置轮廓线的样式。单击带三角形的按钮，在弹出的下拉菜单中选择所需要的轮廓线样式，如图 2-56 所示。

图 2-55 “选择颜色”对话框

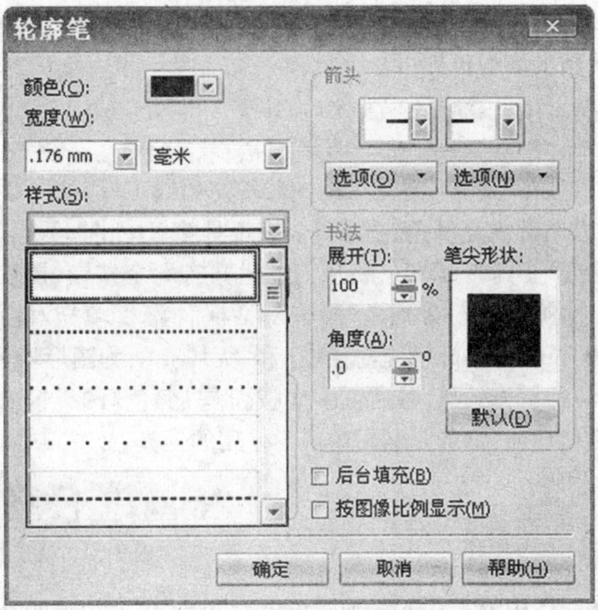

图 2-56 设置轮廓线的样式

编辑线条：在“编辑线条样式”对话框中的编辑条上单击或拖动编辑柄，可以绘制出新的线型。编辑线条是通过拖动编辑柄，以调整黑白方块的间隔和数量来完成的。单击编辑条中的小方块可以改变黑白颜色，编辑条中的第一个小方块必须是黑色，最后一个小方块必须是白色，通过移动编辑柄，可以调整线型样式的末端，形成多种式样的虚线，地图中的各种虚线符号和境界符号都可以用这种方法来编辑。例如，要绘制黑白等长的虚线路，那么只要选择黑白方块相等的样式即可，如图 2-57 所示。

线型样式编辑条中的黑白小方块的具体数量，应根据所定线条的粗细而定。小方块的实际宽度和高度与线的宽度相等。例如，若图 2-57 中的线宽设定为 0.3 mm，那么一个小方块的高度和宽度就均为 0.3 mm，绘制出来的线条将是实段为 $6 \times 0.3 = 1.8$(mm)，虚段为

6×0.3=1.8(mm)。

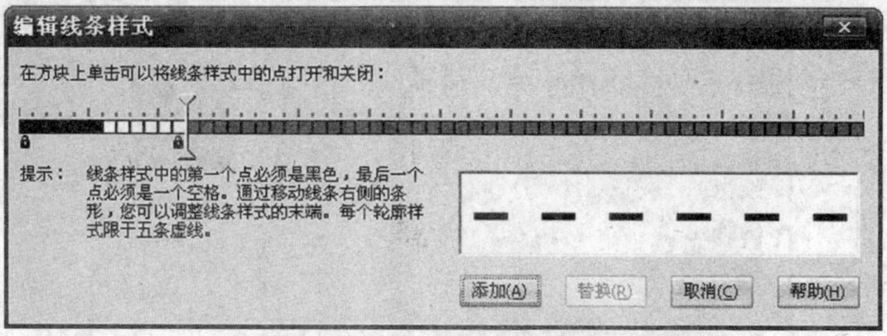

图 2-57　“编辑线条样式”对话框

编辑好需要的线条样式后，要单击“添加”按钮，将新编辑的线条添加到样式列表中。若单击“替换”按钮，新编辑的线条样式将替换原来在列表中选中的线条。

除设置轮廓线(线条)的颜色、宽度和样式外，还可设置线条拐角的形状、线条端头的形状、线条箭头的形状以及笔尖的形状等。

设置好缺省值后，就可以用“手绘工具”“贝塞尔工具”和“矩形工具”等绘制轮廓线，绘出的轮廓线就具有缺省值属性。若要修改轮廓线的颜色、宽度和样式等，应先选中轮廓线，然后按上述方法设置新的属性值即可。

6.10　填充工具

CorelDRAW X3 的“填充工具”也是绘图中经常使用的工具，如图 2-58 所示，使用“填充工具”可以给图形对象内部填充颜色、图案等。在工具箱里单击“填充工具”按钮，会弹出如图 2-59 所示的填充展开工具栏。填充展开工具栏共有七个按钮，前面 6 个按钮分别代表 CorelDRAW X3 的六个填充功能，分别是“填充对话框”“渐变填充对话框”“图样填充对话框”“底纹填充对话框”“PostScript 填充对话框”和“无填充”，为图形填入单色、渐变颜色、图样、底纹和不填充等各种填充效果，最后面一个按钮是“颜色”泊坞窗。“填充对话框”虽然只提供基本的单色填色功能，但却是制图中最常使用的工具。

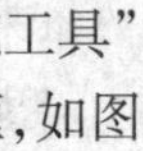

图 2-58　填充工具

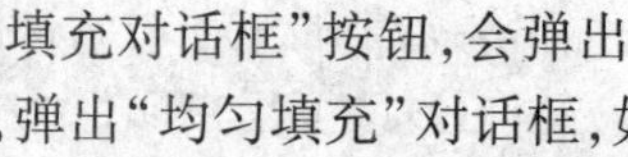

图 2-59　填充展开工具栏

均匀填充是地图制图中最常用的一种颜色填充方式，填充步骤如下：

先设定颜色，即要改变缺省填充颜色，在缺省情况下，除文本是黑色外，其他都是无色的，或者是前次操作设置的颜色。颜色设定的办法是：在没有任何对象被选取的情况下，单击工具箱中的“填充工具”，在填充展开工具栏中单击“填充对话框”按钮，会弹出“均匀填充”默认设置对话框，如图 2-60 所示，单击“确定”按钮，弹出“均匀填充”对话框，如图 2-61 所示。它包含三个选项卡即“模型”“混合器”和“调色盘”，这些选项卡各有不同的用途，在使用上也各不相同。“模型”是最常用到的填色功能，可以利用“色彩模型”下拉菜单来选择需要的色彩模型。CMYK 是印刷界最常用的色彩模型。CMYK 分别为青、品红、黄、黑色。因为大多数的印刷品都是以四色印刷机所印制，所以只要地图最终将送到印刷厂印刷，最好选择这个色彩模型。“混合器”提供混合色彩的功能，可以改变主要的调色色彩来混色。“调色盘”包括“固定调色盘”和“自定义调色盘”。“固定调色盘”指的是已预先设计好的固定色彩，这些固定色彩依用途各有不同，CorelDRAW X3 提供了多种固定调色盘，可满足设计者各式各样的需求。“自定义调色盘”是 CorelDRAW X3 预设的调色盘，也就是在启动 CorelDRAW X3 后，在右边所见到的调色盘。通常都是用这组调色盘来挑选色彩，当然也可以建立绘图时常用的色彩。

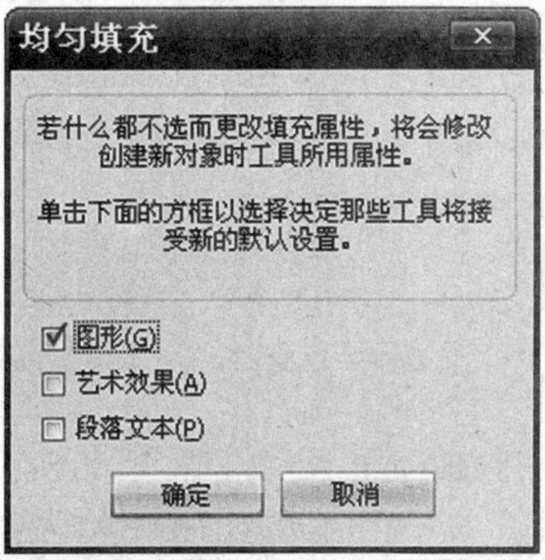

图 2-60　“均匀填充”默认设置对话框

图 2-61　“均匀填充”对话框

根据设计的颜色在“均匀填充”对话框中输入 CMYK 值，单击“确定”按钮。

用绘线工具绘制封闭图形，这时就能按设定值填充均匀颜色。

若要改变已绘图形的填充色，应先选择该图形，然后按照上述方法在“均匀填充”对话框中输入新的 CMYK 颜色值，最后单击“确定”按钮即可。

6.11　文本工具

“文本工具”是在图像上输入文字的工具，如图 2-62 所示，CorelDRAW X3 具有两种文本类型，即美术字文本(艺术效果)和段落文本。美术字文本适合制作少量文本组成的文本对象，如地图名称、企事业单位名称等。制作的文字内容可以通过属性栏设置文字的属性外观，包括字型、大小和样式等。段落文本适合制作大块文本，如制图区域介绍、地图广告说明等。

图 2-62　文本工具

输入美术字：单击“文本工具”，在绘图区任意位置单击鼠标，将会出现“Ⅰ”形光标，此时文本属性栏将显示在绘图区下方(或上方)，如图 2-63 所示。

图 2-63　美术字的属性栏

在这个文本属性栏中，可以进行选择字体、设置字号(字的尺寸)等操作，如图 2-63 所示，就是设置好的文本属性栏，此时的效果将显示在输入的文字上，如图 2-64 所示。

郑州测绘学校定向越野竞赛图

图 2-64　美术字

段落文本：选择“文本工具”，在绘图区按住鼠标左键，沿对角线拖动鼠标，出现一个矩形文本框，松开鼠标左键，形成虚线文本框。在文本属性栏（与美术字的属性栏相同）中选择字体，设置字号、对齐和间距等段落效果，然后在虚线文本框中输入段落文本，如图 2-65 所示。

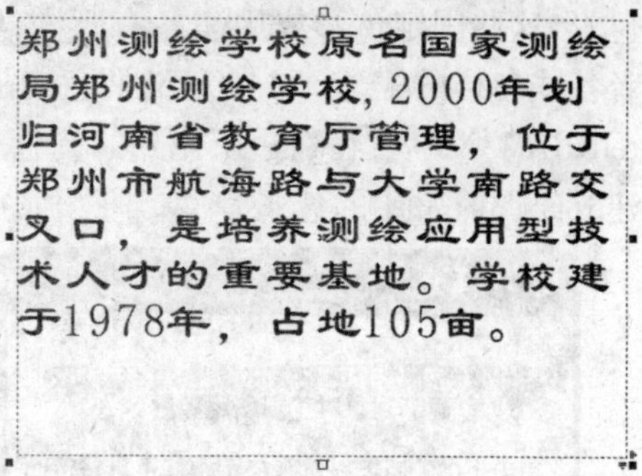

图 2-65　段落文本

6.12　形状工具

“形状工具”是 CorelDRAW X3 中功能强大的编辑曲线的工具，如图 2-66 所示。它通过编辑节点可以方便地改变曲线外观形状。在地图制图中，常用于编辑道路、河流、等高线等地图要素。下面介绍“形状工具”的使用方法。

图 2-66　形状工具

6.12.1　选取节点

在修改图形之前，必须先选中要操作的节点，具体方法如下。

用“形状工具”选择曲线：选择工具箱中的“形状工具”，单击曲线对象，则曲线对象上的所有节点将以空心方块的形式显示出来，如图 2-67 所示。

选择一个节点：将光标移至某个节点上单击，即可选中该节点。如选中曲线节点，节点会呈蓝色实心方块状并显示节点控制柄，且其相邻节点也会显示出靠近该节点的那个控制柄，如图 2-68 所示。

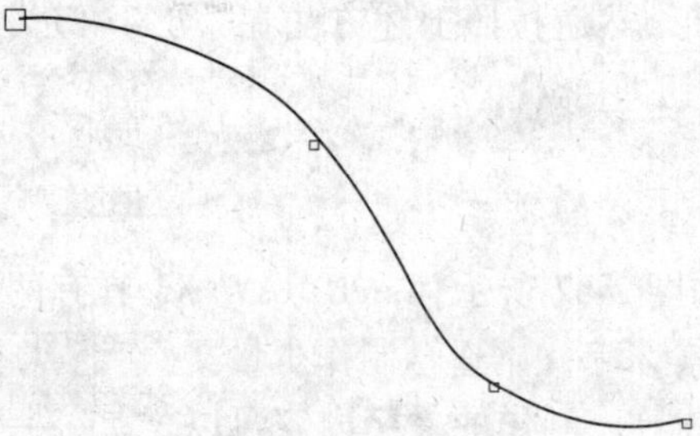

图 2-67　用“形状工具”选择曲线

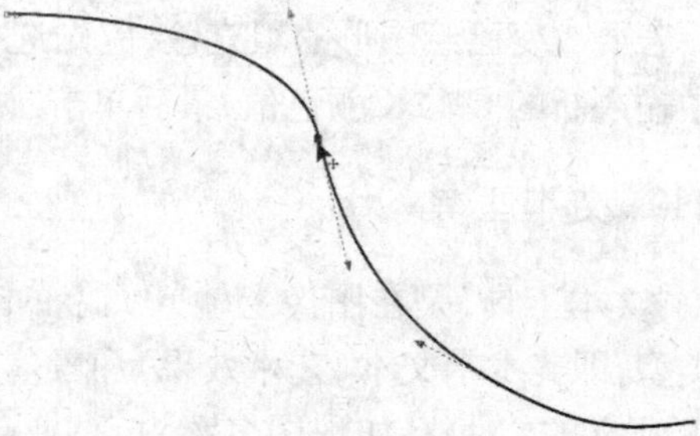

图 2-68　选择一个节点

选择多个节点：如要选择多个节点，可按住 < Shift > 键，并使用鼠标逐个单击要选择的节点，如图 2-69 所示。

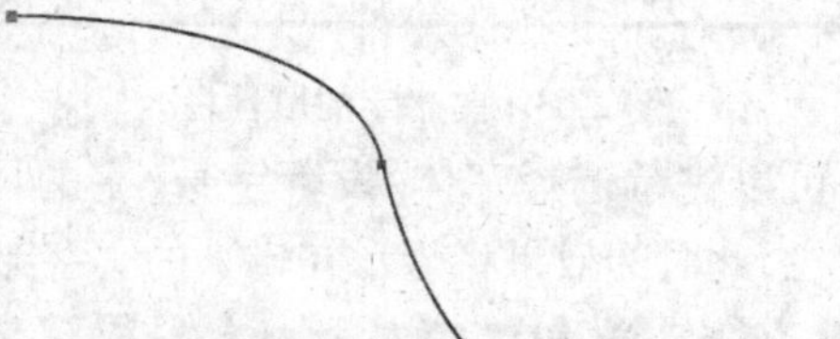

图 2-69　选择多个节点

选择曲线上的所有节点：选中对象后，选择【编辑】→【全选】→【节点】菜单命令，可选择曲线上的所有节点。

6.12.2　取消节点的选择

要取消节点的选择，只需在曲线外单击鼠标即可；如仅取消多个选定节点中的某个节点，应按下 <Shift> 键，并选择“形状工具”单击要取消选择的节点即可。

6.12.3　修改曲线

拖动节点：拖动曲线对象上的节点，可调整曲线形态，如图 2-70 所示。使用“形状工具”单击要编辑的对象，以显示对象上的所有节点；单击选中要编辑的节点并进行拖动，即可改变图形形状。

拖动控制点：使用“形状工具”选中节点后，节点将显示控制柄。通过拖动控制柄两端的控制点，也可以改变曲线的弯曲度及曲线段形状，如图 2-71 所示。

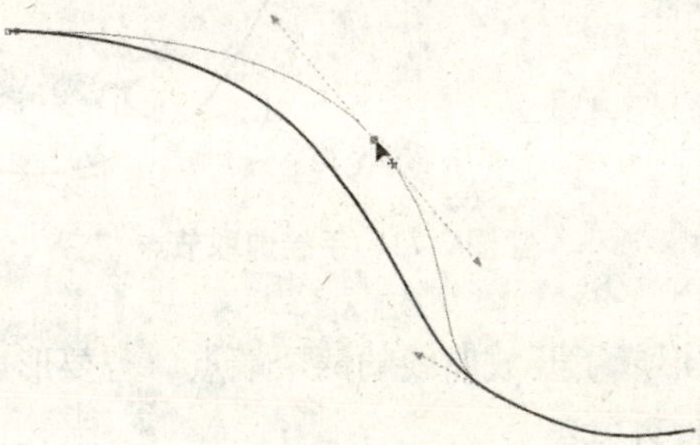

图 2-70　拖动节点

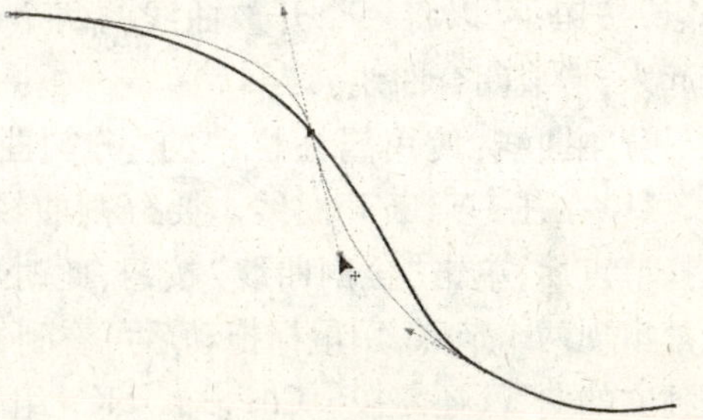

图 2-71　拖动控制点

拖动线条：拖动节点之间的线条，可以大幅度地改变曲线形状。只需选择“形状工具”，单击选中要调整的曲线，将光标移至需要调节的线段上，此时按下并拖动鼠标，曲线即随着光标移动的方向而改变形状。

添加节点和删除节点：使用“形状工具”，可以通过在曲线上增加或删除节点来改变曲线形状。选择“形状工具”，在要添加节点处双击鼠标，即可添加一个节点。选择“形状工具”，双击节点，或选择节点后按 <Del> 键，即可删除此节点。

转曲线后修改图形：虽然矩形、椭圆等几何图形也具有节点，但如果想进行增加、删除节点等更全面的编辑操作，需要选中图形后，按 <Ctrl> + <Q> 组合键将其先转换为曲线对象。

6.12.4　使用属性栏编辑(修改)曲线

使用“形状工具”只能对节点进行基本的编辑，要想对曲线和节点进行全面的编辑，可以使用该工具的属性栏，如图 2-72 所示。该工具属性栏提供了几乎所有的节点编辑工具，这些按钮并不都是同时可用的，可以根据具体情况设置。

选取节点方式：除上面介绍的节点选取方法外，还有“手绘选取”和“矩形选取”另外两种方式。“手绘选取”的方法是先选择“形状工具”，然后按住鼠标左键，绘出一范围框，如图 2-73所示，被框包围的节点即被选择。“矩形选取”的操作方法与此基本相同，只是应拖绘出一矩形，落在矩形框内的节点就会被选择。

添加节点：如要在曲线上添加节点，可先在要添加节点处单击，此时单击处将出现一个小圆黑点，然后单击属性栏中的“添加节点”按钮，即可在该处增加一个节点。

图 2-72 “形状工具”属性栏

删除节点:如要删除曲线上的一个或多个节点,可在选择要删除的节点后,单击属性栏中的“删除节点”按钮。

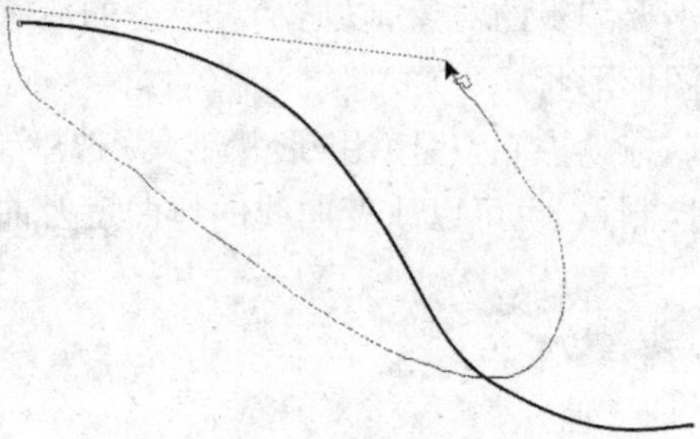

图 2-73 手绘选取节点

连接两个节点:使用属性栏中的“连接两个节点”按钮,可以将一个开放曲线的两个端点连接起来,形成闭合曲线。

分割曲线:使用属性栏中的“分割曲线”按钮,可以在任一点断开曲线。要分割曲线,只需选择节点后,单击“分割曲线”按钮,此时所选节点处出现两个节点,用鼠标拖动后可看到,此处已形成了开放曲线的两个端点。若要形成两条独立的曲线,还需按 < Ctrl > + < K >组合键进行拆分。

6.13 缩放工具

“缩放工具”用于更改绘图窗口的缩放级别,如图 2-74 所示。通过“放大”,可以更清晰地查看绘图;通过“缩小”,可以查看绘图的更多区域。可以尝试选择多种缩放选项,以确定想要的细节量。

图 2-74 缩放工具

可以根据需要,使用“缩放工具”随意调整绘图窗口的缩放,同时配合其属性栏可以进行缩小、放大、页面显示和缩放全部对象操作。

在调整绘图的缩放时,可以通过百分比来设置;也可通过“放大”与“缩小”两种模式来设置,“放大”的快捷键是 < F2 >,“缩小”的快捷键是 < F3 >;想要将绘图窗口调整至适应窗口大小时,可以通过“按页宽显示”或“按页高显示”功能来实现。

6.14 手形工具

图 2-75 手形工具

“手形工具”也是一种查看图形的工具,如图 2-75 所示,用于控制绘图窗口中绘图的可见部分。当图形放大显示后,便可以通过拖动鼠标左键,将隐藏的图形显示出来,以便进行查看或修改。

7 常用泊坞窗的使用

泊坞窗是提供设置对象样式、色彩和符号等参数的窗口。其实,它就是设计面板,其上集合了多项功能,而各项功能依照其特定操作而呈现于同一窗口中。如图 2-76 所示,即是一种类型的泊坞窗。泊坞窗显示与对话框类型相同的控件,如命令按钮、选项和列表框。与大多数对话框不同,泊坞窗可以在操作文档时一直打开,便于使用各种命令来尝试不同的效果。

CorelDRAW X3 有哪些泊坞窗口呢？当执行【窗口】→【泊坞窗】命令后，会展开一个子菜单，其中集合了 CorelDRAW X3 中所有的泊坞窗口，只需在此子菜单栏中选择执行某一项命令，便可以打开对应的泊坞窗口。地图制图中常用的有“对象管理器”泊坞窗、“变换”泊坞窗、“符号管理器”泊坞窗、“轮廓图”泊坞窗和“立体化”泊坞窗等几种，下面介绍两个重要的泊坞窗，其他的泊坞窗将在以后的项目中介绍。

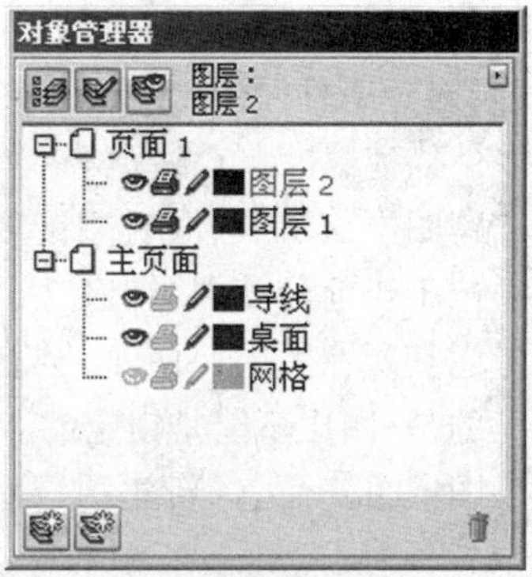

图 2-76　“对象管理器”泊坞窗

7.1　“对象管理器”泊坞窗

“对象管理器”泊坞窗又常称为图层管理器，是地图制图中常用的一种泊坞窗。图层是可以在绘图上放置对象的透明平面，在不同图层上绘图，可以隐藏一些对象，以减少图层之间的互相干扰，也可防止意外地改动一些对象。同时，还能利用图层的重叠次序来确定图形层面关系。

“对象管理器”泊坞窗可以从“工具”菜单里或“窗口”菜单里打开，如图 2-76 所示，在泊坞窗口标题栏下方有 3 个图标，自左向右分别为“显示对象属性”“跨图层编辑”和“图层管理器视图”。

在图层列表栏上有“页面 1”和“主页面”两个图层页面，多页面作业时两个图层页面都会用到，绘制地图一般只用“页面 1”。“主页面”图框下面有“导线”“桌面”和“网格”3 个默认图层，其中“网格”图层显示一系列网点，但它是锁定图层，无法在该图层中绘图，有时打开它，可以帮助编辑者在其他图层上定位绘图。打开“导线”图层，可以从标尺处拖出纵横方向的导线（又称辅助线），能够辅助绘图，它是活动图层，虽然可以在该图层上绘图，但通常只作辅助线用，不在上面绘制图形。“桌面”图层是绘制多页面图册的主桌面，主桌面上的对象在每个图层上都能移动和编辑，因此绘制地图也很少用。

在泊坞窗口左下方有两个建新图层的按钮，左侧是“新建图层”，单击它便在“页面 1”上新建图层，如果要在“主页面”上新建图层，就要单击第二个“新建主图层”按钮。

新建图层：单击“对象管理器”左下角的“新建图层”按钮，以创建新的图层。“图层 1”是一个缺省设置，因此设置图层是从“图层 2”开始，默认图层名依次是“图层 2”“图层 3”“图层 4”等，一般制图时需要对图层重新命名（在文本框内输入新图层名即可）。每个图层左边有 3 个图标，分别是“眼睛图标”（关闭时表示看不见该图层所有内容）、“打印机图标”（关闭时表示该图层不能打印）和“铅笔图标”（关闭时表示该图层被锁住，不能编辑）。图层图标功能如图 2-77 所示。图层 1 既能看见又能编辑和打印；而图层 2 是只能打印，既不能看见又不能编辑；图层 3 是既能看见又能编辑，但不能打印；图层 4 是既不能看见又不能编辑，也不能打印；而红颜色的图层 6 是表示当前图层，新绘制的对象自动存放在当前图层里，在“非跨图层编辑”情况下，只有这个图层里的对象可以编辑，其他图层里的对象都不能编辑。

对象及其属性的显示：单击图层图标前面的小“+”字，便能显示每个图层里的所有对象，如图 2-78 所示，图层 3 共有 3 个对象，而且从中还能看出它们先后绘制的顺序，椭圆形是最早绘制的对象，文字是最后绘制的一个对象。“对象管理器”左上角第一个图标是“显示对象属性”，如果打开“显示对象属性”图标，可以进一步显示每个图层所有对象的属性描述，如颜色、线宽等。

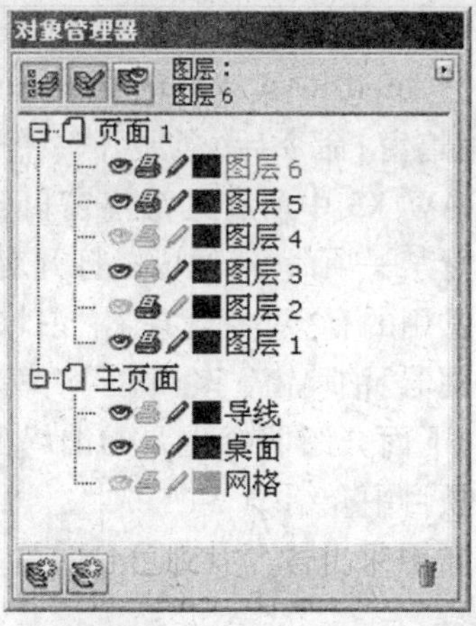

图 2-77　图层图标功能

跨图层编辑：选取对象或要编辑一个对象，这个对象必须位于当前活动图层上。如果选择“跨图层编辑”，可以不考虑其所在图层，每一图层上的对象均可被编辑。但要注意的是，图层不能是锁定的。

图层重新命名：新建图层时，默认图层名是以序数来表示的，图层层数多了就不容易记忆，因而通常需要对它们进行重新命名，命名最好与图面内容一致。重新命名的方法是：在图层名上单击右键，在弹出的菜单中选择“重命名”，该图层名文本框向左缩进，在框中输入文字即可。

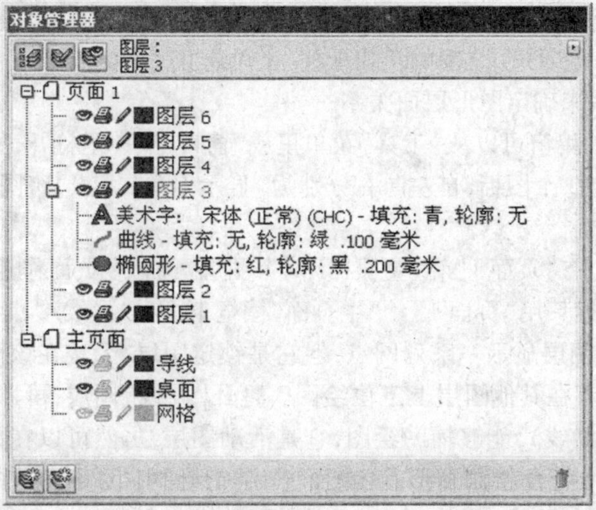

图 2-78　图层对象及其属性显示

调整图层次序：多要素彩色地图常常是由多个层面组成的，文字注记、各种符号和线条总是处于最上面的一层，水面、政区和底色等面积色总是处在比较靠下的层面。此外，线型符号之间也有上下关系，这些关系也都可以通过图层重叠次序的调整来实现。在“图层”泊坞窗中列出的图层次序与地图层面次序完全相同，列表中最上面的图层就是地图的最上一层平面，根据这个原则，在设置地图图层时，从下到上应该是底色（包括内图廓）、政区面积色、水域、街区填充色、其他填充色、各种线型符号、点状符号、文字注记等。

要调整原有的图层上下次序关系，需要用左键击活该图层的图标，按住左键不松开，并拖动鼠标，此时会出现黑色线条，然后将其拖放到想要放置的图层位置上，放开左键即可，列表重新排列，图层次序就发生改变，如图 2-79 所示。

在图层之间移动和复制对象：如果想把部分对象从一个图层“移到”或“复制到”另一个图层，首先击活图层并选取需移动或复制的对象，然后用右键在图层管理器图层列表框内的空白处单击，出现图层编辑对话框，如图 2-80 所示，选择“移到图层”或“复制到图层”命令，

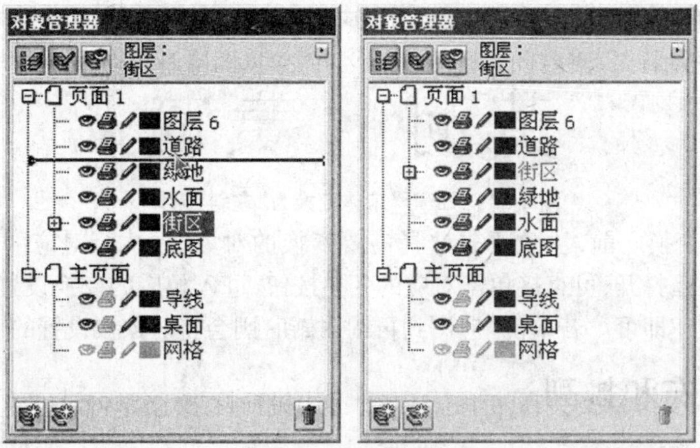

图 2-79　调整图层次序

出现黑色箭头及黑色矩形后，将箭头移到另一个图层图标框上再单击即可。也可单击“对象管理器”右上方带黑三角形的“对象管理器选项”按钮，在弹出的下拉菜单中选择相应命令，进行“移动”或“复制”对象。

7.2　“变换”泊坞窗

执行【窗口】→〖泊坞窗〗→［变换］→「位置」命令，可以打开“变换”泊坞窗，如图 2-81 所示，也可以执行【排列】→〖变换〗→［位置］命令，打开“变换”泊坞窗。在泊坞窗左上方有“位置”“旋转”“缩放和镜像”“大小”和“倾斜”5 个按钮，单击对应的按钮，窗口下方便会显示相应的设置项目，可以改变图形的位置、旋转角度、大小和倾斜度等。

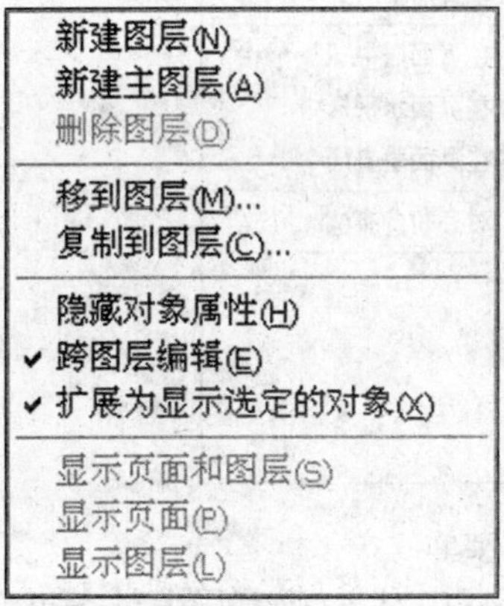

图 2-80　图层编辑对话框

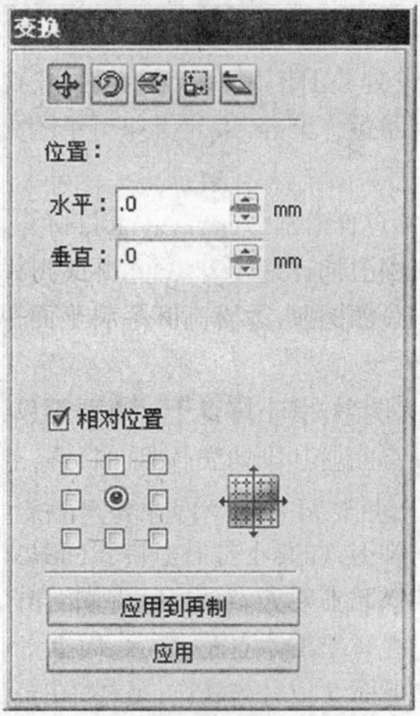

图 2-81　“变换”泊坞窗

例如，地图上的河流名称常用“左斜”宋体，就可以先选中“正形”宋体河流名称，然后点击“倾斜”按钮，在倾斜角度文本框中输入水平倾斜角度值和垂直倾斜角度值（水平倾斜角度输入15,垂直倾斜角度输入0),最后点击“应用”按钮,即可将“正形”宋体变换为“左斜”宋体,如图2-82所示。

图2-82　“正形”宋体变换为“左斜”宋体

在进行对象变换之前,注意要先选择需要变换的对象,再执行对应的变换操作,若是“变换”泊坞窗口已打开,可直接单击对应的变换按钮,进入相应的变换设置项目,设置完毕后单击“应用”按钮即可。若单击“应用到再制”按钮,则会将对象按设置的项目复制。

8　对齐、分布和排列

8.1　对齐和分布

执行【排列】→〖对齐和分布〗命令,可以打开如图2-83所示的“对齐和分布”菜单,选择不同命令可以用来对齐多个对象,包括将对象进行“左对齐、右对齐、顶端对齐、底端对齐、水平居中对齐、垂直居中对齐、在页面居中、在页面水平居中、在页面垂直居中、对齐和分布”操作,使对象整齐有序地分布于绘图窗口中。

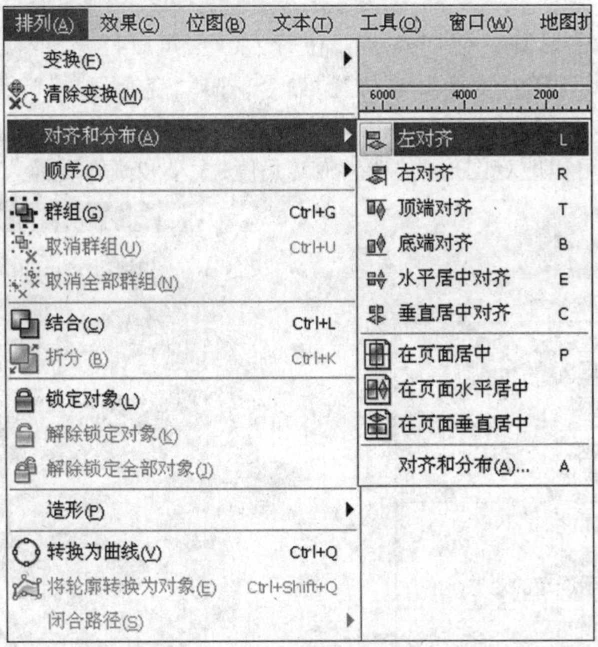

图2-83　“对齐和分布”菜单

其中,“左对齐、右对齐、顶端对齐、底端对齐、水平居中对齐、垂直居中对齐”6项命令可以使一组对象集体向左、向右、向上、向下以及对齐于水平中心或垂直中心。

除前面6项对齐操作,另外“在页面居中、在页面水平居中、在页面垂直居中”3项命令是将对象以相对于页面来对齐的,例如“页面水平居中”可将对象水平居中对齐于页面。

执行【排列】→〖对齐和分布〗→[对齐和分布]命令,可打开“对齐与分布”对话窗口,如图2-84所示,该窗口中分别有“对齐”与“分布”两个选项卡,其中通过“对齐”选项卡,可以将对象指定某个位置来进行对齐。通过"分布"选项卡,可以使多个对象以相等距离对齐分布,或是以对象的水平或垂直中心相对等距离分布,所分布的范围包括选定的范围和页面的范围两种。

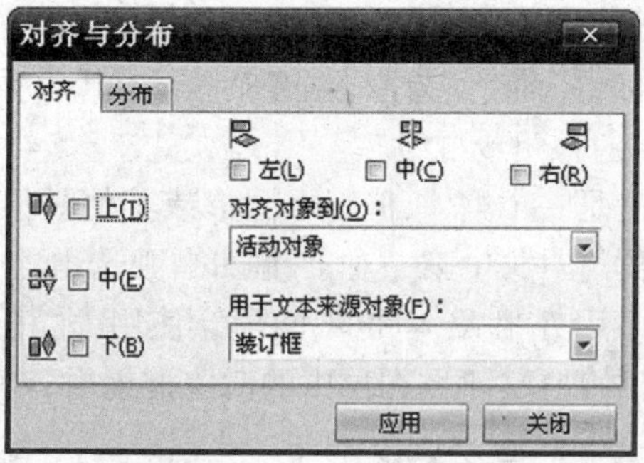

图2-84　"对齐与分布"对话框

8.2　顺序

在绘图窗口中,绘制不同的图形或加入不同的对象都是上下重叠的,若是上一层的图形比下一层的图形大,会把下面的图形完全遮住。此时,就需要重新调整对象重叠关系。

执行【排列】→〖顺序〗命令,可以打开如图2-85所示的"顺序"菜单,CorelDRAW X3 提供的"顺序"命令,可将对象排列至图层前面或是排到图层后面,也可以相对于上下对象调整排列顺序。此外,还可以直接指定对象排列于某一层对象的前面与后面。

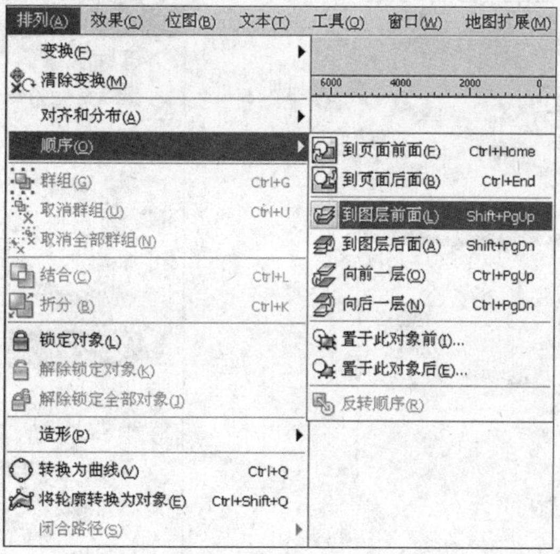

图2-85　"顺序"菜单

9　群组与结合

9.1　群组

"群组"命令可将多个图形或其他对象组成一个整体。对象群组后,将保持彼此之间的位置和空间关系,对群组对象进行变换,则群组的所有对象个体都会产生变换,且对象相互之间相对位置或空间关系仍然保持不变。群组的主要作用是防止意外地移动某个对象,更重要的是,有些工作(如图幅裁切)只能在对象群组后才能进行。“群组”命令包含在“排列”菜单里,如图 2-86 所示。

使用“群组”命令之前,需要选择两个以上的对象,接着执行【排列】→〖群组〗命令,或在对象上单击右键,执行“群组”命令,或选中对象后按 <Ctrl> + <G> 快捷键,或单击属性栏中的“群组”按钮,都能将对象组成群组。

对象群组后的图形虽然是一个整体,但每个图形或其他对象都保持各自的属性。若是按住 <Ctrl> 键不放,选择群组对象中某一对象,即可单独选出其中的某个对象。

群组功能在地图制图中用处很大,但也不能随意使用,尤其是跨图层编辑时一定要小心,以防发生图层合并等意外现象(不同图层中的对象群组时,对象会移到当前图层),一般不要将不同图层中的对象进行群组。

要解散群组后的对象,可以先选中对象,再选择如图 2-86 所示的“取消群组”命令,或单击属性栏中的“取消群组”按钮,即可将群组取消。

9.2　结合

结合两个或多个对象可以创建具有常用填充和轮廓属性的单个对象。可以结合矩形、椭圆、多边形、星形、图形或文本。使用“结合”命令之前,需要选择两个以上的对象,接着执行【排列】→〖结合〗命令,如图 2-87 所示。或在对象上单击右键,执行“结合”命令,或单击属性栏中的“结合”按钮,都能将对象结合。

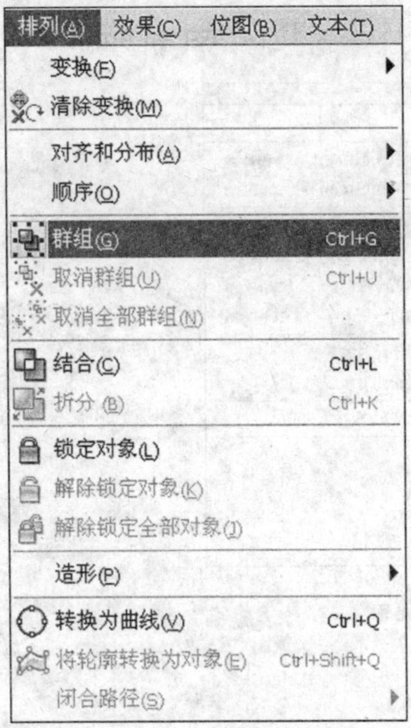

图 2-86　“群组”命令

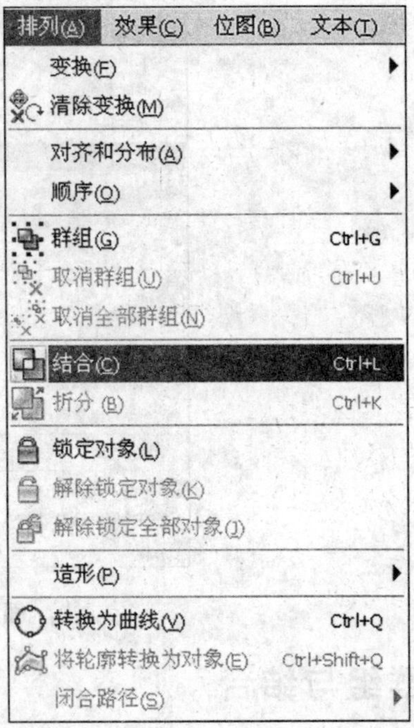

图 2-87　“结合”命令

结合与群组是两种完全不同的概念,虽然结合和群组后都成为一个对象,但多对象结合后，是将所有的对象变成一个单一的曲线对象，不仅失去了原来对象的上下叠置顺序，新对象还具有在结合前选择的最后一个对象的填充和轮廓属性。

执行【排列】→〖拆分〗命令，可以将结合的新对象分离，对象拆分后虽然可以成为独立对象，但不能恢复原来的状态，不仅改变了原来的叠置顺序，而且各对象也恢复不到原来的填充和轮廓属性了，各个对象的填充和轮廓属性与最后选择的一个对象相同，如图 2-88 所示。

“结合”和“拆分”功能在编制专题地图时经常用到，例如将两条曲线连接成一条曲线，设计图例符号和符号建库等。

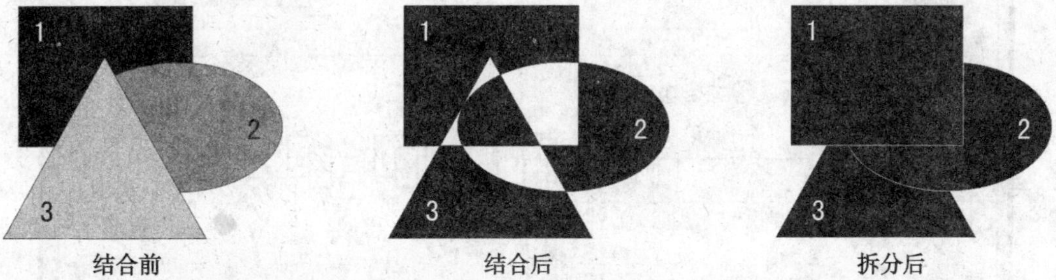

图 2-88 “结合”和“拆分”

10 打印文件

地图绘制完后，可以将其打印出来，作为成品使用，或用于查看设计效果和检查错漏。CorelDRAW X3 提供多项打印功能，包括“打印”和“打印预览”。

10.1 打印文件

CorelDRAW X3 的打印功能具有多个选项，有些选项可直接在绘图窗口中设置，有些可在打印窗口中设置。打印准备工作从确定打印的对象开始，在确定打印的范围时，可任意选择打印对象、完整的多页面文件或在多页面文件中指定页面等。

执行【文件】→〖打印〗命令，打开“打印”窗口，通过该窗口选择指定的打印机，接着设置打印份数和打印的范围即可，如图 2-89 所示。

若需要设置其他打印参数，可在“打印”窗口上单击“属性”按钮，设置打印纸张的布局、打印的纸张/质量等。

此外，“打印”窗口中还提供其他如“常规、版面、分色、预印、其他、无问题”6 个选项卡，可以在打印前设置图像的版面效果、打印色彩和加入打印套准星标记等打印选项，如图 2-89 和图 2-90 所示。

10.2 打印预览

通过“打印预览”，可在打印前先对打印的内容进行预览，以便了解打印页面的整体效果和打印前即时修改页面的排版效果。执行【文件】→〖打印预览〗命令，打开预览窗口，该窗口中会显示打印后的状态（如纸张、打印范围等），使用者可以依据实际需要设置各种打印参数（如设置图形对象打印的位置等），如图 2-91 所示。

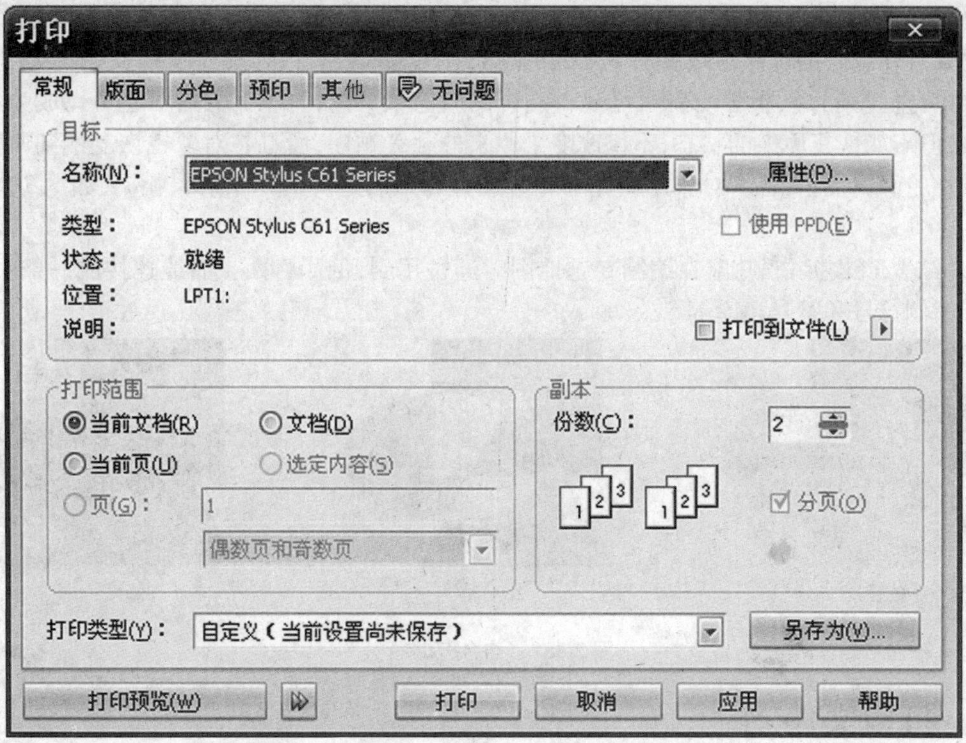

图 2-89　“打印”窗口

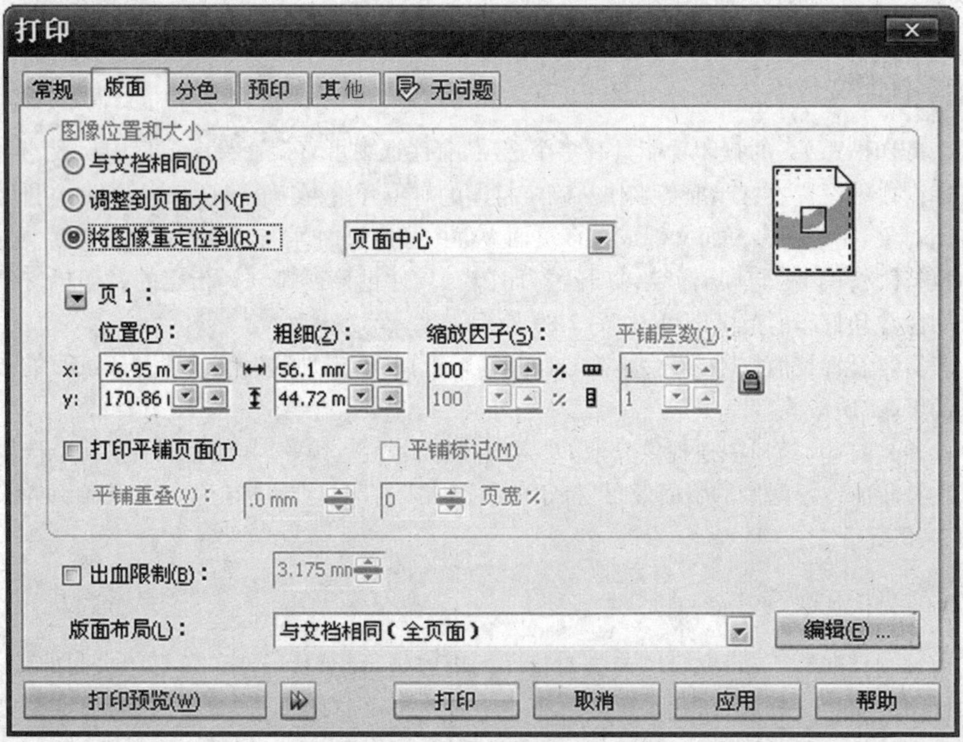

图 2-90　“版面”选项卡

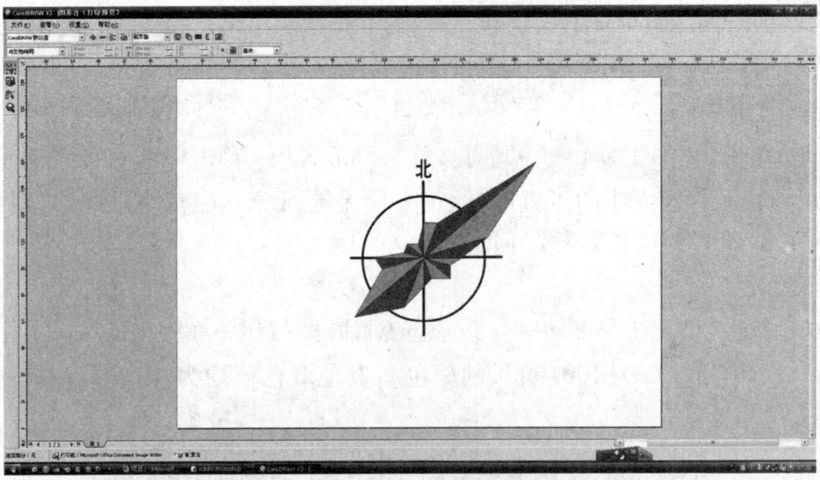

图 2-91　打印预览

技能训练

1　实习目的与要求

通过绘制4个地图符号，掌握 CorelDRAW X3 工具箱中手绘工具、矩形工具、椭圆形工具、多边形工具、文本工具、轮廓工具、填充工具及其属性栏的使用方法；掌握有关菜单的使用方法；掌握“变换”泊坞窗的使用方法。

通过绘制等高线，掌握“贝塞尔工具”绘制曲线的方法；掌握“对象管理器”泊坞窗的使用方法。

2　实习内容与步骤

2.1　绘制地图符号

2.1.1　绘制贮水池符号

2.1.1.1　任务描述

贮水池符号的图形是一正方形，边长为1.3 mm，无轮廓线，填充的颜色值为C100（即青色），如图2-92所示。要求运用 CorelDRAW X3 的相应工具、属性栏及对话框绘制此符号。

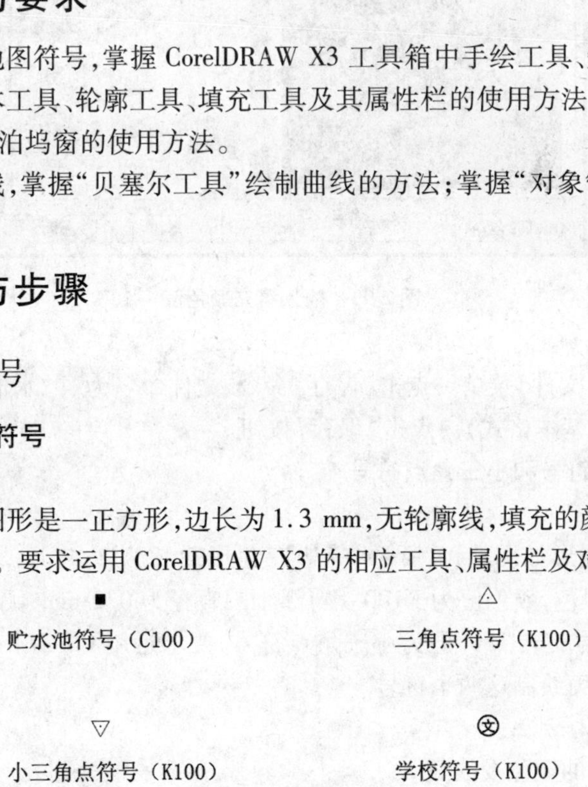

图 2-92　地图符号

2.1.1.2　绘制步骤与方法

(1)定义轮廓工具默认值。

启动 CorelDRAW X3→“新建”→单击『轮廓工具』→单击“无轮廓”按钮→在“轮廓笔默认选项”对话框中勾选“图形”项→单击“确定”。

(2)绘制正方形。

(接上步)单击『矩形工具』→同时按住 < Shift > 和 < Ctrl > 键,在绘图页面中按下鼠标左键拖动,绘出一任意大小的正方形,此正方形无轮廓线→在属性栏上的“对象大小”文本框中输入 1.3(符号的边长)→按“回车键”。

(3)填充颜色。

(接上步)单击『填充工具』→按下“填充对话框”按钮→在弹出的“均匀填充”对话框中,输入 CMYK 颜色值,C 为 100(符号的颜色),其他颜色值均为 0,如图 2-93 所示→单击“确定”按钮,符号绘制完毕。

图 2-93　输入填充颜色值

(4)保存文件。

(接上步)单击【文件】菜单→点击〖保存〗命令,文件命名为“贮水池符号”,文件格式为 CDR(CorelDRAW 的基本格式)→点击“保存”按钮。

2.1.2　绘制三角点符号和小三角点符号

2.1.2.1　任务描述

三角点符号的图形如图 2-92 所示,等边三角形边长为 2.4 mm,轮廓线宽度为 0.12 mm,轮廓线颜色是黑色,颜色值为 K100。内部小圆直径为 0.2 mm,无轮廓,填充颜色值为 K100。将三角点符号旋转 180°即为小三角点符号,要求运用 CorelDRAW X3 的相应工具、属性栏、菜单及泊坞窗绘制这两个符号。

2.1.2.2　绘制步骤与方法

(1)定义三角形的颜色及线宽。

启动 CorelDRAW X3→“新建”→单击『轮廓工具』→单击“轮廓画笔对话框”按钮→在“轮廓笔默认选项”对话框中勾选“图形”项(若已勾选,可直接往下操作)→单击“确定”按钮→在弹出的“轮廓笔”对话框中,单击“颜色”按钮→点击“其他”按钮→在“模型”选择框中，选择 CMYK→在“组件”文本框中输入轮廓线颜色值（K 为 100，其他 C、M、Y 值均为 0）→单击“确定”按钮→在宽度文本框中输入轮廓线宽度 0.12→单击“确定”按钮。

（2）绘制等边三角形。

（接上步）在工具箱中单击『多边形工具』→在相应的“多边形工具”属性栏中，输入边数3→同时按住 <Shift> 和 <Ctrl> 键，在绘图页面中按住鼠标左键拖动，绘出一任意大小的等边三角形→在属性栏上的“对象大小”文本框中输入 2.4（符号的水平边长）→按“回车键”。

（3）绘制小圆。

（接上步）→在工具箱中单击『椭圆形工具』→在相应的“椭圆形工具”属性栏中，单击“椭圆形”按钮（若此时选择的已是“椭圆形工具”，而不是“饼形”或“弧形”工具，则此操作不做）→同时按住 <Shift> 和 <Ctrl> 键，在绘图页面中按住鼠标左键拖动，绘出一任意大小的圆形→在属性栏上的“对象大小”文本框中输入 0.2（小圆的直径）→按“回车键”→单击『填充工具』→按下“填充对话框”按钮→在弹出的“均匀填充”对话框中，输入 CMYK 颜色值，K 为 100（符号的颜色），其他颜色值均为 0→单击“确定”按钮→单击『轮廓工具』→单击展开工具栏中的“无轮廓”按钮，以取消小圆的轮廓线。

（4）将小圆圆心和三角形中心“对齐”。

（接上步）单击【工具】菜单→单击〖选项〗命令→在弹出的“选项”对话框中，单击“工作区”下的“贴齐对象”→勾选“对齐对象”“屏幕提示”和“中心”→ 点击“确定”按钮→左键单击小圆，按住左键将小圆拖移至三角形的大致中心位置，当光标右侧出现提示文字“中心”时（文字为蓝颜色），松开左键，此时小圆和三角形已对齐。

（5）将三角形和小圆 “群组”。

（接上步）单击『挑选工具』→在三角形左上方按下左键，并拖绘出一个矩形选择框，其大小要能将三角形包围着→松开左键，此时三角形和小圆已被选择（也可先按住 <Shift> 键，然后分别单击三角形和小圆，以将两者选择）→单击『挑选工具』属性栏中的“群组”按钮，三角点符号绘制完毕。

（6）绘制小三角点符号。

（接上步）选择三角点符号→单击【排列】菜单→选择〖变换〗命令→单击［旋转］→在弹出的“变换”对话框中，输入旋转角度 180，其他选项如图 2-94 所示→点击“应用到再制”按钮→将再制的符号拖移到空白位置，小三角点符号即绘制完毕。

（7）保存文件。

（接上步）单击【文件】菜单→点击〖保存〗命令，文件命名为“三角点和小三角点符号”→单击“保存”按钮。

2.1.3　绘制学校符号

2.1.3.1　任务描述

学校符号的图形如图 2-92 所示，圆的直径为 2.7 mm，线宽为 0.2 mm，“文”字大小为 2.0 mm，圆和字均为黑色，要求运用 CorelDRAW X3 的相应工具、菜单及对话框绘制这两个符号。

2.1.3.2　绘制步骤与方法

（1）定义轮廓工具默认值（定义圆的颜色及线宽）。

启动 CorelDRAW X3→“新建”→单击『轮廓工具』→单击“轮廓画笔对话框”按钮→在“轮廓笔默认选项”对话框中勾选“图形”项(若已勾选,可直接往下操作)→单击“确定”按钮→在弹出的“轮廓笔”对话框中,单击“颜色”按钮→点击“其他”按钮→在“模型”选择框中,选择 CMYK→在“组件”文本框中输入轮廓线颜色值(K 为 100, C、M、Y 值均为 0)→单击“确定”按钮→在宽度文本框中输入轮廓线宽度 0. 2→单击“确定”按钮。

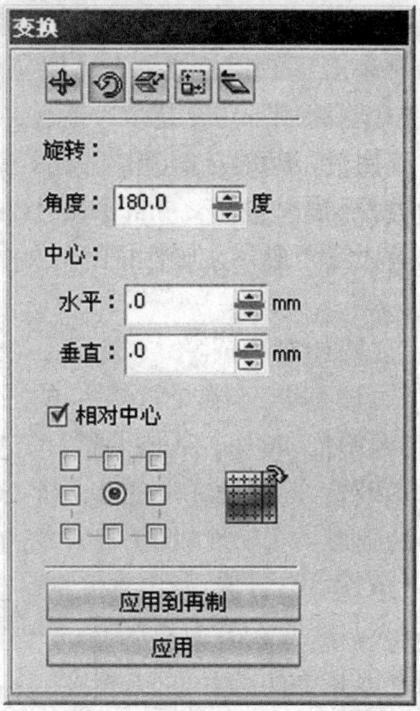

图 2-94　再制图形选项设置

(2)定义填充工具默认值(定义圆的填充属性)。

(接上步)单击『填充工具』→在展开的工具栏中单击“无填充”。

(3)绘制圆。

(接上步)在工具箱中单击『椭圆形工具』→在相应的“椭圆形”工具属性栏中,单击“椭圆形”按钮(若此时选择的已是“椭圆形工具”,而不是“饼形”或“弧形”工具,则此操作不做)→同时按住 < Shift > 和 < Ctrl > 键,在绘图页面中按住鼠标左键拖动,绘出一任意大小的圆形→在属性栏上的“对象大小”文本框中输入 2.7(圆的直径)→按“回车键”。

(4)定义文字轮廓默认值。

(接上步)单击『轮廓工具』→单击“无轮廓”按钮→在“轮廓笔默认选项”对话框中勾选“艺术效果”项→单击“确定”按钮。

(5)定义文字填充默认值。

(接上步)单击『填充工具』→按下“填充对话框”按钮→在弹出的“均匀填充”默认设置对话框中,勾选“艺术效果”项→单击“确定”按钮→在“模型”选择框中,选择 CMYK→在“组件”文本框中,输入文字填充颜色值(K 为 100, C、M、Y 值均为 0)→单击“确定”按钮。

(6)绘制“文”字。

(接上步)在工具箱中单击『文本工具』→在绘图页面的空白处单击左键,输入“文”字→单击『挑选工具』→在属性栏上的“字体列表”中选择“黑体”→在文本高度框中输入 2,并按 “回车键”。

(7)将“圆”和“文”两者“居中对齐”。

(接上步)同时选中“圆”和“文”→单击【排列】菜单→选择〖对齐和分布〗→单击[对齐和分布…]→在弹出的对话框中,选择“水平居中对齐”和“垂直居中对齐”,如图 2-95 所示→单击“应用”按钮。

(8)将“圆”和“文”两者“群组”。

(接上步)在属性栏中,点击“群组”按钮(注意:“圆”和“文”一定要同时被选中),学校符号绘制完毕。

(9)保存文件。

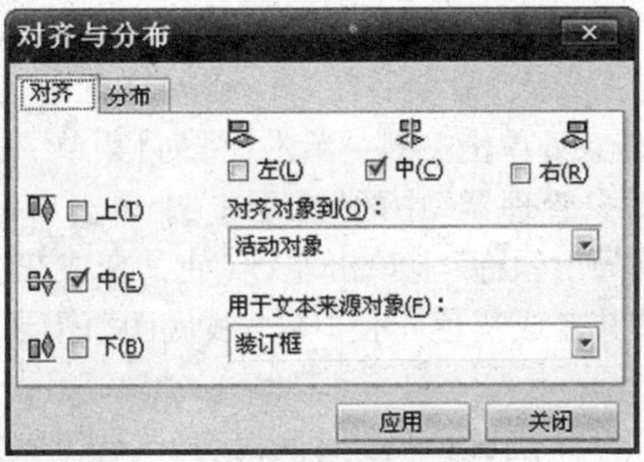

图 2-95　居中对齐

(接上步)单击【文件】菜单→点击〖保存〗命令,文件命名为“学校符号”→单击“保存”按钮。

2.2　使用“贝塞尔工具”绘等高线

2.2.1　任务描述

使用“贝塞尔工具”绘制如图 2-96 所示的等高线,计曲线线宽为 0. 25 mm,首曲线线宽为 0. 12 mm,颜色值均为“M = 40,Y = 100,K = 30”,要求将两类等高线分别绘制在两个图层上,所绘制的等高线不跑线(所绘制的曲线不偏离底线的中心线)、不断线,曲线圆滑、流畅,无尖锐拐角出现。

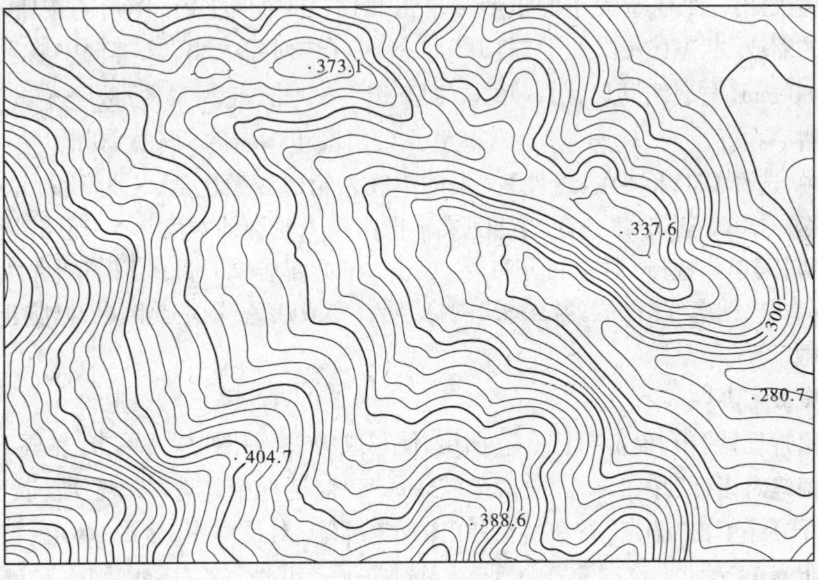

图 2-96　等高线底图

2.2.2　绘制步骤与方法

2.2.2.1　定义页面尺寸

启动 CorelDRAW X3→“新建”→【版面】→〖页面设置〗→“页面”→“大小”→“横向”→“纸张”选〔A4〕,其他项用默认值→“确定”。

2.2.2.2　导入等高线底图

单击【文件】菜单→单击〖导入〗命令→在“导入”对话框中，选择“等高线底图”文件→点击“导入”按钮→在页面任意处单击左键→单击【排列】菜单→选择〖对齐和分布〗→单击［在页面居中］命令→在“对象管理器”中的“图层 1”上单击右键→单击〖重命名〗→输入“等高线底图”→在“打印和导出图标”上单击左键（使其变成灰色），禁用打印和导出→在“编辑”图标上单击左键（使其变成灰色），使“等高线底图”图层不可编辑（锁定底图，防止其无意中被移位）。

2.2.2.3　新建首曲线图层、计曲线图层和图廓线图层

点击“对象管理器”中左下角的“新建图层”图标→输入“首曲线”图层名→点击“新建图层”图标→输入“计曲线”图层名→点击“新建图层”图标→输入“图廓线”图层名，各个图层的上下顺序如图 2-97 所示。

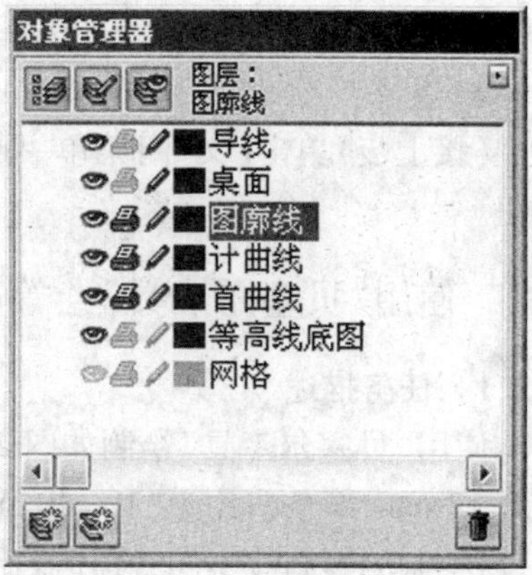

图 2-97　图层的顺序

2.2.2.4　保存文件

单击【文件】菜单→点击〖保存〗命令→文件名定义为“等高线”→单击“保存”按钮。

2.2.2.5　绘制图廓线

在“对象管理器”中，单击“图廓线”图层，使其成为“当前图层”→单击『矩形工具』→按住左键，在等高线底图附近拖绘出一个任意大小的矩形→单击属性栏中的带“锁”图形的按钮，使其处于“不成比例的缩放”状态（“锁”处于“打开”状态）→在“对象大小”文本框中输入图廓的宽 120 mm、高 80 mm（与底图同尺寸）→单击“回车键”→单击『轮廓工具』→单击“轮廓画笔对话框”按钮→在弹出的“轮廓笔”对话框中，单击“颜色”按钮→点击“其他”按钮→在“模型”选择框中，选择 CMYK→在“组件”文本框中输入轮廓线颜色值（K 为 100，其他 C、M、Y 值均为 0）→单击“确定”按钮→在“宽度”文本框中输入轮廓线宽度 0.5→单击“确定”按钮→单击【排列】菜单→选择〖对齐和分布〗→单击［在页面居中］命令，以使图廓线与等高线底图对齐→单击“图廓线”图层的“编辑”图标，使其变成灰色，锁定此图层，以防止图廓线无意中被移动。

2.2.2.6　绘制计曲线

在“对象管理器”中，单击“计曲线”图层，使其成为“当前图层”→单击『轮廓工具』→单击“轮廓画笔对话框”按钮→在“轮廓笔默认选项”对话框中勾选“图形”项（若已勾选，可直接往下操作）→单击“确定”按钮→在弹出的“轮廓笔”对话框中，单击“颜色”按钮→点击“其他”按钮→在“模型”选择框中，选择 CMYK→在“组件”文本框中输入轮廓线颜色值（M40Y100K30，C 值为 0）→单击“确定”按钮→在“宽度”文本框中输入轮廓线宽度 0.25→单击“确定”按钮→选择『贝塞尔工具』→将光标中心点对准计曲线的“中心线”进行描绘。在要放置第一个节点的位置单击鼠标左键，然后松开鼠标左键，将鼠标移到要放置下一个节点的位置，按下鼠标左键并不松开，在第二个节点拖移控制柄（沿此节点处底图等高线的切线方向拖移控制柄），改变控制柄的角度和长短，就可以改变等高线的曲率，通过依次单击鼠标来放置节点，使控制柄改变曲线的曲率，以创建等高线，绘完一条计曲线时，按一下

“空格键”。按照此方法把底图上的计曲线全部绘完,然后绘制首曲线。

2.2.2.7 绘制首曲线

在“对象管理器”中,单击“首曲线”图层,使其成为“当前图层”。首曲线的绘制方法与计曲线的绘制方法相同,只需将线宽改为 0.12 mm 即可。

2.2.2.8 检查及修改

将计曲线和首曲线绘完后,应对全图进行仔细检查。对于出现的问题,要进行修改,例如,等高线放错图层,应将其移到正确的图层;等高线跑线,要使用『形状工具』,通过拖动节点或拖动控制点,改变等高线的形状,使其与底线的“中心线”重合;对于间断的两条线,应使用“结合”功能将它们连接成一条线。

2.2.2.9 保存文件

检查及修改完毕,单击“标准工具栏”中的“保存”按钮,保存所绘制的图形(在绘图过程中,每隔 10 多分钟也应保存一次文件,以防止因停电或计算机出故障而丢失数据)。

思考题

1. CorelDRAW X3 在专题地图编制中常用的工具有哪些?
2. 若要绘制等高线,可选用哪种工具?
3. 在 CorelDRAW X3 中,各种地图要素如何管理?

项目 3　编绘地理底图及编制作者原图

项目目标

(1)认识常用的编图资料种类,了解各种资料的用法。

(2)了解收集资料的途径及注意事项。

(3)认识地理底图,了解地理底图的作用。

(4)掌握编绘地理底图的过程及方法。

(5)了解作者原图。

实例素材

(1)单张纸质普通地图及专题地图。

(2)各种专题地图集、地图册。

(3)航空与卫星遥感图像。

(4)各种电子地图及遥感数据。

(5)各种文字资料、统计资料、图片资料等。

相关知识

1　专题地图编制的基本原则及过程

1.1　专题地图编制的基本原则

与普通地图相比,专题地图的用途、内容、比例尺、地图资料更为多样,因此在编制专题地图时,除应遵循编制(普通)地图的一般原则外,还应具有严密的科学性、高度的综合性、精美的艺术性和较强的实用性。

1.2　专题地图编制的基本过程

编制专题地图与编制其他地图一样,可分为编辑准备(地图设计)、原图编绘和出版前准备等 3 个基本阶段。

1.2.1　编辑准备阶段的主要工作

(1)研究与所编图相关的文件,包括科学研究机构和专门业务部门公布的正式文件,也包括党和政府的某些政策性文件。目的是避免在所编图上出现科学性或政治性的错误,更好地在所编图上体现党和政府的政策意图。例如,在人文经济图中应体现某些政策性的指标。

(2)收集、分析和评价制图资料,研究制图的区域地理特征及地图的内容特征,并制定出详细的编图大纲。在收集、分析、评价制图资料的过程中,要以编图大纲为指导,同时又要对编图大纲进行补充修订直至完善。

由于专题地图的主题比较广泛多样,这里仅说明编制专题地图时研究制图区域的一般规律。研究制图区域的地理特征可从以下几方面进行:①研究区域的综合性的自然条件和社会状况。这和区域的发展状态和发展潜力有密切关系,它们包括区域的自然条件——地形、气候、土壤、水资源、植被、矿产等;区域的社会经济状况——人口数量、性别、年龄、文化程度、劳动力结构、交通条件、工农业生产状况及发展的不均衡性等。②研究区域的特殊条件。许多传统的工业产品、手工业产品、土特产品、甚至行业发展都有明显的地域性特点,它们同某些区域性的特殊条件有关,这些条件如资源、气候、民族传统、人口、历史、同其他地区的联系等导致产生地方特色,这些地方特色往往就是专题地图选题的重要依据。③研究与专题地图主题有关的内容。地图表达的对象分为物体和现象两大类,普通地图的表示对象以物体为主,专题地图虽然也表示客观存在的制图物体,如地形、土壤、道路、地质构造、植被等,但以现象为主题内容的地图非常之多,例如气候、经济结构、发展指标等。对制图物体的研究仍可沿用普通地图上的内容,重点是基本要素的类型、分布、质量特征、数量特征及不同要素之间的关系,如土壤的分类、分布、性质及与其他要素的关系等。对制图现象的研究就要认识现象的性质,以及形成和发展的规律等。

专题地图的编图大纲主要包括以下内容:

概述:包括地图名称、比例尺、主题,制图区域范围及行政归属,图幅数量,地图用途,对地图的基本要求,图面尺寸等内容。

制图资料:说明制图资料的分类、资料可靠程度和使用方法、制图数据的加工方法和要求等。

地理基础底图:说明地理基础底图的地图投影、比例尺,内容选择和表示方法、表示的详细程度等。

专题内容及表示方法:包括专题内容的分类、分级原则,选取指标和表示的精度,地图的图形和表示方法,各种方法配合使用的可能性,地图的符号和图例设计等内容。

彩色设计:包括使用的色标、选择颜色的编号、选色原则、用色规定、主色调、色层数等内容。

原图编绘:说明编绘程序及最后成果的形式。

检查验收的规定:说明检查验收的程序。

地图出版:说明分色胶片数量及要求、印刷要求等。

附件:包括符号表、色标、投影成果表、图面配置略图、资料配置略图、制图综合指标图、各种统计表格等。附件内容根据不同图种可有增减。

(3)编制专题地图的地理基础底图。

(4)进行地图设计,包括数学基础的设计、表示方法的设计、图例设计、图面配置设计和整饰设计等。

(5)如果是专业性特别强的图种,要由专业单位编制作者原图和设计样图。

1.2.2 原图编绘阶段的工作

按编图大纲规定的技术要求,将所需表达的专题内容按经过试验确定下来的地图设计方案,转绘到地理基础地图上,成为一幅专题地图。

利用计算机制图技术是进行专题地图原图编绘的主要途径。对以图斑线划形式为主体,反映现象分布状况和范围的地图,以通过扫描资料图或作者原图进行屏幕矢量跟踪整理为主要手段;对以统计图形为主体的人文经济地图,以在屏幕上进行图形设计为主要手段。

1.2.3 出版前准备阶段的工作

出版前准备阶段的工作,主要是获得印刷所需要的分色胶片。若是应用计算机制图技术,一旦在屏幕上完成了对编绘原图的最终审查,即可输出所需的分色胶片。若仍采用常规技术,则仍需制作清绘原图和分色参考图,并且应将地理底图和专题要素分别制作。

2 地图资料

2.1 编图资料的种类

2.1.1 普通地图

普通地图用于编制专题地图的地理基础和某些专题要素(如地势图中的地貌和水文要素及交通图中的道路和河流等要素)。

2.1.2 各种不同比例尺的专题地图

对于大多数自然地图(如地质图、地貌、土壤、植被图等)和某些经济地图(如土地利用图)来说,同类的大比例尺的专门测图资料是重要的原始资料,因此往往是编制同类较小比例尺地图的基本资料。

由于专题地图内容的特殊性和图形的多样性,某些中、小比例尺专题地图也可作为编制专题地图的基本资料。如中、小比例尺矿产分布图可作为编制综合性经济地图的基本资料之一,中、小比例尺地貌、土质、植被、土壤图可作为编制相应比例尺区划图的基本资料之一。原因是这些资料反映的内容和表示程度比所编的地图更为具体。

此外,中、小比例尺专题地图也可作为编制其他专题地图的补充、参考和研究之用。如编制农业地图,参考气候图可更正确地考虑农业分区和进行正确的制图综合;在编制气候图时,参考有关表示地貌的地图,可正确地勾绘等值线。

2.1.3 航空与卫星遥感图像

航空与卫星遥感资料是编制专题地图的重要资料。随着空间技术的发展,航空遥感与航天遥感已广泛应用于资源、环境、农业、林业、地质、气象、水文、灾害预测等专业领域。遥感数据具有覆盖面积大、同步性、时效性、综合性和可比性等特点。航空像片具有比例尺大、碎部详细、可进行立体观察和测量等优点,可经过目视解译和计算机自动识别,从遥感图像中提取所需的专题信息,如土地利用分类、地质类型等数据,作为专题地图专题内容的基本资料。也可用于编制专题影像地图,如土地利用影像地图、植被类型影像地图等。

2.1.4 各种统计资料和其他数字资料

统计资料和其他数字资料对许多专题地图而言有着特别的意义,包括社会经济数据、人口普查数据,以及野外调查、监测和观测数据。如全国国民生产总值统计数据、气象观测数据、环境污染监测数据等。统计数据一般都和相应的统计单元及观测点相联系,因此在收集这些数据时,要注意数据应包括制图对象的特征值、观测点的数据、统计数据的统计单元和统计口径。对于社会经济类统计数据,由于社会经济现象发展的日新月异,还应注意它的现势性和时间上的一致性,尽量收集最新统计数据。另外,统计数据还存在着不同种类的观测资料的问题。如气候图中使用的多年平均值大多数是相对的,从多组不同年期的平均值对比中可以得到比较稳定的数值。数字的和统计的资料,为确保新颖地图的质量提供了最大的方便。不过,为使这些资料成为地图上有用的信息,有时加工是十分费力的。它们常用于编制经济地图、人口地图、文化地图和部分自然地图。

2.1.5　科学研究成果及其他文字资料

这类资料主要包括科学论文、科研报告和报刊杂志上的有关文章。文字、图片等多媒体形式在专题地图中所占比例的增加,极大地丰富了地图内容,活跃了图面。在编制人文地图,特别是编制历史地图时,文字和图片广泛地被使用。此外,为了评价使用的地图资料和其他资料的现势性,为了研究制图区域的自然和经济、自然和农业的联系等,文字资料是十分有价值的。

从计算机地图制图角度讲,以上编图资料也称为专题地图的数据源。

2.2　收集编图资料及对资料的要求

2.2.1　资料的收集工作

收集地图资料的工作分为两部分,即经常性的资料收集工作和为了某项制图目的而进行的资料收集工作。

2.2.1.1　经常性的资料收集工作

经常性的资料收集工作由各级资料部门(全国测绘资料中心,各省、市、自治区测绘主管部门的资料处,各制图单位的资料科、室等)负责。它不是专为某一制图任务收集资料,而是经常关心各种实测和编绘地图的成图情况,与各成图单位取得联系,收集有关的各种制图资料。

为了管理和使用的方便,资料部门都备有接图表、资料目录等,有的还制作有资料卡片,简要地记载资料的名称、类型、范围、比例尺、印色、出版机关和成图时间等,有时还附有对资料的简要评述,例如地图投影、坐标网的形式和密度,平面坐标系和高程系,地图的分幅编号系统,各要素的分类、分级和表示法等。

有了这些介绍,编辑员在接受地图设计任务之后,只需要查一下资料卡片、接图表等,就可以掌握资料保障的大体情况,并针对具体的编图任务,有目的地补充收集其他的资料。

2.2.1.2　为了某项制图目的的资料收集工作

针对某项具体的制图任务,只靠资料部门经常性收集的资料往往是不够的,还必须进一步收集其他与制图目的有关的资料,其中主要是地方政府部门、基层组织或专业部门中的资料。

在收集资料时要注意以下几点原则:

(1)要有明确的目的性。制图任务是明确的,针对制图任务而进行的资料收集工作也应有明确的目的,不应该收集与本图无关的资料,否则会给资料收集带来意外的困难,延缓工作的进程。

(2)在地图上定位的可能性。地图上的图形大都是有定位意义的,但有的是绝对定位,即在实地相应点位置上定位,如宝塔、道路、水库、某种土壤分布范围等;另一种是相对定位,如分区统计图表等,它的位置只限定在相应的区域中。所收集的资料应具有这种定位的可能性。

地图形式的资料,本身已经解决了它的定位问题。非地图形式的资料,其定位主要靠两种手段即坐标定位和描述定位。

坐标定位指的是所收集的资料中的目标具有以表格或其他记录形式(穿孔卡片、磁带、计算机磁盘等)记录的点、线、区域范围的直角坐标(或地理坐标),这些资料具有最好的定位效果。像地图上的平面控制点、国界的界标、科学测站等都可能有单独测定的平面直角坐标。随着科学技术的发展,图形数据库将在资料工作中发挥越来越大的作用,将提供越来越多的带有直角坐标值的资料图形。

描述定位指的是根据对制图对象的文字描述来确定它的位置。区域(相对)定位比较容易,只要根据其描述的区域范围(行政的、自然的、区划的)即可定位。绝对定位一般只能对点状物体描述定位,如指出该点在某交叉路口、某山顶等。水库由于可以用等高线作为参照目标,只要确定出水坝的位置、长度、水面高度,也能在地图上标绘出来。其他的线状、面状物体,则很难使用描述定位。

(3)要有严格的职责手续。涉及保密的资料,要按有关规定执行。其他的资料也应有完备的手续。如复印的资料,要有收集者签名;抄写的资料,要有抄写者和检查者签名。

2.2.2 对编图资料的要求

对资料的总体要求是现势性强,内容要完备、可靠、精确以及方便使用和有定位的可能。对于地图资料,这些要求与普通地图编制的论述是一致的,故不再叙述。在专题图的资料收集时,很多情况下是对统计资料的收集。下面仅阐述对统计资料的要求。对于统计资料,在收集时要注意以下几点要求:

(1)统计资料要具有针对一定点或一定区域范围的定位资料。如工业方面的资料要有工业点的位置,农业方面的资料要有县、乡或村的界线等。

(2)要有按相应制图点或区域的制图资料。为了满足编图的需要,使按绘图或图解方法编绘的地图更精确、更详细,统计的区域单位小于或至少等于图面的制图单位。

(3)统计资料必须完备、全面。如某制图区域内缺少了某一分区的资料,区域的统计总值就无法得到,这样的地图就不能正确编制;各区对比如果缺一个区的资料,地图上也只能使这一个区成为空白。同样,如编制某种经济地图,缺少其组成部分的某一部门资料,也无法编制。

(4)统计资料应该是具有统一指标和根据统一单位进行统计计算的或是容易转换的指标。如工业生产的资料,不但要有产量指标(件数、台数等),还要有产值指标(折合人民币为×元)。

(5)统计资料或观测资料应是同一时期内的。如编制气候图和陆地径流图,用不同时期观测成果编制的图是不准确的;气温的统计要求是同一月(或同一季节)的资料;编制经济地图时如果资料是同一时期(同1年或同5年)的,就更容易理解了。

2.3 资料的分析和评价

按照对资料的现势性、完备性、可靠性、精确性、方便使用和有定位的可能等要求,分析、研究,决定资料的使用价值和使用程度,这就是资料的分析评价工作。

分析评价资料的第一步工作是资料的整理,它包括以下几点:

(1)复制地图,略图及统计表副本的校对。

(2)对资料的分类排目,便于以后的选择、分析和评价。

(3)仔细阅览全部资料,对于地图来说,要注意其反映的区域范围、比例尺和出版时间。对于其他原始资料,则注意它们的统计形式和价值以及对制图区域的保障程度等。

分析评价资料的第二步工作是评价资料的各方面质量。

制图资料现势性的评价是:检查所需要的内容是否反映了最新科学成果;资料内容是否符合现代科学的概念和要求(如新的分类概念);是否包含近期产生的所有现象和物体;是否反映了其他现势性的变化,如政治、行政界线等。

制图资料内容的完备性,是根据资料上的全部要素和预计在所设计地图上要表示的内容来评价的。研究在资料图例中可能被接受的和可供选取的分类的完备程度,概括的特点和内容要素的相互协调情况,典型特征和重要碎部的特点和显示等。在评价资料完备性时,必须和所编图的用途要求相适应。

可靠性程度的检查在于发现资料上所存在的错误。应注意研究资料的图例表,评价它是否具有科学性,它的内容表示有无不确定的趋向(如分类上的含混,或数量分级上的重叠等)。

精确性的评价应不脱离资料本身的情况,如资料的编绘和它使用的制图方法等。评价不仅要保障它们的地理位置或对于设计的地图比例尺所应有的物体精度,而且要估计数量和质量特征标志的转绘精度,特别是同设计地图有关的、同要求相适应的制图物体和制图现象的精度。

前面所讲资料的方便形式,是指地图内容转绘的难易程度和统计资料直接应用的可能性。例如,由于投影不同会导致内容转绘的不方便,投影差别越大,转绘越困难。又如,有的资料可能已是概括资料,编图时有的可直接应用;有的则是原始解析数据,则必须经过加工计算才能应用。以气象资料为例,气候图中的指标大多要求是多年平均指标,如果资料符合要求且相互可比,则这些资料可直接用于编图;相反,如果是逐年各月的平均指标和极端值指标(最高值和最低值),则必须经过大量的计算加工才能被应用。当然,对有的主题来说,资料必须经过加工才能应用,如人口变动地图,要以人口数字经过加工计算才能被应用。组合地图要对资料进行加工处理。

在确定资料时应该注意到,大多数的专题地图同地形图不同,它们往往不是仪器测量的直接成果。如果地图是在不同年代编制的,则作者在制图时可能对不同的观点进行了特别的处理。因此,应注意分析研究成果的观点,以确定其与所编图的关系。例如有时在表示同一地区的大地构造图和普通地质图上,却出现了不相同的背斜、向斜关系。这样,在着手编图前,编辑人员应与有关专业工作者研究,确定以哪一理论观点为依据。对国外的文献和资料也应注意分析,排除它们不正确的观点。

2.4 数据处理

由于所编地图的内容、方法和数据来源不同,因而数据处理的内容、难度和工作量不一样。专题地图的数据处理主要有以下几方面。

2.4.1 数据的分类处理

统计数据的分类往往很细,受制图目的、比例尺、符号、色彩的限制,必须予以合理的分类处理。对于自然地图,当基本资料为大比例尺地图数据时,需进行分类的归并,即将低级分类归并为高级分类表示,如森林分布按主要树种分类改变为按类型分类。

2.4.2 数据的分级处理

原始统计数据往往是定量数据,制图时需要把定量数据转变为分级数据以满足制图的要求。当地图数据也为分级数据时,有时需要进行分级间隔或分级级数改变处理,但这种改变只能由详细到概略,而不能由概略到详细。

2.4.3 数量指标的改变

原始数据存在着计量单位、统计口径不一致,或数据之间不可比的现象,数据处理时将这些不一致、不可比的指标改变为统一、可比形式的指标。如将产量指标转化为产值指标,将绝对指标转化为相对指标。另外,也可将一种指标转换为另一种指标,如将月平均降水量转化为年平均降水量,将地面高度指标转化为地面坡度指标。

数据分类、分级处理主要是为了便于现象的描述和表示以及对现象下一般性的定义。专题数据的分类、分级具有特定的目的,没有任何一成不变的原则。

3 编绘地理底图

3.1 地理基础内容及其作用

专题地图所反映的现象大大超过了普通地图的内容范畴,然而这些现象又不能脱离它的地理基础。正所谓"皮之不存,毛将焉附"。这里"毛"就是专题内容,"皮"就是地理基础。普通地图上所表示的水系、地貌、居民点、交通网、境界线、土质植被等,就是专题地图中的地理基础内容。

因此在专题地图上存在着两种内容:一种是专题内容,就是与地图主题相关的内容;另一种就是底图内容,就是地理基础内容。在专题地图中,地理基础内容起着说明专题现象发生、发展的地理环境的作用,因此它应是退居第二平面乃至第三平面的"背景"要素。用色要浅淡,内容容量不能干扰专题要素的表达。针对不同的主题、不同的用途、不同的表示方法,对地理底图内容的表达有很大的差异。

地理基础内容的作用表现在两个方面:一方面是编制专题地图时,它们作为转绘专题要素的基础;另一方面在使用专题地图时,它们被用于地图的定向和专题要素的定位,并说明现象的分布与周围环境的关系,从而揭示现象的分布规律。

3.2 地理基础的内容选择

在专题地图上影响地理基础内容选取和表示详细程度的因素有地图的主题、用途、比例尺和区域的地理特点。例如,自然地图中水系的表示要比经济地图中水系的表示更为详细,而经济地图中对道路的表示就比自然地图中的详细，气候图则一般不表示道路网。按月（或按季）表示气候状况的气候图，比例尺一般都比较小，地理基础内容的表示都比较概略。在起伏不大的平坦地区，表示农作物的分布时一般不表示地貌；但在起伏颇大的山区，由于地势对农作物的分布有较大影响，故表示地貌有重要意义。

还需特别指出，表示方法的不同对地理基础要素的要求也不一样。例如，定点符号法要求提供某种现象所有的点的分布位置；等值线法需根据大量观测数据插绘，这些观测点有其精确的地理位置；点数法中的定位布点法要求尽可能把点布置在实地相应的位置上。显然，这几种表示方法对地理基础要素的显示要求比较详尽且位置要准确，尤其是与所表示现象关系密切的那些要素。因此，凡要求精确表示现象特征的，要尽可能地显示与现象有关的地理基础要素。除上述的几种表示方法外，还有精确线状符号法、质底法、范围法和运动线法等也属此类。相反，概略地表示现象特征的，则对地理基础要素显示的要求相应降低，如概略线状符号法、概略运动线法等。点数法中的均匀布点法、分区统计图表法和分级统计图法，由于其表示方法本身的特点，它们只能概略地显示现象的分布特征，故对地图基础要素的要求并不高。

因此，地理基础要素表示的程度应该是：既要能阐明某专题内容所发生的环境，又要有助于读图，清晰易读，不干扰专题内容。

3.3　制图软件

在本项目中使用 CorelDRAW X3 软件绘制，在实际工作中也可以采用其他软件，如 MapInfo、MapGIS 等软件。

3.4　地理底图的编绘及成图过程

3.4.1　地理底图的编绘

在编制专题地图时，先要编制地理基础内容，也就是按照地图主题对地图的要求，描绘相应概括程度的地理基础内容。通常，底图是以同比例尺的普通地图为基本资料来编绘的。完成底图之后，再着手编制专题地图内容。必须指出，地理基础内容和专题内容不是截然不同的两种内容，在很多情况下，同一种要素既是地理基础内容又是专题内容，例如地势图中的水系和地貌、政区地图中的境界线、经济地图中的道路和河流、航运图中的河流等；有的只是用专题内容的图例符号代替了地理基础内容中的符号，如在经济地图中，以工业点符号代替居民点符号；有的则对地理基础要素进行强化，如在道路图上，在原有道路上加注通行状况和里程标记，在运输经济图上，在道路、航线的两侧加绘货物种类的运动线符号等。

编制专题地图通常要准备如下两种底图。

3.4.1.1　编图用的底图

为了转绘专题内容的方便，作为编图用的底图，要求地理基础要素表示得详细些。特别在编制自然地图时，由于地形对气候和降水的分布影响很大，对径流的大小影响更明显，地貌类型、土壤类型、植被群落的分布界线也与地形有关。因此，供编制自然地图使用的底图，要求较详细地表示等高线，特殊地貌类型的分界线，森林、沼泽和盐碱土的范围等。它们除能提高各自然现象描绘的科学性和准确性外，也是促进各自然地图统一协调的重要依据之一。

3.4.1.2 印刷原图的底图

作为印刷原图的底图,内容不必要也不可能如此详尽,只需表示与专题内容联系最紧密的基础要素。如自然地图上,一般都不表示等高线,否则会影响地图的易读性。所以,这两种底图的载负量是不一样的。印刷原图底图是在编绘用的底图(作业底图)的基础上编绘而成的。

在实际作业时常会遇到这种情况,合乎要求的正式底图尚未编成。这时可采用具有地理基础全部要素的普通地图作为底图,称为临时底图。被用作临时底图的地图资料,最好是选用与所编专题地图比例尺相同或略大的普通地图或地势图,其投影与编图的投影一致或相近,而易于在今后作业中改正,同时应具备能转绘专题要素或能阐明与专题要素有关的主要内容。

在编制综合性地图集或专题地图集时,底图的形式更多,需按照不同图种、不同比例尺对地理基础容量的要求,编制出几种类型的标准底图。

3.4.2 成图过程

编绘地理底图的一般成图过程如图3-1所示。

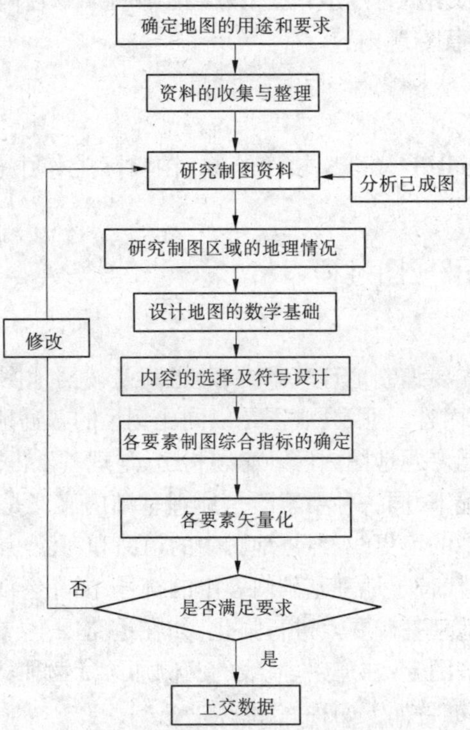

图3-1 编绘地理底图的一般成图过程

4 编制作者原图

专题地图的编制是一个创造性的设计过程。在进行地图原图编绘以前,作者要根据地图主题和用途要求,拟定地图内容,确定表示方法和设计图例,并将设计的内容转绘到编制好的底图上,这就是作者原图。如果仅属作者的初步设计,图上符号较简略,图形转绘精度也稍差,甚至比例尺与成图比例尺亦有出入,这样的图称为作者草图。若仅是部分典型地区的小块作者原图,则称为设计样图。

由于专题地图的内容十分广泛,各学科的专业性又特别强,所以很多作者原图是由各有关专业部门的科技人员来完成的。但是,作者原图的设计工作一般属于地图设计大纲的范围。如何将作者设计的原意正确地反映在地图上,又符合制图原则和用图者的要求,这是制图工作者的任务。因此,制图人员的工作不仅是完成地理基础的准备,对专题内容进行整饰加工和解决地图出版准备的技术问题,而且是在整个设计和编辑工作中,参与作者的设计工作,执行制图方面的基本编辑职能。设计复杂的专题地图的成功与否,很大程度上取决于有关学科部门的专家与制图人员的共同工作,有的从地图设计的最初阶段就已开始,有的是在编制作者原图之后进行。

随着制图资料类型的改变,制图人员的作用也有所不同。如果使用的是多年观测的原始资料或原始的统计资料,则在加工资料和制作作者草图时,必须吸收相应学科的专家参加,以对原始资料进行甄别和处理。如果使用的是经过汇编的资料,或制图资料能满足设计内容的要求并与所编地图比例尺相近,则可在向有关部门专家征求意见的前提下,由制图人员完成作者原图。很多人文地图是根据统计数据编制的,可以由制图人员独立完成,他们设计完成的图可以成为作者原图,实际上也是编绘原图。

对某些已具有定型的规范、细则的图种,如标准分幅的地质图或与普通地图较近似的图种(政区图、航海图、某些教学图等),可不必制作作者原图,但必须有详细的编辑指示,并附有地区的设计样图和彩色原图。在只能提供作者草图时,也需要附有彩色原图。

对作者原图的要求如下:

(1)所用的地理基础底图的内容、比例尺、投影、地区范围等,应与编绘原图或正式成图的底图相适应。

(2)作者原图的比例尺与所编地图的比例尺尽可能一致。

(3)作者原图上各要素的地理位置应符合编绘原图所规定的精度。

(4)作者原图上图例符号尺寸及规格要求与编绘原图上的一致,有时符号的内部结构可比编绘原图稍微简单,但大小与外形轮廓务必一致。

(5)作者原图的彩色整饰应与所编地图一致,防止在正式编绘时出现载负量不当或色彩不协调等缺点。

(6)作者原图的编制应有文字说明,其内容包括编制作者原图的过程与编制时所用的资料、编图的技术方法与拟定图例的原则等。

总之,专题内容的科学性是第一位的,以上有些要求可不这么严,后期制图时可调整。

技能训练

1　收集及阅读各种编图资料

在本项目中,以农业地图为例,农业地图是表示农业生产分布与发展情况、农产品的贸易和消费以及农业生产规划为主要内容的地图。在编制中、小比例尺地图时,经常利用地图资料及统计资料进行。

1.1 收集编图资料

试着收集关于郑州市农业方面的资料,地图资料、图片资料、文字资料、统计资料等均可。

1.2 阅读编图资料

(1)认真分析所收集的编图资料,评价其使用情况。

(2)根据编图资料,认真分析,并试着进行资料处理。

2 地理基础底图内容的选择

2.1 底图内容的选择要求

地理基础内容根据专题内容及其在编图过程中的作用不同,可选用地形图、普通地理图、地势图等来制作。在农业地图上的地理基础要素是水系、居民点、政区界线、交通网和土质植被。农业地图上地理基础要素的选取依赖于地图的内容和用途、农作物的分布特征及农业部门的特点、专题内容的表示方法等。当然,地理基础要素的选取在很大程度上还依赖于地图的比例尺。其精度及完备程度则取决于资料的质量及转绘的方法。在制作过程中,对地理基础底图的内容也有不同的要求,在本项目中以郑州市地图为制图资料,以郑州市农业地图为例,总的要求有以下几方面:

(1)水系:在本图中,要求选取干流、主要的支流、大的湖泊和水库,被选取的水系,可做适当的概括,直径小于1 mm的弯曲可以舍去,宽度小于0.4 mm的双线河可转为单线河表示,宽度小于0.4 mm的水库可转为单线河表示,面积小于10 mm^2的水库可以舍去,注意保持河网密度的对比。

(2)居民地:乡镇以上级别的居民地全部选取。县级居民地在底图上有简单的城市街区轮廓,可以直接用圈形符号表示,圈形符号应该放在街区的中心部位,具体综合要求可参考《普通地图编制》中居民地的综合相关内容。居民地等级用字体和大小区分。

(3)交通:高速公路、国道、省道应全部表示,铁路只表示主要的干线铁路,小的支线可舍去,在本项目实习中只要将京广铁路和陇海铁路表示出来;高速公路、国道、省道要保持基本结构及基本特征,小于1 mm的弯曲可舍去。

(4)境界线:省界、市界、县界均应该在底图上表示,乡镇界线可根据专题地图的要求选取或不选。界线要保持准确,直径小于1 mm的弯曲可舍去。

2.2 底图的编制过程

绘制一幅《郑州市农业地图》地理基础底图,具体实习内容与步骤如下。

2.2.1 定义页面尺寸

操作步骤:启动CorelDRAW X3→“新建”→【版面】→〖页面设置〗→“页面”→“大小”→“横向”→“纸张”选〔A4〕,其他项用默认值→“确定”。

2.2.2 导入底图

操作步骤:【文件】→〖导入〗→选择“郑州市地图”文件→“导入”→在页面任意处单击

左键→【排列】→〖对齐和分布〗→[在页面居中]→在“对象管理器”中的“图层1”上单击右键→〖重命名〗为“底图”→在“打印和导出图标”上单击左键(使其变成灰色),禁用打印和导出→在“编辑”图标上单击左键(使其变成灰色),使“底图”图层不可编辑(锁定底图,防止其无意中被移位)→【文件】→〖保存〗→(选择自己的文件夹)“文件名”定义为“郑州市农业地图-底图”→“保存”。

2.2.3　绘制图廓线

操作步骤:新建图层→改图层名为“图廓”→用工具框里的『矩形工具』→框出制图范围200 mm×120 mm→点击『轮廓工具』右下角的黑三角→选择『轮廓画笔对话框』,如图3-2所示,会弹出“轮廓笔”对话框,如图3-3所示,设置颜色为“黑色(K=100)”,宽度为“0.5 mm”,样式为“直线”→单击“确定”按钮。

2.2.4　绘单线河流

操作步骤:新建图层→改图层名为“单线河流”→单击『轮廓工具』→选择『轮廓画笔对话框』,如图3-2所示,会弹出“轮廓笔”对话框,如图3-3所示→设置轮廓画笔默认参数,颜色为“青色(C=100)”,宽度为“0.1 mm”,样式为“直线”→单击“确定”按钮。矢量化单线河。支流小于3 cm的单线河可以舍去,间距小于1 cm的要进行取舍。

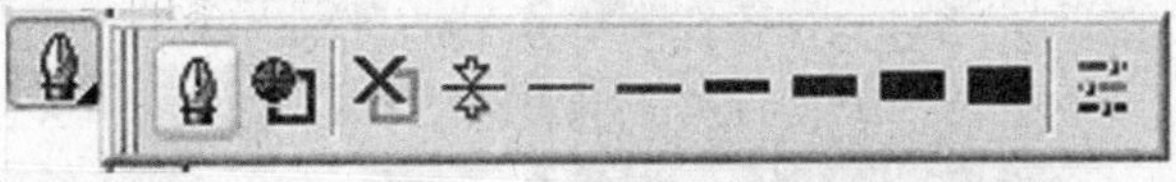

图3-2　选择轮廓工具

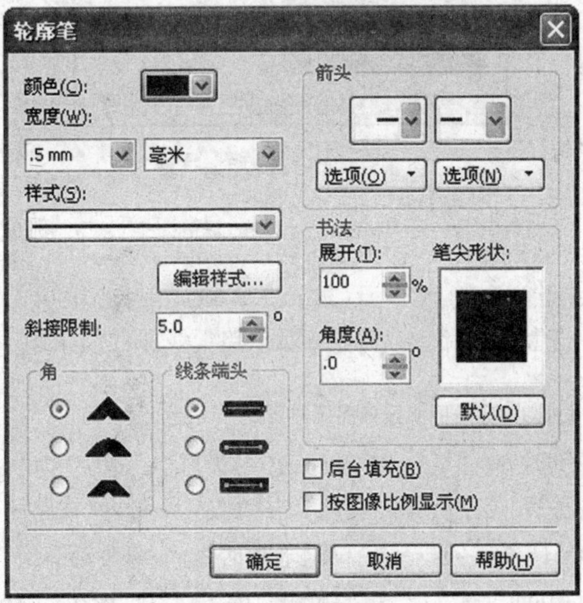

图3-3　“轮廓笔”对话框

单线河流应从上游到下游逐渐加粗表示。河源处线粗为0.1 mm,河流线粗变化的范围为0.1~0.4 mm,一般河源处可以每2~3 cm变化一次线粗,中游可以每3~5 cm变化一次线粗,下游每5~10 cm变化一次线粗。(注意:CorelDRAW中必须将线段打断,再改变其线粗;渐变时支流的线粗不能比交汇处主流的线粗大,一般由单线河转为双线河时可以将线粗渐变至 0.4 mm，其他河流的线粗要小于 0.4 mm，所以在渐变过程中要注意根据河流的长度控制线粗的变化范围。）

2.2.5　绘面状水域

操作步骤：新建图层→改图层名为“面状水域”→单击『轮廓工具』→选择『轮廓画笔对话框』→设置轮廓画笔默认参数，颜色为“青色（C = 100）”，宽度为“0.1 mm”，样式为“直线”→单击“确定”按钮→设置填充颜色默认参数，单击工具箱中的『填充工具』→选择“填充对话框”，如图 3-4 所示，单击即可弹出“均匀填充”对话框，如图 3-5 所示，设置“组件”（C = 20）→矢量化面状水域，包括双线河、水库、湖泊等。小于 1 mm 的弯曲可以舍去，面积小于 10 mm^2 的水库和湖泊可以舍去。

图 3-4　选择填充工具

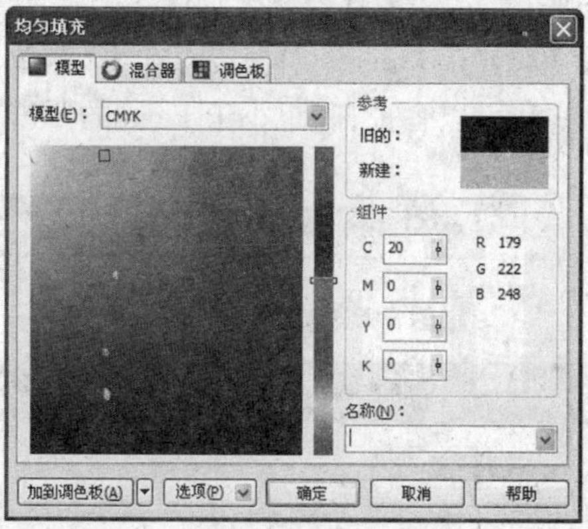

图 3-5　“均匀填充”对话框

2.2.6　绘铁路底

操作步骤：新建图层→改图层名为“铁路底”→单击『轮廓工具』→选择『轮廓画笔对话框』→设置轮廓画笔默认参数，颜色为“灰色（K = 60）”，宽度为“0.7 mm”，样式为“直线”→单击“确定”按钮→矢量化铁路。只需要表示铁路干线即可，本图中可只表示京广铁路和陇海铁路。

2.2.7　绘铁路面

操作步骤：新建图层→改图层名为“铁路面”→设置“铁路底”为当前图层→双击『挑选工具』，选中“铁路底”图层中所有要素→单击“复制”→设置“铁路面”为当前图层→单击“粘贴”→单击『轮廓工具』→选择『轮廓画笔对话框』→修改轮廓画笔参数，颜色为“白色（K = 0）”，宽度为“0.4 mm”→单击“编辑样式”按钮，会弹出“编辑线条样式”对话框，如图 3-6所示，设置完成后单击“添加”按钮即可得到所需样式→单击“确定”按钮。

2.2.8　绘高速公路底

操作步骤：新建图层→改图层名为“高速公路底”→单击『轮廓工具』→选择『轮廓画笔对话框』→设置轮廓画笔默认参数，颜色为“灰色（K = 60）”，宽度为“0.8 mm”，样式为“直线”→单击“确定”按钮→矢量化所有的高速公路。

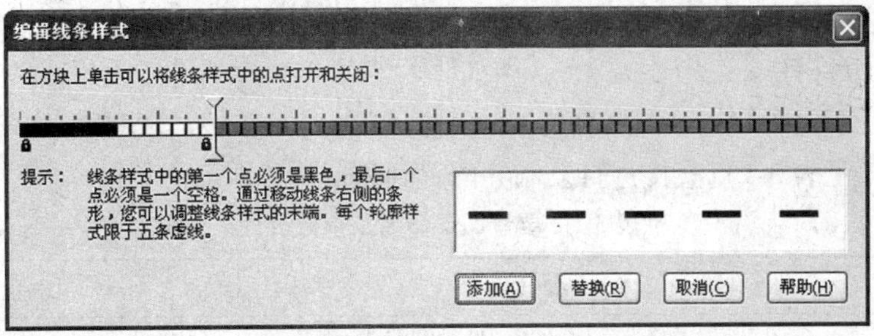

图 3-6　铁路面样式设置

2.2.9　绘高速公路面

操作步骤：新建图层→改图层名为“高速公路面”→设置“高速公路底”为当前图层→双击『挑选工具』，选中“高速公路底”图层中所有要素→单击“复制”→设置“高速公路面”为当前图层→单击“粘贴”→单击『轮廓工具』→选择『轮廓画笔对话框』→修改轮廓画笔参数，颜色为“白色(K=0)”，宽度为“0.5 mm”，样式为“直线”→单击“确定”按钮。

2.2.10　绘国道

操作步骤：新建图层→改图层名为“国道”→单击『轮廓工具』→选择『轮廓画笔对话框』→设置轮廓画笔默认参数，颜色为“灰色(K=60)”，宽度为“0.5 mm”，样式为“直线”→单击“确定”按钮→矢量化所有国道。

2.2.11　绘省道

操作步骤：新建图层→改图层名为“省道”→单击『轮廓工具』→选择『轮廓画笔对话框』→设置轮廓画笔默认参数，颜色为“灰色(K=60)”，宽度为“0.2 mm”，样式为“直线”→单击“确定”按钮→矢量化所有省道。

2.2.12　绘市界

操作步骤：新建图层→改图层名为“市界”→单击『轮廓工具』→选择『轮廓画笔对话框』→设置轮廓画笔默认参数，颜色为“灰色(K=60)”，宽度为“0.3 mm”，样式为“两横一点”→单击“确定”按钮→矢量化主区市界。根据图中郑州市的境界情况可知，北边以黄河为界，西北角部分以伊洛河为界，并且两条河流都是双线河，其真正的界线位于河流的中心，界线沿着河流的中心线间断绘出，在黄河中有很多岛屿，在绘制时需要分清楚岛屿的归属问题，伊洛河可在两侧跳绘。

2.2.13　绘县界

操作步骤：新建图层→改图层名为“县界”→单击『轮廓工具』→选择『轮廓画笔对话框』→设置轮廓画笔默认参数，颜色为“灰色(K=60)”，宽度为“0.2 mm”，样式为“一横一点”→单击“确定”按钮→矢量化主区所有县界。

2.2.14　绘地市符号

操作步骤：新建图层→改图层名为“地市符号”→对地市级居民地配置符号，本图中只有“郑州市”一个地市符号，符号样式参见所给图例(见表3-1)，直接进行复制并配置到相应位置即可。

2.2.15　绘县符号

操作步骤：新建图层→改图层名为“县符号”→对县级居民地配置符号，符号样式参见所给图例(见表 3-1),直接进行复制并配置到相应位置即可。

2.2.16 绘乡镇符号

操作步骤:新建图层→改图层名为“乡镇符号”→对乡镇级居民地配置符号,符号样式参见所给图例(见表 3-1),直接进行复制并配置到相应位置即可。

表 3-1 要素图层命名及参数设置

图层名	参数设置	图例示意
地市符号	颜色为“灰色(K=80)”, 线宽为“0.15 mm”, 外圆直径为“1.8 mm”, 内圆直径为“0.9 mm”, 外圆填充颜色为“白色(K=0)”	◎
地市注记	颜色为“灰色(K=80)”, 字大为“2.8 mm”, 字体为“黑体”	郑州市
县符号	颜色为“灰色(K=80)”, 线宽为“0.15 mm”, 外圆直径为“1.3 mm”, 内圆直径为“0.5 mm”, 外圆填充颜色为“白色(K=0)” 内圆填充颜色为“灰色(K=80)”	⊙
县注记	颜色为“灰色(K=80)”, 字大为“2.5 mm”, 字体为“黑体”	登封市
乡镇符号	颜色为“灰色(K=80)”, 线宽为“0.15 mm”, 圆直径为“1 mm”, 填充颜色为“白色(K=0)”	○
乡镇注记	颜色为“灰色(K=80)”, 字大为“2 mm”, 字体为“宋体”	毛庄
市界	颜色为“灰色(K=60)”, 线宽为“0.3 mm”	
县界	颜色为“灰色(K=60)”, 线宽为“0.2 mm”	

2.2.17 输入地市注记

操作步骤:新建图层→改图层名为“地市注记”→输入地市级居民地符号注记,本图中只有“郑州市”一个地市符号,对其配置注记,单击工具箱中的『文本工具』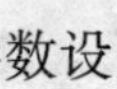→在编辑窗口内相应位置单击鼠标,即可输入文字→参照表 3-1 对文字属性进行设置参数:单击标准“属性栏”如图 3-7 所示中的“字符格式化”按钮,即可弹出“字符格式化”参数设置对话框,如

图3-8所示，选择字体为“黑体”，字大为“2.8 mm”，颜色为“灰色（K=80）”。

图3-7　文本属性栏

2.2.18　输入县注记

操作步骤：新建图层→改图层名为“县注记”→输入县级居民地符号注记，文本参数设置参照2.2.17，县注记字大为“2.5 mm”，字体为“黑体”，颜色为“灰色（K=80）”。

2.2.19　输入乡镇注记

操作步骤：新建图层→改图层名为“乡镇注记”→输入乡镇级居民地符号注记，文本参数设置参照2.2.17，乡镇注记字大为“2 mm”，字体为“宋体”，颜色为“灰色（K=80）”。

2.2.20　输入水系注记

操作步骤：新建图层→改图层名为“水系注记”→对图中水系进行注记名称，采用屈曲字列的方式进行排列，注记大小按河流等级标注，颜色为“青色（C=100）”，字大为“2～4 mm”。一幅图内的同一条河，如果河流过长，可分段15～20 cm重复注记，支流注记要比主流注记小。字体为“宋体”，采用“左斜”的形式。选中“水系注记”→单击【排列】→〖变换〗→[倾斜]→参照图3-9设置水平倾斜“15度”→单击“应用”按钮。

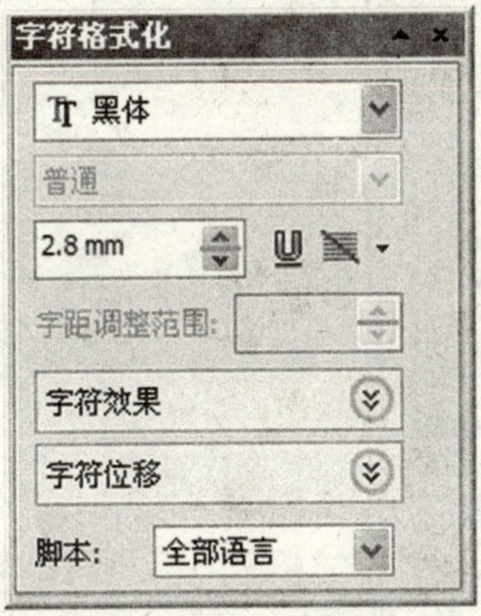

图3-8　文本参数设置

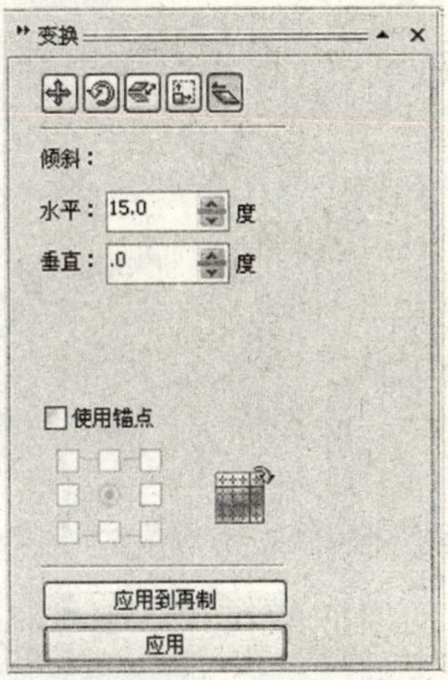

图3-9　注记的倾斜

2.2.21　绘制色带

操作步骤：新建图层→改图层名为“色带”→绘制主区（郑州市）色带。首先将主区地市界线复制到“色带”图层，界河处沿着河流的中心线绘制，在黄河中有很多岛屿，在绘制时需要分清楚岛屿的归属问题→单击『挑选工具』选取一条线段，同时按住 <Shift> 键，加选相邻的一条线段→单击【排列】→〖结合〗→单击『形状工具』，框选两条线段需要结合的两个节点→单击“连接两个节点”，两条线段就结合好了，重复此操作，分别依次将相邻的线段结合，最后可得到一个封闭的图形→用『挑选工具』选中该图形→单击『交互式调和工具』右下角的黑三角→单击『交互式轮廓图工具』→在属性栏中设置其参数，如图3-10所示，“轮廓图步长”为1，“轮廓图偏移”为2 mm，选择“向外”→按“回车键”即可看到图形向外扩展出一圈(注意:此时两条线是以群组形式存在的)→单击【排列】→〖拆分轮廓图群组〗,即可将两条线分开,此时两条线处于选中状态下→单击【排列】→〖结合〗,将两条线结合为一个整体→单击工具箱中的『填充工具』→选择"填充对话框"→设置"组件"(M=50),即可填充颜色→单击『轮廓工具』→选择"无轮廓"即可取消图形轮廓,这样一条色带就做好了。

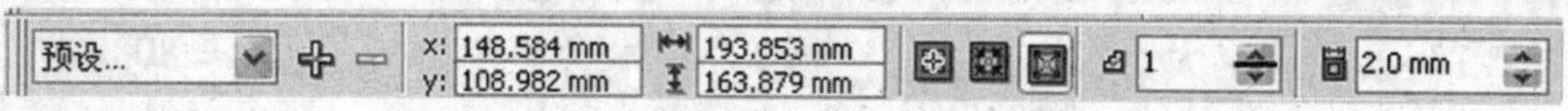

图 3-10　"交互式轮廓图工具"属性栏

2.2.22　输入图名

操作步骤:新建图层→改图层名为"图名"→ 输入"郑州市地图",文本参数设置参照 2.2.17,注记字大为"8 mm",字体为"黑体",颜色为"品红色(M=100)"。

2.2.23　排列图层

检查图层顺序是否恰当,参照图 3-11 调整图层顺序。

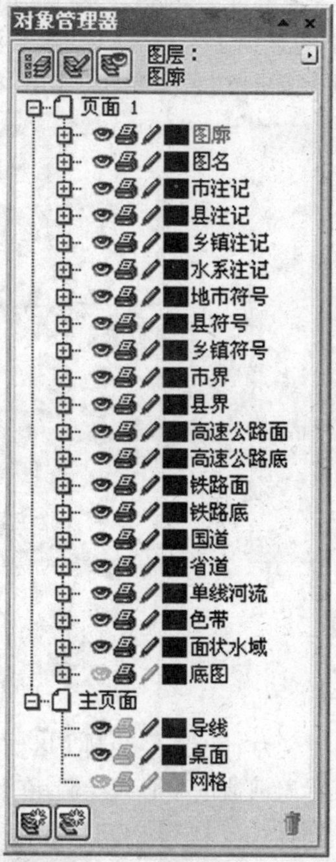

图 3-11　图层的顺序

2.2.24　自校、修改

关闭所有图层→逐层打开,检查是否有要素放错图层,将放错的要素移到正确图层→检查有无错绘、漏绘,然后修改。

思考题

1. 专题地图的编制可分为哪些阶段？
2. 编辑准备阶段的主要工作包括哪些内容？
3. 专题地图的编图大纲主要包括哪些内容？
4. 专题地图的编图资料主要有哪些？
5. 在收集资料时要注意哪些原则？
6. 对编图资料的要求有哪些？
7. 在处理统计资料时有哪些注意事项？
8. 数据处理主要包括哪些方面？
9. 地理基础内容有哪些？其作用是什么？
10. 什么是作者原图？其要求是什么？

项目 4　编制政区地图

项目目标

掌握政区地图的相关知识及编制政区地图的方法、步骤。

实例素材

1　各种比例尺的纸质政区地图

(1)中国全图。
(2)河南省政区图。
(3)漯河市政区图。

2　各种比例尺的电子政区地图

(1)河南省政区图。
(2)商丘市政区图。
(3)漯河市政区图。

相关知识

1　基本概念

1.1　政区地图

政区地图是以反映世界政治区域、国与国之间的政治关系、国内行政区划及政治、行政中心为主要内容的地图。

1.1.1　政区地图的特点

1.1.1.1　政区地图用途广泛

由于政区地图能提供政治或行政区域、经济和文化要素以及政治行政中心与其他居民点的交通联系等方面资料，所以在日常生活中被广泛使用。通过对政区地图内某些专题要素的分析，可以了解一个地区或一个国家，乃至整个世界的政治区划范围及地理位置等。在各种地图集中，制图区域的政区地图是必不可少的图幅，它既能提供一般参考，又可作为按行政区划编制各种统计地图的底图。

1.1.1.2　政区地图的现势性要求很高

因为政区地图反映国际政治形势和国内各级行政建制及其变革，这些变革不仅与政治经济的变化以及历史条件有着密切的联系，同时与人民的政治生活紧密相关。在国际上只要有新国家出现，国家间的边界就会有变化或某个国名就会改变等；在国内只要各级行政建制有所变更，那么表示相应范围的政区地图即已过时，需要及时编制出反映最新形势的政区地图来。

1.1.1.3　政区地图要求体现强烈的政治性

政区地图反映一个国家对世界事务、历史事件的政治态度和立场。一般来说，可以通过领土归属的表示、对各种名称的称呼、对符号的运用及颜色的选择等几方面来体现。

1.1.2　政区地图的类型

政区地图根据制图区域的范围可以分为政治区划图、政治行政区划图、行政区划图以及反映政治制度方面个别问题的专门政区地图等。

1.1.2.1　政治区划图

政治区划图可以是全世界的，也可以是整个大陆或大洲的。主要内容是反映世界或部分地区的政治区划，显示各国间的政治关系。表示各国的位置、面积、首都和国际联系。

1.1.2.2　政治行政区划图

政治行政区划图通常是反映一个国家的一级政区的地图。图上除表示国界和国家内部的一级行政区划外，还表示国内外的主要社会经济联系。

1.1.2.3　行政区划图

行政区划图反映国家内某一级政区单位(省、市、县)的各级行政区划，政区境界、行政中心及居民点和交通网的分布与联系。

1.1.3　政区地图表示的内容

不同类型的政区地图，表示不同的内容，本项目主要学习地区政区地图表示的基本内容。

一般来说，地区政区地图应选用合适比例尺的政区地图或地形图作为底图，在其上修编、增补专题要素。

政区地图表示的要素主要有以下几种(见表4-1)。

1.2　境界线

境界线是区域范围的分界线。包括政区，如国界、省界、地市界、县界等和其他特种地区(如香港、澳门)的行政界线，在实地均有明显标志。境界在地形图上是以半依比例尺符号表示的，描绘境界线时，从国界、省界、地市界、县界、特殊地区界和自然保护区界的次序，由高级到低级描绘。

境界线分国界线和国内境界线两种。国界线是表示国家领土归属的界线，国内境界线是政区和其他地域范围的分界线。当两级以上境界线重合时，按高一级境界线绘出。描绘境界线要求位置准确，正确反映出境界线的等级以及与其他要素的关系。

1.3　飞地

飞地指属于某一行政区管辖但不与本区毗连的土地。如河北省在天津市宁河县和滨海新区汉沽有两块飞地,由唐山市代管,即唐山市芦台经开区和汉沽管理。

表 4-1　政区地图表示的要素

序号	要素	序号	要素	序号	要素
1	行政区划	19	高速名称注记	37	海洋
2	国界	20	国道	38	井、泉
3	省界	21	国道编号	39	海岸线
4	地市界	22	省道	40	干出滩
5	县界	23	省道编号	41	岛屿
6	邻区表面注记	24	县、乡道	42	等高线
7	主区表面注记	25	其他道路	43	高程点
8	地市居民点符号	26	火车站	44	山峰、山隘
9	地市居民点注记	27	隧道	45	山脉名称
10	县居民点符号	28	渡口	46	长城和边栅
11	县居民点注记	29	码头	47	主要的管道
12	乡镇居民点符号	30	桥梁	48	高压线
13	乡镇居民点注记	31	航海线	49	电站
14	村庄居民点符号	32	航海里程注记	50	主要科学测站
15	村庄居民点注记	33	河流	51	气象站
16	铁路(含高铁)	34	沟渠	52	革命历史纪念碑
17	铁路名称注记	35	湖泊	53	纪念塔
18	高速公路	36	水库		

2　我国行政区的划分

行政区划就是国家根据政治和行政管理的需要,根据有关法律规定,充分考虑经济联系、地理条件、民族分布、历史传统、风俗习惯、地区差异、人口密度等客观因素,将全国的地域划分为若干层次大小不同的行政区域,设置相应的地方国家机关,实施行政管理。行政区划以国家或次级地方在特定的区域内建立一定形式、具有层次唯一性的政权机关为标志。行政区划因不同的国家结构形式而不同。

2.1　根据宪法规定,我国行政区域的划分

我国行政区域的划分如下:

(1)省级行政区名称:省、自治区、(直辖)市、特别行政区。

(2)地级行政区名称:地区、盟、自治州、(地级)市。

(3)县级行政区名称:县、自治县、旗、自治旗、(县级)市、(市辖)区、林区、特区。

(4)乡级行政区名称:乡、民族乡、镇、街道、苏木、民族苏木、(县辖)区、(县辖)市(台湾

省专设)。

(5)村级行政区名称:村、社区、管理区。

(6)组级行政区名称:村民小组、居民小组。

在中国,省、县、乡三级为基本行政区。

2.2　居民地的行政意义

居民地的行政意义是指居民地是哪一级政权机构的所在地。

我国居民地的行政意义分为:

(1)首都(国家政府机关驻地)。

(2)省、自治区、直辖市人民政府驻地。

(3)自治州、省辖市人民政府驻地,地区(盟)行政公署驻地。

(4)县(旗)、自治县人民政府驻地。

(5)区、乡、镇人民政府驻地。

在政区地图上,用不同大小的圈形符号和不同字体、大小的名称注记来表示居民地的行政意义。

3　编图资料的收集整理与分析

在收集资料时,首先要解决地图内容的日期和时期问题,这样才能做到有的放矢。其次,要收集反映该主题的全部内容要素的资料,资料应该有必要的完备性,即是连续而不间断的。并要有必要的精度、足够的指标及特征性的内容。最后,收集的资料应尽可能是原始的、便于加工的最方便的形式。

资料收集工作随着地图主题和比例尺的不同而有不同的特点。本项目的主题是政区地图,因此编图资料主要以地图资料为主,并需要部分文字参考资料。通过测绘局档案馆、政府机关和互联网等媒体,收集到如下三类资料。然后,仔细阅读全部资料,并进行分类(分三类)排目,便于以后的选择、分析和评价。

3.1　基本资料

作为新编地图的基本资料,即新编图上的主要内容来自这种资料。对于普通地图来说,它通常是比新编地图的比例尺大的同类地图;对于专题地图的地理底图来说,它通常是同比例尺的或比例尺稍大的普通地图;而对于专题地图的主题内容来说,它既可能是同类的较大比例尺地图,也可能是自然或社会经济信息、各种统计资料,甚至是文献资料。

3.2　补充资料

补充资料是指引用其中的部分或个别内容来补充基本资料的不足。它可能是地图,也可能是像片资料和文字资料。

3.3　参考资料

在编制的地图上并没有直接引用,而只是在研究制图区域或分析、评价其他资料时用作参考的资料。

4 专题内容的分布特征及表示方法

4.1 专题内容的分布特征

在漯河市政区地图中涉及的专题要素有行政区划、境界线、行政中心居民点等。地理基础要素主要有水系、交通网等。各种要素(现象)的空间分布不同,选择的表示方法也不同,其符号也各异,具体情况见表4-2。

表4-2 各要素的空间分布特征及其表示方法、符号

序号	要素	空间分布特征	表示方法	图例示例
1	地市界	线状分布	线状符号法	
2	县界	线状分布	线状符号法	
3	行政区划	面状	质底法	
4	铁路	线状分布	线状符号法	
5	铁路名称注记			漯阜铁路
6	高速公路	线状分布	线状符号法	
7	高速名称注记			南洛高速
8	国道	线状分布	线状符号法	
9	国道编号			G107
10	省道	线状分布	线状符号法	
11	省道编号			S238
12	河流	线状分布	线状符号法	
13	河流名称注记			颍河
14	地市符号	点状分布	定点符号法	◎
15	地市注记			漯河市
16	县符号	点状分布	定点符号法	⊙
17	县符号			临颍
18	乡镇符号	点状分布	定点符号法	○
19	乡镇注记			召陵镇
20	邻区表面注记			许昌市
21	色带			

线状符号法和定点符号法将会在其他项目中重点学习,本项目重点介绍质底法。

4.2 质底法——布满于全制图区域现象质量特征的表示方法

4.2.1 质底法的定义

质底法是把全制图区域按照专题现象的某种指标划分区域或各类型的分布范围,在各界线范围内涂以颜色或填绘晕线、花纹(乃至注以注记),以显示连续而布满全制图区域的现象的质的差别(或各区域间的差别),如图4-1所示。因为这种方法重于表示质的差别,一般不直接表示数量的特征,故也称质别法。由于常用底色或其他整饰方法来表示各分区间质的差别,所以称质底法。

图4-1　土地利用图

4.2.2　质底法的应用

质底法常用于地质图、地貌图、土壤图、植被图、土地利用图、政治行政区划图、自然区划图、经济区划图等。

4.2.3　采用质底法制图的一般过程

采用质底法制图的一般过程如下:

(1)采用质底法时,首先按专题内容性质决定要素的分类、分级(分区)。

(2)其次勾绘出分区的界线。如在普通地质图上,对地表的基岩露头按不同的年代(代、纪)或岩相(对岩浆岩而言)划分。划分区划可以根据要素的某一属性(如地质图中按年代或岩相)来划分,也可按组合指标(如区划图都是按组合指标)来划分。

(3)最后根据拟定的图例,用特定的颜色、晕线、字母等表示各种类型(或各种区划)的分布。

4.2.4　对图例的要求

在质底法图上,图例说明要尽可能详细地反映出分类的指标、类型的等级及其标志,并注意分类标志的次序性和完整性。选用颜色时,力求使在质量方面类型相近的制图现象采用相近的颜色。

4.2.5　质底法的特点

质底法具有鲜明、美观、清晰的优点,但在不同现象之间,显示其渐进性和渗透性较为困难。因此,在一般情况下,图上某界线范围内的现象必须是同属于某一类型的或某一区划的,以便于用一种颜色(或一种晕线)表示。特殊情况下,对个别范围内确实存在重复现象而又不能分类分区表示时,可用“复域”表示。

4.2.6 复域的表示

当用质底法显示两种性质的现象时，通常用颜色表示现象的主要系统，而用晕线或花纹表示现象的补充系统。如在普通地貌图上，用颜色表示各种地貌类型的分布，用晕线表示地貌的切割程度。

4.3 底色的设计要求

地图上多用颜色表达各区域或类型间的差别。用以显示现象质量特征的面状色彩，设色时要求能正确地反映各种不同现象的固有特点及相互间的质量差别。

在选择颜色时，应尽量考虑到能符合自然色彩或具有一定的象征性。如在世界的气候图上，表示各类气候区的分布范围，通常采用象征性色彩。热带气候区用朱红色调，干燥气候区用中黄、柠檬色调，温带气候区用黄绿、浅绿色调，亚寒带气候区用紫色调，寒带气候区用青色调。利用颜色的冷暖对比，反映气候现象随纬度变化的地带性规律，加深人们对专题现象的理解。

地质图、土壤图的主要内容是用质别底色来表示。它们均有统一的色标或传统习惯用色，一般应遵循统一色标设色。

此外，若设色用"主调"来反映图幅所表示的内容，则更能提高地图的表现力和感受力。如植被图以青绿色调为"主调"，日照图以橙色为"主调"，均能突出主题，促使用图者联想，加强地图的"自明性"。

4.4 本项目中政治区划范围的设色说明

对于本项目中的政区地图，虽然也是用质底法，但其颜色只是一种底色，是显示政治区划范围的一种手段，不相邻的政区，可以使用相同的颜色，也就是用不同的底色达到区分不同政区的目的。通过底色丰富了地图内容，提高了政区地图的使用价值和艺术水平。

5 制图软件

在本项目中使用 CorelDRAW X3 软件绘制，在实际工作中也可以采用其他软件。

6 政区地图编制方法及一般成图过程

6.1 政区地图的编制方法

6.1.1 编写《专业技术设计书》

由设计人员根据政区地图的性质，以及制图区域政区特点进行设计，编写出《专业技术设计书》，用于指导政区地图的编制生产。政区地图的设计工作包括确定开本大小、比例尺、选择投影，选择地图内容和各要素的表示方法，设计分层方案，图面配置、彩色选配、图例设计、图边设计，以及编写文字简介等内容。

6.1.1.1 确定地图比例尺、开本大小

政区地图的比例尺和开本与地图内容、用途、制图区域的面积轮廓、地图图面配置、纸张规格、制印工艺条件、折叠方式有着密切的关系。常用的开本（包括折叠图和图册）有 40 开、36 开、32 开、24 开、20 开和 12 开、4 开、对开等。

6.1.1.2　投影选择

根据所表达的区域范围及比例尺，投影有多种选择。我国国家图通常采用等面积圆锥投影或等面积斜方位投影。图内的各级行政区划图因大多为较大比例尺图，故可采用等角圆锥投影或高斯－克吕格投影。

6.1.1.3　选择地图内容和各要素的表示方法

不同类型的政区地图，选择不同的内容。专题要素在空间上分布特征不同，使用的表示方法也不同。其中，境界线、河流、铁路、公路等都属于呈线状分布的要素，采用线状符号法，设计相应的线状符号表示；居民点属于点状分布的要素，采用定点符号法，设计相应的点状符号表示；各行政区划范围属于布满了整个制图区域的要素，采用质底法，设计相应的底色表示。

6.1.1.4　设计分层方案

分层方案是确定当前地图的图层的分类体系和专题信息的分类体系，它是对地理现象的综合和概括。分层的多少应以方便制图为原则。根据计算机地图制图数据组织基本原则，可以得到地图图层设计的基本顺序（从上到下）依次为图面整饰部分、图例部分、附图部分（插图、移图、扩大图）、点状要素注记部分、线状要素注记部分、面状要素注记部分、点状要素符号部分、线状要素符号部分、面状要素符号部分、底图。其示意图如图4-2所示，其中每一部分又可细分为若干图层。

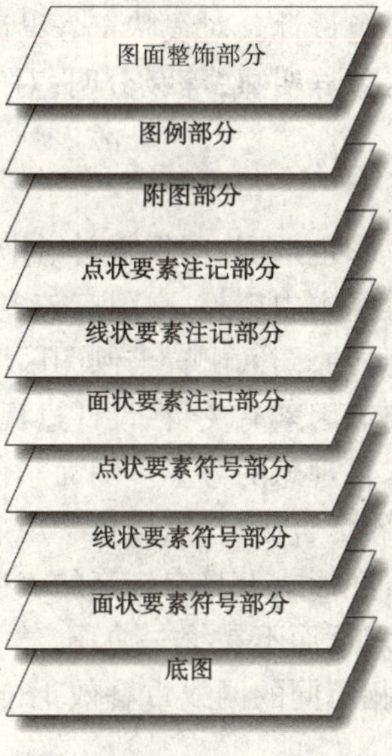

图4-2　图层的基本顺序

（1）图面整饰部分。它根据地图类型不同，内容也有所不同，主要包括图名、图廓、花边等图层。

（2）图例部分。主要包括说明注记、点状符号、线状符号、面状符号、图例底色（背景色）等图层，图层顺序安排与主图类似。

（3）附图部分。通常包括位置图、重点区域扩大图、行政区划略图、某要素的专题图、移图等，它们的图层顺序安排与主图基本一致。

（4）点状要素注记部分。包括地图幅面上所有点状要素的注记，这些注记还要按要素种类分层存储，并根据地物的重要性把重要地物注记放置在上层，一般地物注记放置在中间层，次要地物注记放置在最下层。

(5)线状要素注记部分。包括河流、道路等图上所有线状要素的注记，这些注记也要按要素种类分层存储，并根据地物的重要性把重要地物注记放置在上层，一般地物注记放置在中间层，次要地物注记放置在最下层。

(6)面状要素注记部分。包括邻区表面注记，这些注记同样要按要素种类分层存储，并根据要素的重要性把重要要素注记放置在上层，一般要素注记放置在中间层，次要要素注记放置在最下层。

(7)点状要素符号部分。包括地图幅面上所有点状要素符号，这些符号还要按要素种类分层存储，并根据地物的重要性把重要地物符号放置在上层，一般地物符号放置在中间层，次要地物符号放置在最下层。

(8)线状要素符号部分。包括境界线、河流、道路等图上所有线状要素符号，线状要素符号部分图层设计和图层顺序安排与点状要素符号部分相似。

(9)面状要素符号部分。包括行政区划底色、色带等图上所有面状要素，这些面积色一般都是一种颜色一个图层，图层的顺序主要依据压盖关系来确定。一般是主区底色在上，邻区底色在下。

6.1.1.5 设计政区地图中的符号

符号设计包括图形、尺寸和颜色设计。对线状符号设计的基本要求是主次分明，图上易于区分，对点状符号的要求是符号差异明显，等级分明；对于行政区划底色，用色浅淡，不能影响到其他要素的阅读。

6.1.1.6 政区地图的整饰设计

整饰设计内容包括图面配置、彩色选配、图框设计、图名的字体等。政区地图的图面配置，除地图的图名、图例、比例尺等基本内容外，常附有较多的附图、图表，以及文字简介等内容。其基本原则与其他地图是一致的，图面配置与制图区域轮廓范围、折叠方式、开本、比例尺、附图数量、印刷工艺、纸张规格等因素有关，在设计过程中应全面考虑、统筹安排，常以等大绘制的彩色略图进行比较，以求得理想的方案。图面彩色选配应注意两方面问题，即色彩的配合和色调的选择。要达到色彩配合优良，除按色彩规律设色外，还要注意颜色的视觉效应与地图内容的结合，使地图符号在形式上具有较高的表达地图内容的作用。在选色时，不能认为色数越多越好，有时色数多，反而不易统一协调，给人以杂乱之感，并增加制印费用。相反，应该以少胜多，尽量利用色相不同的网线重叠效果，或利用同一色相不同网线造成的层次，以获得较为理想的效果。

6.1.2 编制地图

作业人员根据《专业技术设计书》的要求，将专题资料、现势资料转标到纸质底图上，然后将纸质底图进行扫描，一般情况下可将分辨率设定为 280 dpi 左右。启动 CorelDRAW X3 绘图软件，将底图导入页面中并锁定底图，然后设定各种绘图参数。按照《专业技术设计书》中的分层方案，在 CorelDRAW X3 的“对象管理器”中建立图层并定义各图层名称。图层建立后，就可以开始创作新地图了。利用 CorelDRAW X3 中的“贝塞尔工具”“节点编辑工具”“轮廓工具”“ 填充工具”“文本工具”等，对照地图进行矢量化，跟踪描绘各种线状要素(如单线河等底图要素，高速公路、省道、境界线等专题要素)；绘制居民点等点状要素；描绘要素边线且填色构成面状要素(如通过绘制水涯线且填充浅蓝色形成水库等);输入居民点名称、道路名称、河流名称等注记。注意:各种要素一定要放在各自图层上,不能放错图层。按照《专业技术设计书》的有关规定,对各种图形要素数据进行编辑,如修改道路的图形、线型、线宽、线颜色;更改面状要素的填充色;定义注记的字体、字大、字色,调整注记字位等。然后进行图面配置,合理安排图名、图例、比例尺、指北针、插图、图片、图表、文字说明等附属元素。在 CorelDRAW X3 的"对象管理器"中查看图层顺序是否正确,如果有的图层位置有误,则应按照分层方案的规定,调整其至恰当的位置,以正确处理要素之间的压盖关系。以上工作做完后,作业人员应进行自我检查、修改,然后将新编政区图打印出来,对照打印图再次进行自查、修改,修改完毕后,将作业成果上交给生产单位质检部门审查、验收。

6.2　一般成图过程

以纸质地图为制图数据源和以各种数据为制图数据源的编制过程稍有差别,图 4-3 是以纸质地图为制图数据源的政区图一般编制过程。

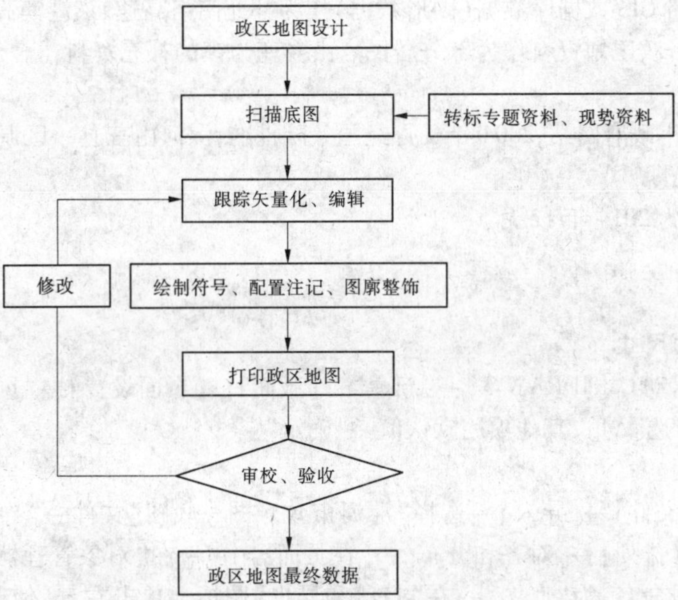

图 4-3　以纸质地图为制图数据源的政区地图一般编制过程

技能训练

1　实习目的与要求

(1)熟练掌握布满于全制图区域现象质量特征的表示方法——质底法。

(2)熟练掌握编制《漯河市政区图》的一般步骤。

(3)熟练掌握政区图要素的编制方法。

2　实习内容与步骤

2.1　实习内容

绘制一幅《漯河市政区图》。根据地图内容和补充资料，需要表达行政区划、行政中心居民点、地市界、县界、铁路、高速公路、国道、省道、水系等要素。

2.1.1　基本资料

以1∶360 000《漯河市政区图》作为新编《漯河市政区图》的作业底图。该底图上的地理基础要素及政区专题要素较完备、可靠、精确，现势性较强，基本满足新编图的要求，只是需要根据补充资料增补部分道路，修改部分行政区划和居民点等级的变化。

2.1.2　补充资料

(1)新版河南省政区图作为编制漯河市政区图的补充资料，主要用于补充南洛高速、京港澳高速名称。

(2)全国道路GIS数据库数据(图形数据)作为补充南洛高速、京港澳高速的补充资料。

(3)漯河市行政区划资料作为部分居民点由乡变为镇的补充资料。

2.1.3　参考资料

河南省漯河市政府网站，2004年9月经国务院批准，漯河由三县一区调整为两县三区。

2.1.4　资料截止期

资料截止期为2014年12月。

2.2　具体实习步骤

2.2.1　定义页面尺寸

操作步骤：启动CorelDRAW X3→“新建”→【版面】→〖页面设置〗→“页面”→“大小”→“横向”→“纸张”选〔A4〕，其他项用默认值→“确定”。

2.2.2　导入底图

操作步骤：【文件】→〖导入〗→选择“漯河市政区图—底图”文件→“导入”→在页面任意处单击左键→【排列】→〖对齐和分布〗→[在页面居中]→在“对象管理器”中的“图层1”上单击右键→〖重命名〗为“底图”→在“打印和导出”图标上单击左键(使其变成灰色)，禁用打印和导出→在“编辑”图标上单击左键(使其变成灰色)，使“底图”图层不可编辑(锁定底图，防止其无意中被移位)→点击“对象管理器”中左下角的“新建图层”图标→图层名定义为“图例底图”→【文件】→〖导入〗→选择“图例—底图”文件→“导入”→在页面任意处单击左键，移动“图例底图”至页面左边→同上述方法单击“打印和导出”图标及“编辑”图标，以锁定“图例底图”图层且禁用打印和导出→【文件】→〖保存〗→(选择自己的文件夹)“文件名”定义为“漯河市政区图”→“保存”。

2.2.3　读图，建立绘图图层，绘制地图要素

绘图之前，首先应认真阅读底图、补充资料及参考资料，对整个图形要有全面了解。然后，根据新编图的分层方案，在CorelDRAW X3的“对象管理器”中建立绘图图层。图层包括专题要素图层、底图要素图层及整饰要素图层。图层叠加的一般顺序是：最下层为底图图层，然后依次往上是面状要素层、线状要素层、点状要素层及注记层、图例层、整饰要素层，如

图4-2所示。

2.2.3.1　绘制图廓线

操作步骤:新建图层→改图层名为“图廓”→用工具框里的『矩形工具』→框出制图范围260 mm×190 mm→点击『轮廓工具』右下角的黑三角→选择『轮廓画笔对话框』,如图4-4所示,会弹出“轮廓笔”对话框,如图4-5所示,设置颜色为“黑色(K=100)”,宽度为“0.5 mm”,样式为“直线”→单击“确定”按钮。

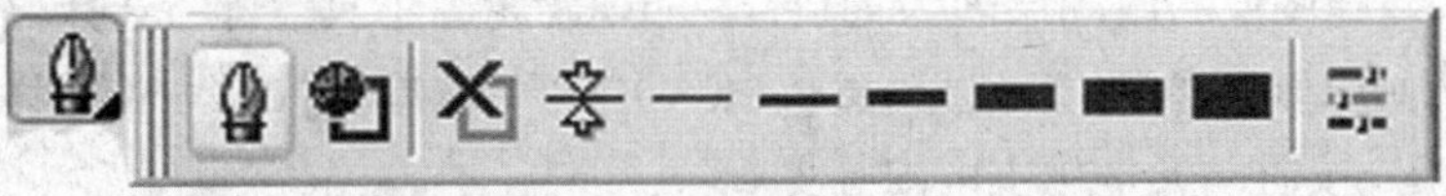

图4-4　选择轮廓工具

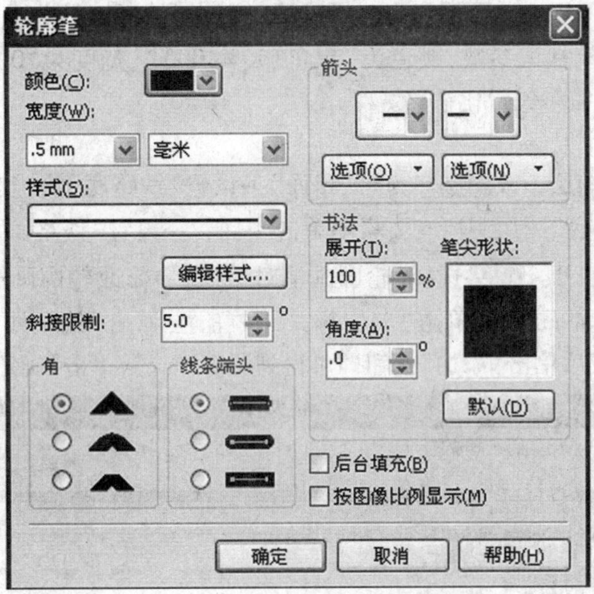

图4-5　“轮廓笔”对话框

2.2.3.2　绘制河流

操作步骤:新建图层→改图层名为“单线河流”→在编辑窗口内空白处单击鼠标左键→单击『轮廓工具』→选择『轮廓画笔对话框』,会弹出“轮廓笔”对话框→设置轮廓画笔默认参数,颜色为“青色(C=100)”,宽度为“0.1 mm”,样式为“直线”→单击“确定”按钮。矢量化单线河。

单线河流应从上游到下游逐渐加粗表示。河源处的为0.1 mm,河流线粗变化的范围为0.1~0.4 mm,一般河源处可以每2~3 cm变化一次线粗,中游可以每3~5 cm变化一次线粗,下游每5~10 cm变化一次线粗。

2.2.3.3　绘主区市界

操作步骤:新建图层→改图层名为“主区市界”→单击『轮廓工具』→选择『轮廓画笔对话框』→设置轮廓画笔默认参数,颜色为“黑色(K=100)”,宽度为“0.3 mm”,样式为“两横一点”→单击“确定”按钮→矢量化主区市界。根据图中漯河市的境界情况可知,有3处以河为界,界线沿着河流两侧间断交替绘出,但在境界线的转折点和交汇点,境界符号不得省略。

2.2.3.4　绘邻区市界

操作步骤:新建图层→改图层名为"邻区市界"→单击『轮廓工具』→选择『轮廓画笔对话框』→设置轮廓画笔默认参数,颜色为"黑色(K=100)",宽度为"0.3 mm",样式为"两横一点"→单击"确定"按钮→矢量化邻区市界。

2.2.3.5　绘县界

操作步骤:新建图层→改图层名为"县界"→单击『轮廓工具』→选择『轮廓画笔对话框』→设置轮廓画笔默认参数,颜色为"黑色(K=100)",宽度为"0.2 mm",样式为"一横一点"→单击"确定"按钮→矢量化主区内县界。

2.2.3.6　绘铁路底

操作步骤:新建图层→改图层名为"铁路底"→单击『轮廓工具』→选择『轮廓画笔对话框』→设置轮廓画笔默认参数,颜色为"黑色(K=100)",宽度为"0.7 mm",样式为"直线"→单击"确定"按钮→矢量化铁路。

2.2.3.7　绘铁路面

操作步骤:新建图层→改图层名为"铁路面"→设置"铁路底"为当前图层→双击『挑选工具』,选中"铁路底"图层中所有要素→单击"复制"→设置"铁路面"为当前图层→单击"粘贴"→单击『轮廓工具』→选择『轮廓画笔对话框』→修改轮廓画笔参数颜色为"白色(K=0)",宽度为"0.4 mm"→单击"编辑样式"按钮,会弹出"编辑线条样式"对话框,如图4-6所示,设置完成后单击"添加"按钮即可得到所需样式→单击"确定"按钮。

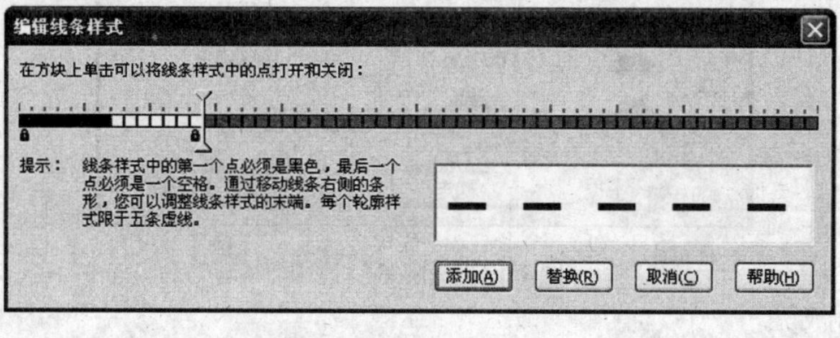

图4-6　铁路面样式设置

2.2.3.8　绘高速公路底

操作步骤:新建图层→改图层名为"高速公路底"→单击『轮廓工具』→选择『轮廓画笔对话框』→设置轮廓画笔默认参数,颜色为"黑色(K=100)",宽度为"0.8 mm",样式为"直线"→单击"确定"按钮→矢量化所有的高速公路。

2.2.3.9　绘高速公路面

操作步骤:新建图层→改图层名为"高速公路面"→设置"高速公路底"为当前图层→双击『挑选工具』,选中"高速公路底"图层中所有要素→单击"复制"→设置"高速公路面"为当前图层→单击"粘贴"→单击『轮廓工具』→选择『轮廓画笔对话框』→修改轮廓画笔参数,颜色为"黄色(Y=100)",宽度为"0.5 mm",样式为"直线"→单击"确定"按钮。

2.2.3.10　绘国道

操作步骤:新建图层→改图层名为"国道"→单击『轮廓工具』→选择『轮廓画笔对话

框』→设置轮廓画笔默认参数，颜色为“品红色（M＝100）”，宽度为“0.4 mm”，样式为“直线”→单击“确定”按钮→矢量化所有国道。

2.2.3.11　绘省道

操作步骤：新建图层→改图层名为“省道”→单击『轮廓工具』→选择『轮廓画笔对话框』→设置轮廓画笔默认参数，颜色为“品红色（M＝100）”，宽度为“0.2 mm”，样式为“直线”→单击“确定”按钮→矢量化所有省道。

2.2.3.12　绘地市符号

操作步骤：新建图层→改图层名为“地市符号”→对地市级居民地配置符号，本图中只有“漯河市”一个地市符号，符号样式参见所给图例（见表 4-2），直接进行复制并配置到相应位置即可。

2.2.3.13　绘县符号

操作步骤：新建图层→改图层名为“县符号”→对县级居民地配置符号，符号样式参见所给图例（见表 4-2），直接进行复制并配置到相应位置即可。

2.2.3.14　绘乡镇符号

操作步骤：新建图层→改图层名为“乡镇符号”→对乡镇级居民地配置符号，符号样式参见所给图例（见表 4-2），直接进行复制并配置到相应位置即可。

2.2.3.15　输入地市注记

操作步骤：新建图层→改图层名为“地市注记”→输入地市级居民地符号注记，本图中只有“漯河市”一个地市符号，对其配置注记，单击工具箱中的『文本工具』→在编辑窗口内相应位置单击鼠标，即可输入文字→对文字属性进行设置参数：单击标准属性栏如图 4-7 所示中的“字符格式化”按钮，即可弹出“字符格式化”参数设置对话框，如图 4-8 所示，选择字体为“黑体”，字大为“3 mm”→颜色的设置：单击工具箱中的『填充工具』右下角的黑三角，选择“填充对话框” 如图 4-9 所示，单击即可弹出“均匀填充”对话框，如图 4-10所示，进行调整即可，颜色为“红色（M＝100，Y＝100）”。

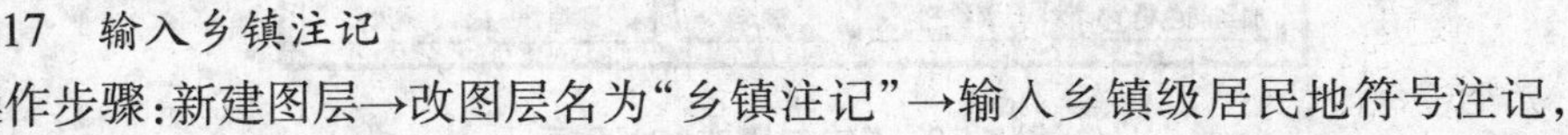

图 4-7　文本属性栏

2.2.3.16　输入县注记

操作步骤：新建图层→改图层名为“县注记”→输入县级居民地符号注记，文本参数设置参照 2.2.3.15，县注记字大为“2.5 mm”，字体为“黑体”，颜色为“黑色（K＝100）”。

2.2.3.17　输入乡镇注记

操作步骤：新建图层→改图层名为“乡镇注记”→输入乡镇级居民地符号注记，文本参数设置参照 2.2.3.15，乡镇注记字大为“2 mm”，字体为“宋体”，颜色为“黑色（K＝100）”。

2.2.3.18　输入河流注记

操作步骤：新建图层→改图层名为“河流注记”→对图中河流进行注记名称，采用左斜宋体，屈曲字列的方式进行排列，注记大小按河流等级标注，字大为 2～4 mm，支流注记要比主流注记小。一幅图内的同一条河，如果河流过长，可分段 15～20 cm 重复注记。输入河名并选中河名→单击【排列】→〖变换〗→选择［倾斜］，如图 4-11 所示→弹出“变换”对话框，如图 4-12 所示，设置水平倾斜为“15 度”，垂直倾斜为“0”→单击“应用”按钮→设置颜色为

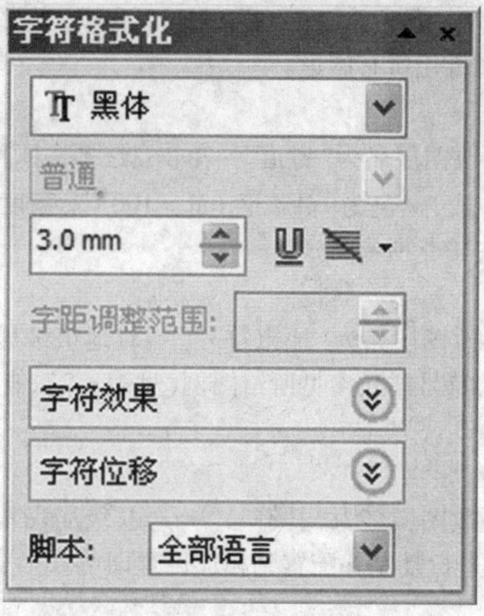

图 4-8　文本参数设置

图 4-9　选择填充工具

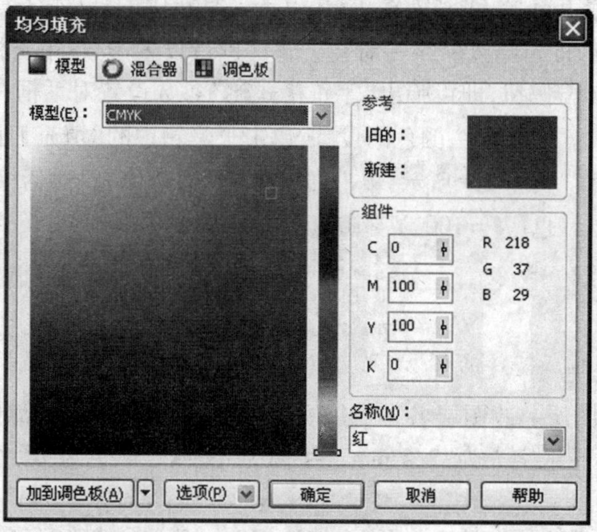

图 4-10　“均匀填充”对话框

“青色(C＝100)”。

2.2.3.19　输入高速公路名称注记

操作步骤:新建图层→改图层名为“高速公路名称注记”→对图中高速公路进行注记名称,注记字大为“2 mm”,并且压缩 80%。输入高速公路名称并选中→设置字体为“黑体”,颜色为“红色(M＝100,Y＝100)”→在“变换”对话框中选择“缩放和镜像”,即可看到对话框如图 4-13 所示,如果是水平字列,就设置水平为“100%”,垂直为“80%”;如果是垂直字

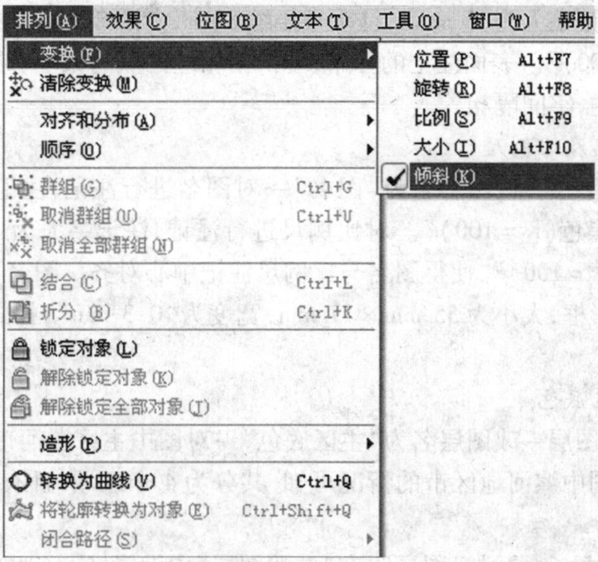

图4-11　打开倾斜对话框

列，就设置水平为“80%”，垂直为“100%”→单击“应用”按钮。

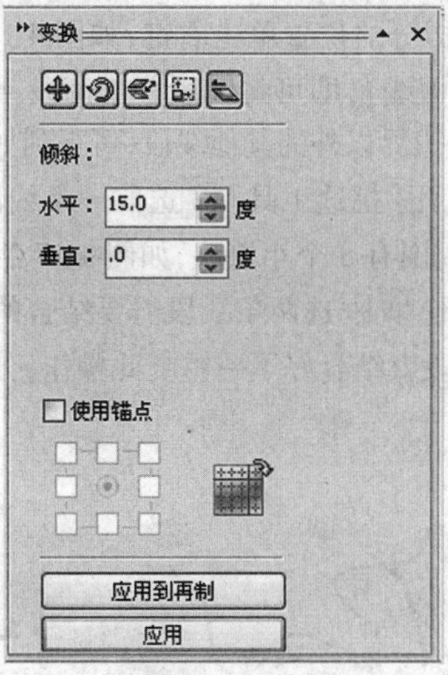

图4-12　注记的倾斜

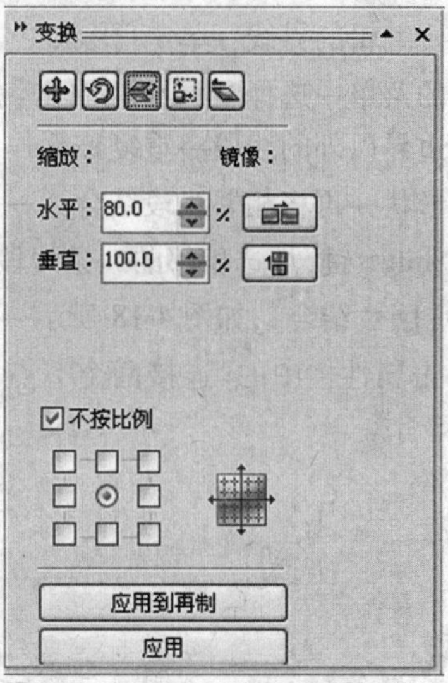

图4-13　注记的压缩

2.2.3.20　输入铁路名称注记

操作步骤：新建图层→改图层名为“铁路名称注记”→对图中铁路进行注记名称，注记字大为“2 mm”，且压缩80%，参照2.2.3.19，字体为“黑体”，颜色为“黑色（K＝100）”。

2.2.3.21　输入国道名称注记

操作步骤：新建图层→改图层名为“国道名称注记”→对图中国道进行注记名称，注记字大为“2 mm”，且压缩80%，参照2.2.3.19，字体为“黑体”，颜色为“品红色（M＝100）”。

2.2.3.22　输入邻区表面注记

操作步骤：新建图层→改图层名为“邻区表面注记”→对图中和主区漯河地区相邻的区

域进行注记名称，注记字大为“5 mm”，且垂直压缩 80%，参照 2.2.3.19，字体为“黑体”，颜色为“品红色(M = 100)”。表面注记的分布，可根据相应区域的大小和形状进行调整，使注记均匀分布于区域内，字间隔相等。

2.2.3.23　输入图名及比例尺

操作步骤：新建图层→改图层名为“图名”→对图名进行注记，注记字大为“7 mm”，字体为宋体，颜色为“黑色(K = 100)”。对比例尺进行注记，注记字大为“3 mm”，字体为“宋体”，颜色为“黑色(K = 100)”，使得图名与比例尺注记中心对齐。图名可采用开窗的形式，即在图名下加一矩形框，大小为 55 mm × 17 mm，宽度为“0.3 mm”，样式为“直线”，内填充“白色(K = 0)”。

2.2.3.24　填充主区底色

操作步骤：新建图层→改图层名为“主区底色”→对图中主区漯河市包括的县和区进行底色的设置。根据图中漯河地区市的情况可知，共分为 4 个区域，且有 3 处以河为界，1 处以国道为界。

为避免出错，建立一个“过渡图层”，在“过渡图层”中设置好一个区域后，再将其剪切到“主区底色”图层。下面以舞阳县为例：首先将舞阳县需要用到的境界线（包括县界和市界）和界河复制到“过渡图层”→关闭其他图层，只有“过渡图层”中要素可见，如图 4-14 所示→选中需要编辑的界线→单击『形状工具』，在需要拆分的位置单击右键，如图 4-15 所示，在弹出的菜单中选择“拆分”→单击【排列】→〖拆分曲线〗，即可将线段分成两段→删除构成区划边界以外的线段→重复该操作，删除构成区划边界以外的其他线段，可得到如图 4-16 所示的形状→再将相邻线段结合为一个封闭的区域：用『挑选工具』选取一条线段，同时按住 <Shift> 键，加选相邻的一条线段，被选中线段周围有 8 个小黑块，如图 4-17 所示→单击【排列】→〖结合〗，如图 4-18 所示→再用『形状工具』框选两条线段需要结合的两个节点→单击属性栏中的“连接两个节点”按钮，两条线段就结合好了→重复此操作，分别依次

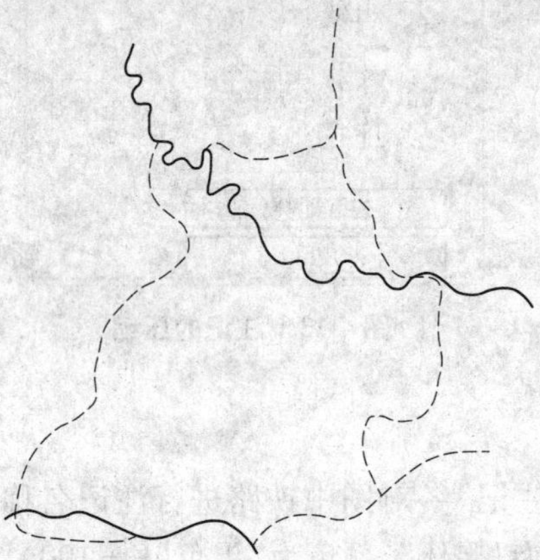

图 4-14　过渡图层要素

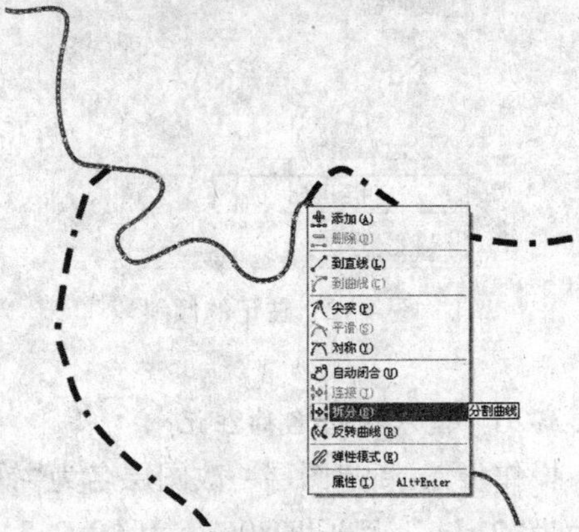

图 4-15　拆分曲线

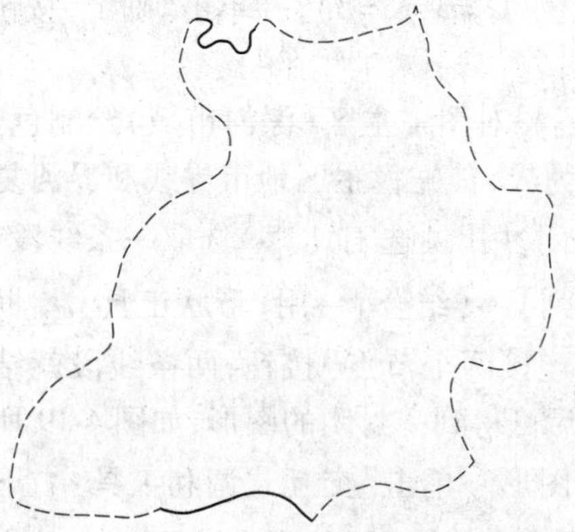

图4-16　删除构成区划边界以外的其他线段

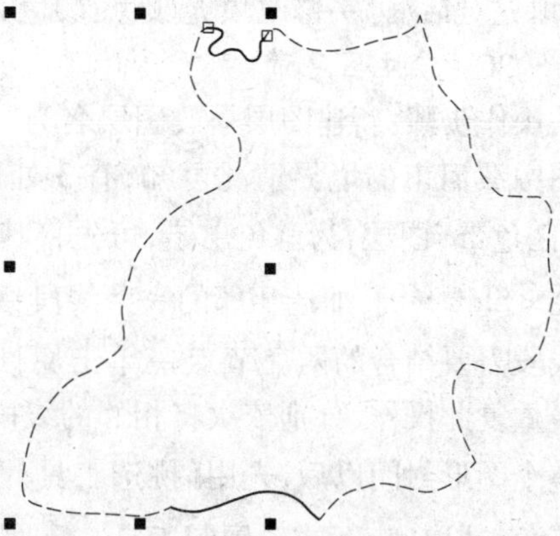

图4-17　选中曲线

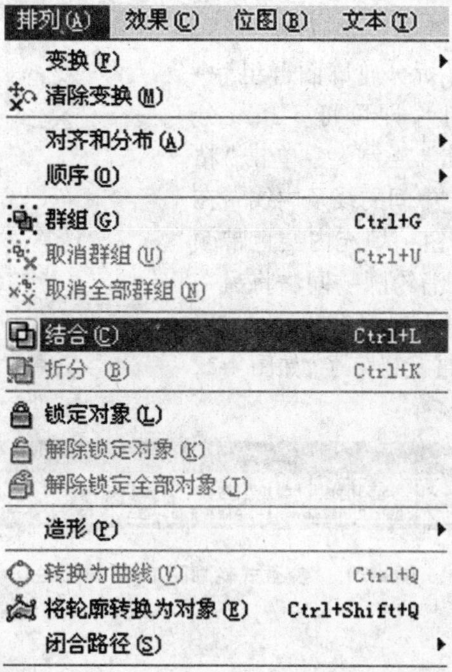

图4-18　结合

将相邻的线段结合，最后可得到一个封闭的图形（注意：如果图形未能封闭，则不能填充颜色，所以当结合完所有的线段后就可以随意填充一个颜色，来检查图形是否真的已经闭合）→选中已经封闭的图形，将其剪切到“主区底色”图层→重复以上操作，分别将其他3个区域进行闭合→政区底色的设置：首先选中已经封闭的图形→单击『填充工具』右下角的黑三角，选择“填充对话框”即可出现“填充对话框”，按如下设计要求设置各行政区域的底色：浅黄色（Y=20）；浅绿色（C=18，Y=18）；浅品红色（M=18）；浅橙色（M=16，Y=20）。

2.2.3.25　填充邻区底色

操作步骤：新建图层→改图层名为“邻区底色”→设置“图廓”图层为当前图层→选中图廓→单击“复制”→设置“邻区底色”为当前图层→单击“粘贴”→单击『填充工具』→选

择『填充对话框』→修改填充颜色:颜色为浅“青灰色(C=3,K=3)”→单击“确定”按钮。

2.2.3.26　绘主区色带

操作步骤:新建图层→改图层名为“主区色带”→对图中主区(漯河市域)绘制色带:根据图中漯河市的境界情况可知,有3处以河中心为界,首先将主区地市界线和界河复制到“主区色带”图层,为避免出错,可先将其他图层关闭,用『挑选工具』选取一条线段,同时按住<Shift>键,加选相邻的一条线段→单击【排列】→〖结合〗→用『形状工具』框选两条线段需要结合的两个节点→单击属性栏中的“连接两个节点”按钮,两条线段就结合好了→重复此操作,分别依次将相邻的线段结合,最后可得到一封闭的图形,如图4-19所示→当整个图形封闭以后,先用『挑选工具』选中该图形→单击『交互式调和工具』右下角的黑三角,选取『交互式轮廓图工具』→在属性栏中设置其参数,如图4-20所示,“轮廓图步长”为2,“轮廓图偏移”为1.5 mm,选择“向外”→按<Enter>键即可看到图形向外扩展出两圈,如图4-21所示(注意:此时3条线是以群组形式存在的)→单击【排列】→〖拆分轮廓图群组〗→单击【排列】→〖取消群组〗,即可将3条线分开→选中中间的线→单击“复制”→单击“粘贴”→按住<shift>键选中中间的线及内线→在属性菜单中点击“结合”按钮→填充内层色带颜色“(M=70,Y=20)”→取消轮廓→同法将另一条中线与外线结合→填充颜色“M=50,Y=10”→取消轮廓。这样两条色带就做好了,如图4-22所示。

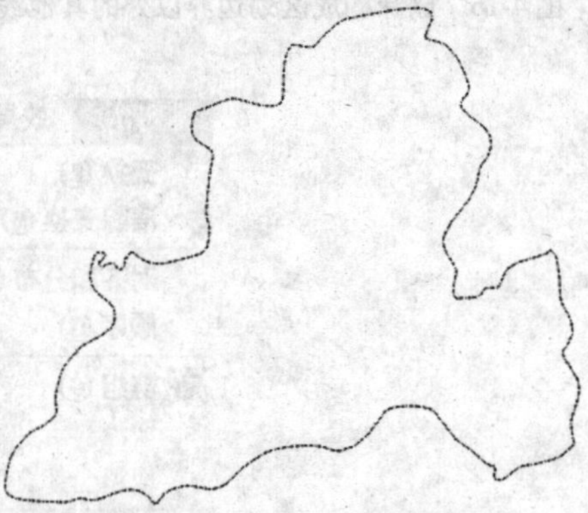

图4-19　封闭的图形

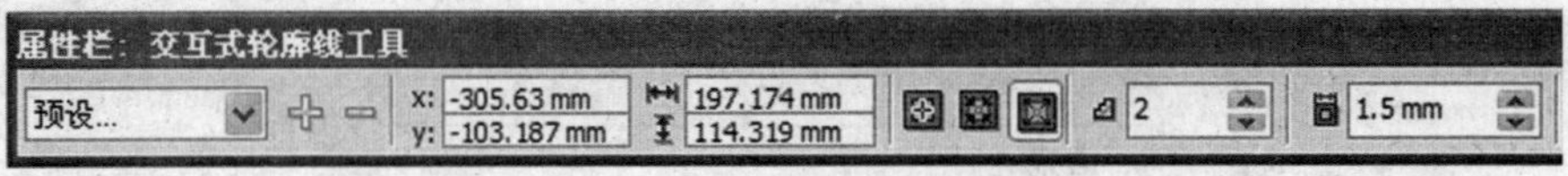

图4-20　“交互式轮廓图工具”属性栏

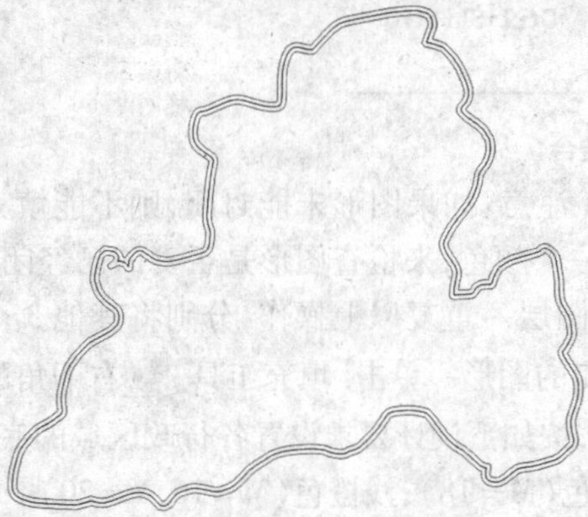

图4-21　扩展出的曲线

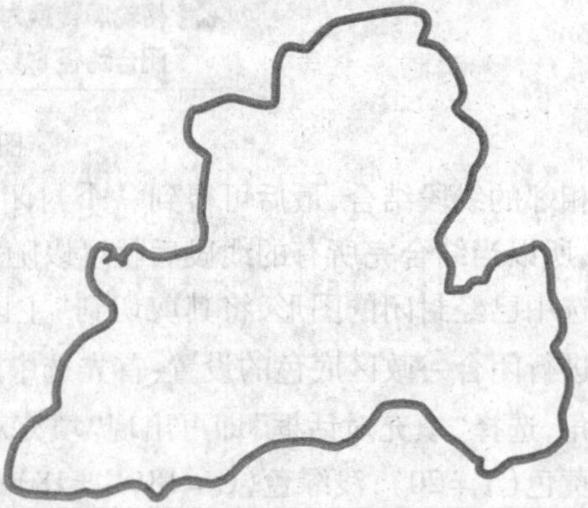

图4-22　色带效果图

2.2.3.27 绘邻区色带

操作步骤：新建图层→改图层名为“邻区色带”→设置“邻区市界”为当前图层→双击『挑选工具』，选中“邻区市界”图层中所有要素→单击“复制”→设置“邻区色带”为当前图层→单击“粘贴”→单击『轮廓工具』→选择『轮廓画笔对话框』→修改轮廓画笔参数：颜色为“M = 50，Y = 10”，宽度为“1.5 mm”，样式为“直线”→单击“确定”按钮。

2.2.4 根据补充资料和参考资料，对地图要素进行修改和补充

本图中需要修改和补充的内容有以下几方面：

(1)“京珠高速”改名为“京港澳高速”。

(2)本图中高速公路需要根据资料向南延伸，并增加“南洛高速”。

(3)根据补充资料，图中乡镇居民地有几个以前级别为“乡”，现在已经升级为镇，图中是“镇”级的居民地名称应带“镇”，如“窝城镇”，是“乡”级的居民地名称则不带“乡”字，如“王孟”。将升级为镇的居民地名称进行修改。

(4)2004年新的行政区划调整后，漯河辖区由原来的郾城、临颍、舞阳、源汇区“三县一区”调整为郾城、源汇、召陵三区和临颍、舞阳二县。

根据资料将“郾城”改为“郾城区”，并根据补充资料，增加“召陵区”居民点符号和注记。并将县行政中心的驻地乡镇名称加注出来。如“临颍”县政府驻地在“城关镇”，就要在临颍注记后面加括号注记“城关镇”。

2.2.5 整饰图面

根据图面内容的分布进行调整，使图面美观、匀称。关闭“底图”层→调整注记与符号之间的位置关系，注记尽量不压盖其他要素，特别是道路交叉口及河流交叉口等→分别新建图层，添加图名、图例、比例尺等要素，并调整其位置。

2.2.6 调整图层顺序

图层顺序可参照图4-23所示。

2.2.7 自校、修改

关闭所有图层→逐层打开，检查是否有要素放错图层，将放错的要素移到正确图层→检查有无错绘、漏绘，然后修改。最终效果图见图4-24。

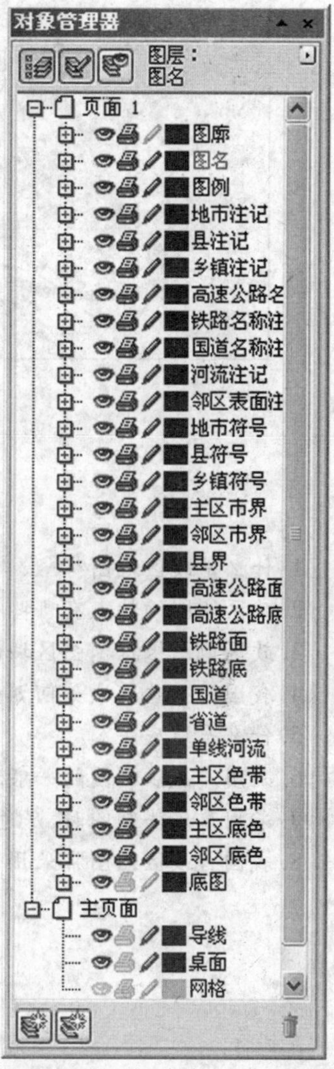

图4-23 《漯河市政区图》图层顺序

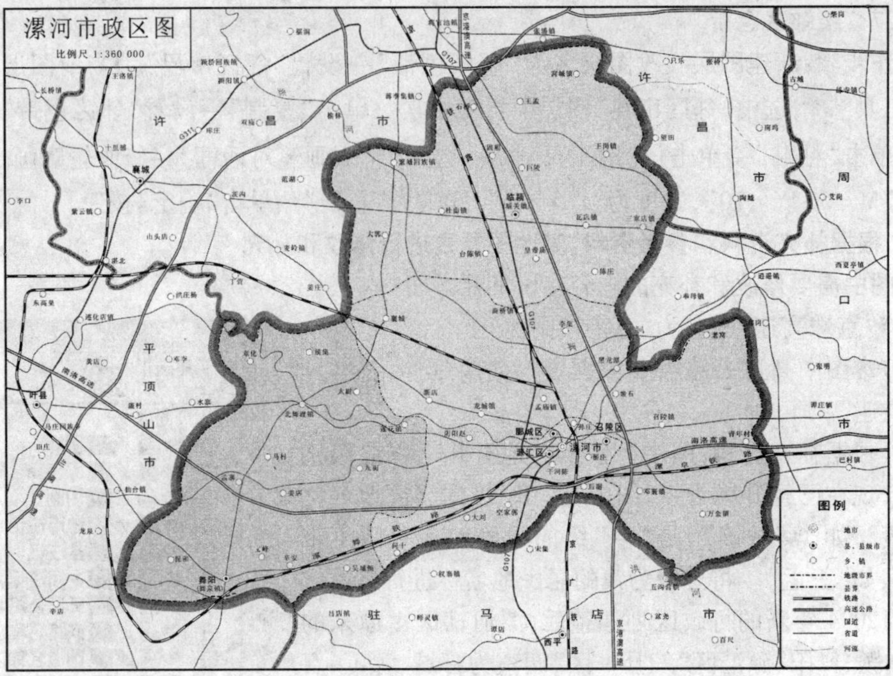

图 4-24 漯河市政区图(缩小图)

思考题

1. 什么是政区地图?
2. 政区地图的特点有哪些?
3. 政区地图根据制图区域的范围可以分为哪些类型?
4. 我国的行政区域如何划分?
5. 什么是质底法?
6. 采用质底法制图的一般过程是什么?
7. 采用质底法制图时,底色的设计要求是什么?
8. 我国行政区划图常采用什么投影? 图上主要表示哪些内容?

项目5　编制城区地图

项目目标

掌握城区地图的相关知识及编制城区地图的方法、步骤。

实例素材

1　各种比例尺的纸质城区地图

(1)郑州市城区图。

(2)山海关城区图。

(3)深圳市城区图。

(4)正安县城区图。

(5)上海外环城区图。

2　各种比例尺的电子城区地图

(1)安阳市城区图。

(2)南阳市城区图。

(3)焦作市城区图。

(4)洛阳市城区图。

(5)开封市城区图。

相关知识

城区地图主要反映城市的基本面貌和各种设施,如行政区划、街区、道路和经济发展状况,为城市管理、城市建设和旅游服务。按照制图范围大小及内容区分,常见的城市地图有三种,分别是城市分布图、城市交通旅游图和城区图。本项目着重介绍城区图的编制。

1　基本概念

城区地图是一种以反映城市建成区街道、街区、主要城市设施和城市用地结构、功能结构等为重点的专题图。

鉴于城市的范围,一般来说城区地图的比例尺都较大,用于城市建设、规划部门的地图可由1:500到1:1万;用于一般性参考及旅游、交通参考的地图由1:1万到1:5万;编入地图集的城市图,则在1:10万以下。

城市地图的形式,依据其表达的专题内容而有所不同,但最基本的地图是以城市中连片建筑物的建成区为主要要素,表示出街区、街道、各种设施及近邻区,这种图是编制其他城市专题地图的基础底图。

2 城区图表示的内容及表示方法

2.1 城区图表示的内容

下面以《新乡市城区图》为例,介绍其表示的内容。《新乡市城区图》是采用质底法配合线状符号法及定点符号法表示各种要素,其基本内容包括表 5-1 中的要素。

表 5-1 城区图表示的要素

序号	城区图表示的要素	序号	城区图表示的要素
1	政府驻地	12	学校
2	街区	13	邮局
3	街道	14	电信局
4	公园	15	书店
5	绿地	16	银行
6	水系	17	体育馆
7	铁路	18	医院
8	公路	19	宾馆、酒店
9	桥梁	20	其他企事业单位
10	火车站	21	点位符号
11	汽车站	22	郊区注记

2.2 编图资料的收集整理与分析

根据资料在编图中的使用程度分为基本资料、补充资料和参考资料。作为新编地图的基本资料,即新编图上的主要内容来自这种资料;对专题地图来说,它通常是同比例尺的或比例尺稍大的普通地图。补充资料是引用其中的部分或个别内容来补充基本资料的不足。参考资料是在编制的地图上没有直接引用,而只是在研究制图区域或分析、评价其他资料时用作参考的资料。

无论是哪种类型的资料,它们的质量对于确保新编地图质量、加快成图速度、降低成本等都有着重要的影响。一幅高质量的地图,首先它的内容要正确,要具有必要的精度和详细性,所表达的内容要与实地的现实情况一致。要达到这些要求,正确地选用编图资料是根本性的措施。

2.2.1 基本资料

《新乡市城区图》底图采用河南省测绘局 2013 年编制的 1∶1万更新地形图。在 1∶1万地形图的基础上,确定图幅的范围,范围的划定为新乡市的四个区——红旗区、卫滨区、风泉区、牧野区以及各区所含乡镇的范围大小。

2.2.2　补充资料

(1)《新乡市区地名规划方案》于2004年10月20日由新乡市地名委员会办公室编订，新乡市内的所有路名、街名、巷名、广场名均按此修正。

(2)新乡市人民政府《关于调整新乡市市辖区和新乡县行政区划的通知》，作为行政区划地名和境界划分的依据对底图进行修改补充。

2.2.3　参考资料

2013年《河南省行政区划资料》《河南省行政区划简册》。

2.3　专题内容的分布特征及表示方法

2.3.1　专题内容的分布特征

《新乡市城区图》上所表示的要素，从要素的空间分布特征上来说，有点状、线状和面状三类。各种要素(现象)的空间分布不同，选择的表示方法也不同，其符号也各异，具体情况见表5-2。

表5-2　各要素的空间分布特征及其表示方法

序号	要素	空间分布特征	表示方法
1	政府驻地	点状分布	定点符号法
2	街区	面状分布	质底法
3	街道	线状分布	线状符号法
4	公园	面状分布	质底法
5	绿地	面状分布	质底法
6	湖泊、水库、面状河	面状分布	质底法
7	单线水系	线状分布	线状符号法
8	铁路	线状分布	线状符号法
9	公路	线状分布	线状符号法
10	桥梁	点状分布	定点符号法
11	火车站	点状分布	定点符号法
12	汽车站	点状分布	定点符号法
13	学校	点状分布	定点符号法
14	邮局	点状分布	定点符号法
15	电信局	点状分布	定点符号法
16	书店	点状分布	定点符号法
17	银行	点状分布	定点符号法
18	体育馆	点状分布	定点符号法
19	医院	点状分布	定点符号法
20	宾馆、酒店	点状分布	定点符号法
21	其他企事业单位	点状分布	定点符号法
22	点位符号	点状分布	
23	郊区注记	点状分布	

2.3.2　专题内容的表示方法

在上个项目中已经将质底法作了详细的介绍，在本项目中详细学习呈点状分布现象的表示方法——定点符号法。

2.3.2.1　概念

定点符号法是采用不同的形状、颜色和大小的符号，表示各自独立的、以整体概念显示的各个物体的数量特征与质量特征；同时，尽可能把符号配置在这些物体实地位置的相应点上。符号的大小不代表物体依地图比例尺表示的分布面积，一般超过它的实际面积。同时，专题地图上的点状符号往往只以其中心点表示测量空间的定位信息，而符号图形是表示概念空间的数量、质量信息，因此它与其他要素图形之间没有相对的位置关系，通常不能像普通地图上居民点可以有移位，而只能用相互交叠来表示。

定点符号法是用途较广的表示法之一，如居民点、工农业企业、学校、气象站等多用此法表示。这种表示法能简明而准确地显示出各要素的地理分布和变化状态。

定点符号法以符号的形状、颜色和大小反映物体的特定属性：符号的形状与颜色表示质量特征，符号的大小表示数量指标。

2.3.2.2　符号的形状

符号按形状可分为三种，即几何符号、字母（或文字）符号和艺术符号。艺术符号又可分为象形符号和透视符号两种，如图 5-1 所示。

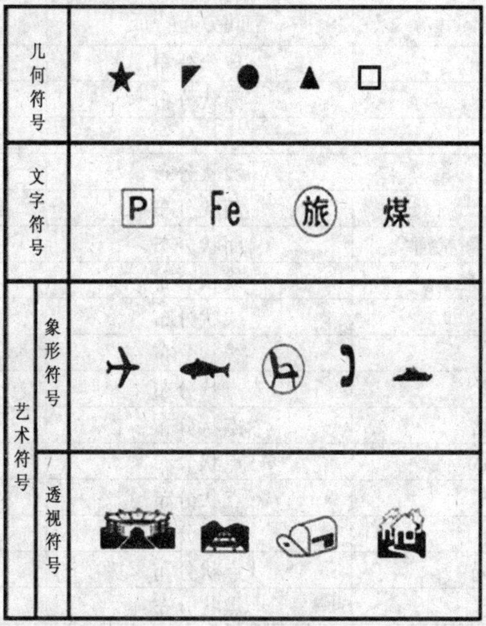

图 5-1　符号的种类

几何符号（简单几何图形）由于具有图形简单、绘制方便、所占面积小、定位准确、区别明显、大小易比较等优点，因此使用较广。文字符号能“望文生义”，不需经常查找图例也能识别和阅读。象形符号简单、明确、容易记忆和理解。透视符号比象形符号更为细致，更能表达外形特征。这种符号形象生动、通俗易懂，经常在宣传用图和旅游图上使用。采用符号法表示的专题地图，可以同时运用几种不同种类的符号，以表示要素的类别。

2.3.2.3　符号的颜色

实践证明，尽管用不同形状的符号可以表示不同物体的性质差别，但是地图上符号的面积较小，符号的颜色差别比形状的差别更明显。因此，在设计时最好用不同的颜色来表示专题要素最主要、最本质的差别。而用符号形状来表示次要的差别。如用红色表示冶炼工业、绿色表示纺织工业,而冶炼工业和纺织工业中的不同门类,用相应颜色系统的不同符号形状或内部结构表示。

2.3.2.4　符号的大小

(1)比率符号。

前面已经提到,在专题地图上,一般用符号的大小来表示物体的数量指标。如果符号的大小与所表示的专题要素的数量指标有一定的比率关系,这种符号称为比率符号。例如,在人口分布图上,表示城镇的图形符号的大小与其人口数有一定的比率关系。

(2)非比率符号。

如果符号的大小与专题要素的数量指标之间无任何比率关系,这种符号称为非比率符号。在政区图中,居民点符号表示行政意义时是非比率符号最通俗的例子。再如,城区地图上表示政府驻地、火车站、汽车站、学校、宾馆等符号,也是非比率符号,它们仅反映要素的质量特征(要素的类型)和位置,不表示数量特征,本项目重点练习的就是这种定点符号。比率符号在一些经济图上常常用到。但必须注意,如前所述,不能根据比率符号在地图上所占面积来判断专题要素分布的范围。

3　绘图软件

利用 CorelDRAW X3 软件编制城区图。

4　城区地图编制方法及一般成图过程

4.1　城区地图的编制方法

4.1.1　编写《专业技术设计书》

由设计人员根据城区地图的性质,以及制图区域城区特点进行设计,编写出《专业技术设计书》,用于指导城区地图的编制生产。城区地图的设计工作包括选择地图内容和各要素的表示方法,设计分层方案确定,开本大小、比例尺、图面配置、彩色选配、图例设计、图边设计以及编写文字简介等内容。

4.1.1.1　选择地图内容和各要素的表示方法

不同类型的城区地图,选择不同的内容。专题要素在空间上分布特征不同,使用的表示方法也不同。其中,单线河流、铁路、公路等都属于呈线状分布的要素,采用线状符号法,设计相应的线状符号表示;汽车站、学校、医院等属于点状分布的要素,采用定点符号法,设计相应的点状符号表示;绿地、公园、湖泊、水库等属于面状分布的要素,采用质底法表示,设计相应的底色表示。

4.1.1.2　设计分层方案

分层方案是确定当前地图的图层的分类体系和专题信息的分类体系,它是对地理现象的综合和概括。分层的多少应以方便制图为原则。根据计算机地图制图数据组织基本原则,可以得到地图图层设计的基本顺序(从上到下)规律如下:

图面整饰部分;

图例部分;

附图部分(插图、移图、扩大图);
点状要素注记部分;
线状要素注记部分;
面状要素注记部分;
点状要素符号部分;
线状要素符号部分;
面状要素符号部分;
底图。

(1)图面整饰部分。根据地图类型不同,内容也有所不同,主要包括图名、图廓、花边等图层。

(2)图例部分。主要包括说明注记、点状符号、线状符号、面状符号、图例底色(背景色)等图层,图层顺序安排与主图类似。

(3)附图部分。通常包括位置图、重点区域扩大图、行政区划略图、某要素的专题图、移图等,它们的图层顺序安排与主图基本一致。

(4)点状要素注记部分。包括地图幅面上所有点状要素的注记,这些注记还要按要素种类分层存储,并根据地物的重要性把重要地物注记放置在上层,一般地物注记放置在中间层,次要地物注记放置在最下层。

(5)线状要素注记部分。包括河流、道路等图上所有线状要素的注记,这些注记也要按要素种类分层存储,并根据地物的重要性把重要地物注记放置在上层,一般地物注记放置在中间层,次要地物注记放置在最下层。

(6)面状要素注记部分。包括邻区表面注记,这些注记同样要按要素种类分层存储,并根据要素的重要性把重要要素注记放置在上层,一般要素注记放置在中间层,次要要素注记放置在最下层。

(7)点状要素符号部分。包括地图幅面上所有点状要素符号,这些符号还要按要素种类分层存储,并根据地物的重要性把重要地物符号放置在上层,一般地物符号放置在中间层,次要地物符号放置在最下层。

(8)线状要素符号部分。包括境界线、河流、道路等图上所有线状要素符号,线状要素符号部分图层设计和图层顺序安排与点状要素符号部分相似。

(9)面状要素符号部分。包括行政区划底色、色带等图上所有面状要素,这些面积色一般都是一种颜色一个图层,图层的顺序主要依据压盖关系来确定。一般是主区底色在上,邻区底色在下。

4.1.1.3　确定地图比例尺、开本大小

政区地图的比例尺和开本与地图内容、用途、制图区域的面积轮廓、地图图面配置、纸张规格、制印工艺条件有着密切的关系。常用的开本有 32 开、对开、全开、双全开等。

4.1.1.4　设计城区地图中的符号

符号设计包括图形、尺寸和颜色设计。城区地图专题要素常用的符号有线状符号和点状符号。对线状符号设计的基本要求是主次分明,图上易于区分。对点状符号的要求是符号差异明显,等级分明;对于城区底色,用色浅淡,不能影响到其他要素的阅读。

4.1.1.5 投影选择

城区地图一般采用地形图或较大比例尺的城区图进行编制，常选用高斯－克吕格投影。

4.1.1.6 城区地图的整饰设计

整饰设计内容包括图面配置、彩色选配、图例设计、图名的字体等。城区地图的图面配置，除地图的图名、图例、比例尺等基本内容外，常附有较多的附图、图表，以及文字简介等内容。其基本原则与其他地图是一致的，图面配置与制图区域轮廓范围、开本、比例尺、附图数量、印刷工艺、纸张规格等因素有关，在设计过程中应全面考虑、统筹安排，常以等大绘制的彩色略图进行比较，以求得理想的方案。图面彩色选配应注意两方面问题，即色彩的配合和色调的选择。要达到色彩配合优良，除按色彩规律设色外，还要注意颜色的视觉效应与地图内容的结合，使地图符号在形式上具有较高的表达地图内容的作用。在选色时，不能认为色数越多越好，有时色数多，反而不易统一协调，给人以杂乱之感，并增加制印费用。相反，应该以少胜多，并注意各色的对比。

4.2 编制地图

作业人员根据《专业技术设计书》的要求，将专题资料、现势资料转标到纸质底图上，然后将纸质底图进行扫描，一般情况下可将分辨率设定为280 dpi左右。启动CorelDRAW X3绘图软件，将底图导入页面中并锁定底图，然后设定各种绘图参数。按照《专业技术设计书》中的分层方案，在CorelDRAW X3的“对象管理器”中建立图层并定义各图层名称。图层建立后，就可以开始创作新地图了。利用CorelDRAW X3中的“贝塞尔工具”“节点编辑工具”“轮廓工具”“填充工具”“文本工具”等，对照地图进行矢量化，跟踪描绘各种线状要素（如单线河等底图要素，高速公路、街道等专题要素）；绘制居民点、旅游景点等点状要素；描绘要素边线且填色构成面状要素（如通过绘制水涯线且填充浅蓝色形成水库等）；输入居民点名称、道路名称、景点名称等注记。注意：各种要素一定要放在各自图层上，不能放错图层。按照《专业技术设计书》的有关规定，对各种图形要素数据进行编辑，如修改道路的图形、线型、线宽、线颜色；更改面状要素的填充色；定义注记的字体、字大、字色，调整注记字位等。然后进行图面配置，合理安排图名、图例、比例尺、指北针、插图、图表、文字说明等附属元素。在CorelDRAW X3的“对象管理器”中查看图层顺序是否正确，如果有的图层位置有误，则应按照分层方案的规定，调整其至恰当的位置，以正确处理要素之间的压盖关系。以上工作做完后，作业人员应进行自我检查、修改，然后将新编城区图打印出来，对照打印图再次进行自查、修改，修改完毕后，将作业成果上交给生产单位质检部门审查、验收。

4.3 一般成图过程

以纸质地图为制图数据源和以各种数据为制图数据源的编制过程稍有差别，如图5-2所示是以纸质地图为制图数据源的城区图一般编制过程。

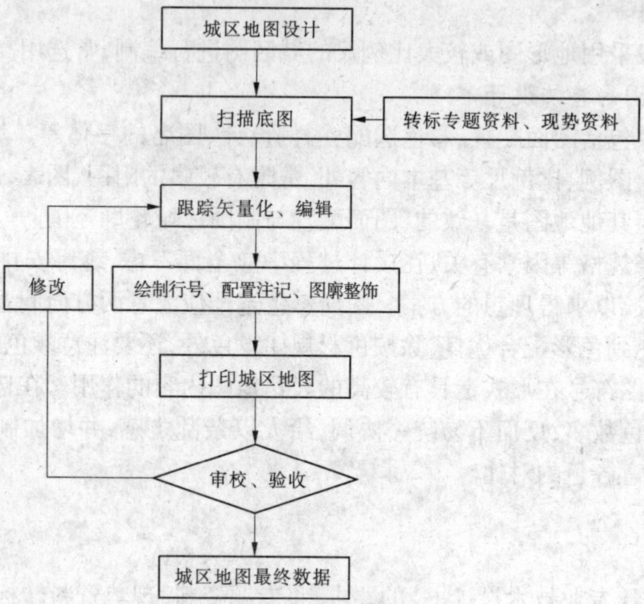

图 5-2　城区地图的编制流程

技能训练

1　实习目的与要求

(1)熟练掌握布满于全制图区域现象质量特征的表示方法——质底法。

(2)熟练掌握呈点状分布的现象的表示方法——定点符号法。

(3)熟练掌握编制城区图的一般步骤。

(4)熟练掌握城区图要素的编制方法。

2　实习内容与步骤

绘制一幅《新乡市城区图》,样图如图 5-3 所示。具体实习内容与步骤如下。

2.1　定义页面尺寸

操作步骤:启动 CorelDRAW X3→“新建”→【版面】→【页面设置】→“页面”→“大小”→“横向”→“纸张”选〔A4〕,其他项用默认值→单击“确定”按钮。

2.2　导入底图

操作步骤:【文件】→【导入】→选择“新乡市城区图—底图”文件→“导入”→在页面任意处单击鼠标左键→【排列】→【对齐和分布】→[在页面居中]→在“对象管理器”中的“图层 1”上单击右键→【重命名】为“底图”→在“打印和导出图标”上单击左键(使其变成灰色),禁用“打印和导出”→在“编辑”图标上单击左键(使其变成灰色),使“底图”图层不可编辑(锁定底图,防止其无意中被移位)→点击“对象管理器”中左下角的“新建图层”图标→图层名定义为“图例底图”→【文件】→〖导入〗→选择“图例—底图”文件→“导入”→在

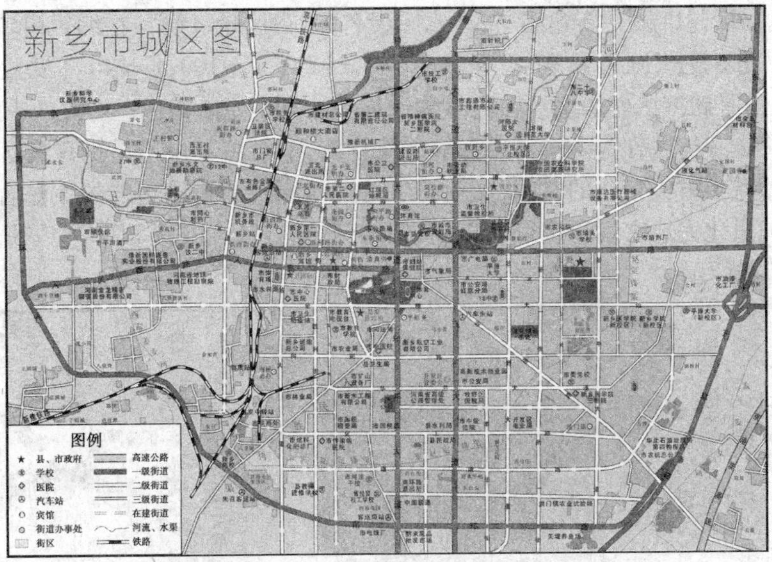

图 5-3　《新乡市城区图》样图(缩小图)

页面任意处单击左键,移动“图例底图”至页面左边→同上述方法单击“打印和导出”图标及“编辑”图标,以锁定“图例底图”图层且禁用打印和导出→【文件】→〖保存〗→(选择自己的文件夹)“文件名”定义为“新乡市城区图”→“保存”。

2.3　读图,建立绘图图层,绘制地图要素

绘图之前,首先应认真阅读底图、补充资料及参考资料,对整个图形要有全面的了解。然后,根据新编图的分层方案,在 CorelDRAW X3 的“对象管理器”中建立绘图图层。图层的叠加顺序,原则是面积色在下,符号和线画在上,最下层为底图图层。

操作步骤如下:

(1)绘制图廓→新建图层,并将图层名重命名为“图廓”→然后用工具框里的〖矩形工具〗画出制图范围。点击〖轮廓笔工具〗右下角的黑色三角形,选择“轮廓画笔对话框”如图 5-4 所示,会弹出“轮廓”对话框,如图 5-5 所示,设置颜色为“黑色(K = 100)”,宽度为“0.5 mm”,样式为“直线”。

图 5-4　轮廓画笔工具

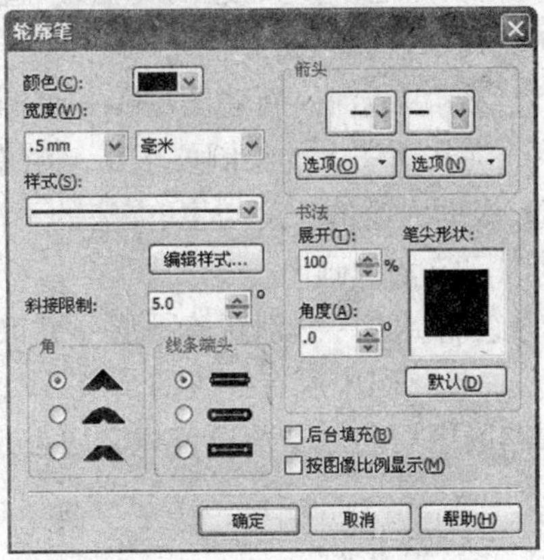

图 5-5　“轮廓笔”对话框

(2)绘制街区轮廓线→新建图层,并改图层名为“街区轮廓线”,在编辑窗口内空白处单击鼠标左键,设置轮廓画笔参数,设置颜色为“M = 50, Y = 100, K = 40”,设置宽度为“0.1 mm”,矢量化所有的街区轮廓线。在矢量化过程中注意不要沿路边一小块一小块矢量化,而要统观全图将大片街区作为一个对象一次矢量化完成,再将其中不是街区的区域勾画出来即可。这样做既节省矢量化的时间,又免去了街区轮廓线与道路边线的不贴合问题。可在所有要素都矢量化完成之后再进行填充,填充的颜色为“M = 15, Y = 30”。矢量化好的街区轮廓线如图5-6所示。

图5-6 街区轮廓线

(3)绘制湖泊、水库、面状河→新建图层→并改图层名分别为“湖泊、水库、面状河”,参照步骤(2),分别进行矢量化。线型为“直线”,颜色为“青色(C = 100)”。并用工具栏中的『填充工具』进行颜色的填充,颜色为“浅青色(C = 15)”。

(4)绘制公园、绿地→新建图层→并改图层名为“公园、绿地”,参照步骤(2),分别矢量化图内公园、绿地,绿地的边线线型为“直线”,颜色为“C = 80, Y = 100”。填充色为“C = 80, Y = 100”,可放在最后进行。

(5)绘制单线河→新建图层→并改图层名为“单线河”。

单线河在地图上的绘制要求从上游至下游宽度要渐变,河流的源头的线画宽度一般为0.1 mm,根据河流的长度与主、支流的不同,逐渐渐变至0.4 mm,矢量化过程中要求相同线画宽度的河流依次画出。

(6)绘制街道→分别新建图层→并改图层名分别为“三级街道底、二级街道底、一级街道底”。矢量化图中所有等级的街道,线参数参照表5-3。

道路的图层名和参数设置规定如表5-3所示。

表5-3　线状要素图层名及参数设置

图层名	线参数
三级街道底	颜色为“M=50,Y=100,K=40”,宽度为“0.7 mm”
三级街道面	颜色为“白色(K=0)”,宽度为“0.4 mm”
二级街道底	颜色为“M=50,Y=100,K=40”,宽度为“1.0 mm”
二级街道面	颜色为“白色(K=0)”,宽度为“0.7 mm”
一级街道底	颜色为“M=50,Y=100,K=40”,宽度为“1.3 mm”
一级街道面	颜色为“M=60,Y=100”,宽度为“1.0 mm”
铁路底	颜色为“黑色(K=100)”,宽度为“0.7 mm”
铁路面	颜色为“白色(K=0)”,宽度为“0.4 mm”
高速公路底	颜色为“品红色(M=100)”,宽度为“2.0 mm”
高速公路面	颜色为“黄色(Y=100)”,宽度为“1.6 mm”

样式如图5-7所示。

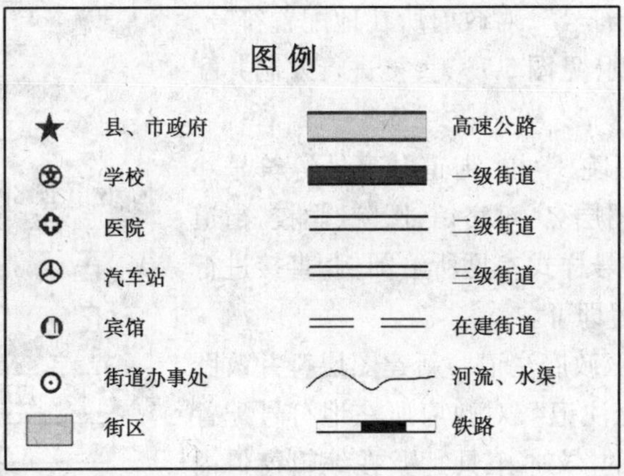

图5-7　图例

(7)分别新建图层→并改图层名分别为“三级街道面、二级街道面、一级街道面”,将上步矢量化好的不同等级的街道底分别复制到相应的面图层中,按照表5-3的参数及图5-7统改线的颜色及线宽、样式。

(8)绘制铁路→新建图层→并改图层名为“铁路底”,颜色为“黑色(K=100)”,宽度为“0.7 mm”,线型为“直线”。新建图层→并改图层名为“铁路面”,将矢量化好的铁路底中的曲线复制至该图层,统改颜色为“白色(K=0)”,线宽为“0.4 mm”,线型为“虚线”。

(9)绘制高速公路→新建图层→并改图层名为“高速公路底”,颜色为“品红色(M=100)”,宽度为“2.0 mm”,线型为“直线”;再新建图层→并改图层名为“高速公路面”,将矢量化好的高速公路底中的曲线复制至该图层,统改颜色为“黄色(Y=100)”,线宽为“1.6 mm”,线型为“直线”。

(10)标注街道注记→分别新建图层,并改图层名为“三级街道注记”“二级街道注记”

“一级街道注记”，分别对图中三级街道、二级街道、一级街道进行名称注记。三级街道注记字大为“1.8 mm”，字体为“黑体”，颜色为“黑色（K＝100）”；二级街道字大为“2.0 mm”，字体为“黑体”，颜色为“黑色（K＝100）”；一级街道字大为“2.5 mm”，字体为“黑体”，颜色为“黑色（K＝100）”。所有的街道注记都要随着街道的走向分别排列，字的方向要与街道的方向一致。

（11）标注铁路注记→新建图层→并改图层名为“铁路注记”，对图中铁路进行名称注记；铁路注记字大为“2.5 mm”，并且压缩80%。在“变换”对话框中单击“缩放和镜像”，即可看到如图5-8所示的对话框。如果是水平方向压缩，就设置水平为“80%”，垂直为“0”（见图5-8）；如果是垂直方向压缩，就设置水平为“0”，垂直为“80%”（图略）。字体为“黑体”，颜色为“黑色（K＝100）”。在本图中是水平方向压缩。

（12）标注高速公路注记→新建图层→并改图层名为“高速公路名称注记”，并对图中高速公路进行名称注记，注记字大为“3 mm”，且压缩“80%”，参照图5-8，字体为“黑体”，颜色为“黑色（K＝100）”。

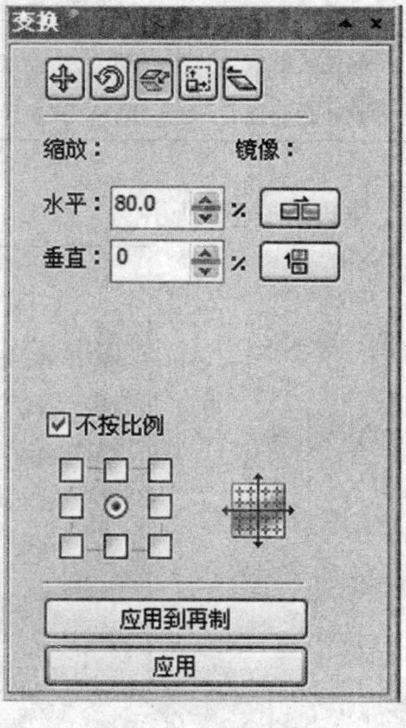

图5-8　注记的压缩

（13）绘制市、区、县政府符号→新建图层→并改图层名为“市、区、县政府符号”，对政府所在地配置符号，符号样式参见所给图例（见图5-7），直接进行复制并配置到相应位置即可。

（14）绘制宾馆、医院、学校、街道办事处等符号→分别新建图层→并改图层名，对宾馆、医院、学校、街道办事处等配置符号，符号样式参见所给图例，直接进行复制并配置到相应位置即可。

（15）标注市、县、区政府注记→新建图层→并改图层名为“市、县、区政府注记”，对政府所在地符号配置注记。单击工具箱中的『文本工具』，在编辑窗口内相应位置单击鼠标，即可输入文字，并对文字属性进行设置参数，单击标准属性栏中如图5-9所示的“字符格式化”按钮，即可弹出“字符格式化”参数设置对话框，如图5-10所示，选择字体为“宋体”，市政府注记字大为“2.5 mm”，县政府注记字大为“2 mm”，颜色为“红色（M＝100，Y＝100）”，区政府注记字大为“2 mm”，颜色为“红色（M＝100，Y＝100）”。

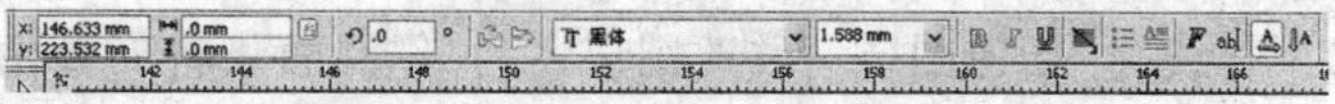

图5-9　文本属性栏

颜色的设置→单击工具箱中的『填充工具』右下角的黑三角，选择“填充对话框”，如图5-11所示，单击即可弹出对话框，如图5-12所示。

（16）标注河流注记→新建图层→并改图层名为“河流注记”，并对图中河流进行名称注记，采用屈曲字列的方式进行排列，注记大小按河流等级标注，分别从2 mm至3 mm。一幅图内的同一条河，如果河流过长，可分段15～20 cm重复注记，注记大小应一致，支流注记要

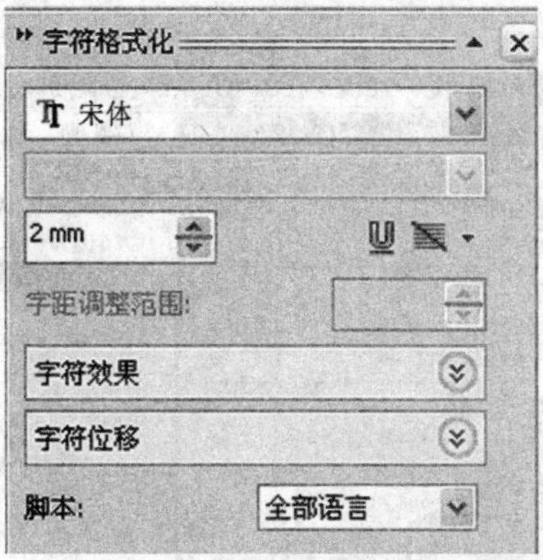

图5-10　文本参数设置

图5-11　选择填充对话框

图5-12　"均匀填充"对话框

比主流注记小。字体为"宋体",采用"左斜"的形式,单击【排列】→【变换】→[倾斜],如图5-13所示,即可打开"变换"对话框,如图5-14所示,位于窗口的右侧,设置水平倾斜"15度",单击"应用"按钮即可,设置颜色用"青色(C=100)"。

(17)分别新建图层→并改图层名,对绿地、街道办事处、学校、单位、医院等的符号配置注记,公园、绿地注记字大为"1.5 mm",字体为"楷体",颜色为"黑色(K=100)";街道办事处注记字大为"1.5 mm",字体为"宋体",颜色为"黑色(K=100)";学校、单位、医院注记字大为"1.5 mm",字体为"黑体",颜色为"黑色(K=100)";居民地注记字大为"1.2 mm",字体为"宋体",颜色为"黑色(K=100)"。

(18)输入图名→新建图层,并改图层名为"图名",对本图进行名称注记,注记字大为"5 mm",字体为"黑体",颜色为"黑色(K=100)"。注记的位置放在图的左上角为宜。

(19)绘制空地底色→新建图层,并改图层名为"底色",将"图廓"图层中所作的矩形框复制至"底色"层,设置填充颜色为"C=5,K=5"。

2.4　修改,补充

根据补充资料和参考资料,对地图要素进行修改和补充。本图中需要修改和补充的内容暂时没有。

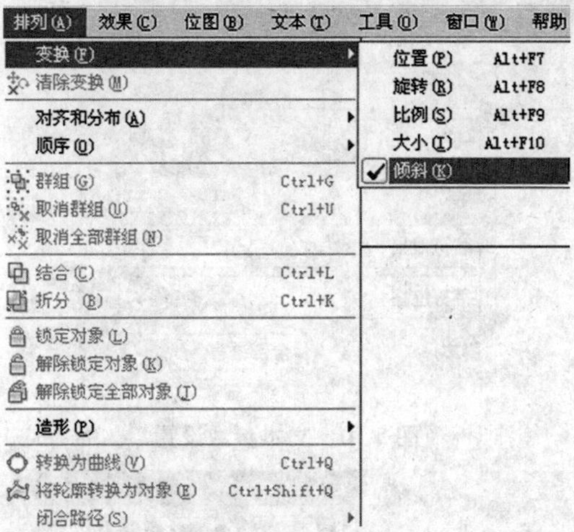

图 5-13　变换工具

2.5　整饰图面

根据图面内容的分布进行调整,使图面美观,匀称。

2.6　检查,修改

参照图 5-15 调整图层顺序,逐层检查、修改。

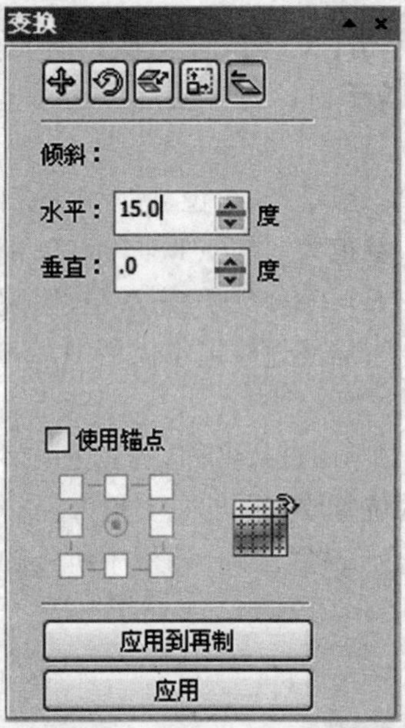

图 5-14　“变换”对话框

图 5-15　城区图图层顺序

思考题

1. 什么是城区地图?
2. 城区地图表示的内容有哪些?
3. 什么是定点符号法?
4. 符号法如何表示数量特征及质量特征?
5. 城区地图的一般成图过程是什么?

项目 6　编制交通旅游地图

项目目标

掌握交通旅游地图的相关知识及编制交通旅游地图的方法、步骤。

实例素材

1　各种比例尺的纸质交通旅游地图

(1)河南省交通旅游图。
(2)深圳市交通旅游图。
(3)庆尚北道交通旅游图(韩国)。
(4)西双版纳旅游交通图。
(5)中国交通旅游图册。
(6)新密市交通图。

2　各种比例尺的电子交通旅游地图

(1)抚顺市交通旅游图。
(2)山西省交通旅游图。
(3)贵州省交通旅游图。
(4)青岛市交通地图。
(5)桃江县旅游图。
(6)其他。

相关知识

1　基本概念

交通旅游图是指主要反映交通要素及旅游要素的一种专题地图。如图上表示公路、里程、街道、公交线路、车站、码头、旅游景点及景区等专题要素。交通旅游图主要供出差人员、旅游者及旅游管理部门使用。

2　交通旅游图分类及表示的内容

2.1　交通旅游图分类

对交通旅游图分类，可按照不同的分类标志进行。

(1)按交通旅游区域范围可分为世界、洲、国家交通旅游图，地区交通旅游图(如中国东部六省交通旅游图、河南省交通旅游图等)，城市旅游图(如上海交通旅游图、杭州交通旅游图等)，游览点导游图(如黄山导游图、嵩山导游图等)。

(2)按装帧形式可分为单页折叠及各种开本的活页散装和图册等形式。

还可以按照其他标志分类，如按地图服务对象分。

2.2　交通旅游图表示的内容

不同类型的交通旅游图，表示不同的内容，本项目主要学习地区交通旅游图表示的基本内容。

概括起来，地区交通旅游图的基本内容可分为底图要素和交通旅游专题要素两大类。一般来说，地区交通旅游地图应选用合适比例尺的交通旅游图、交通图或地形图作为底图，在其上修编、增补底图要素和专题要素。底图要素主要有水系、地貌、居民点、境界、注记等。地貌可选用晕渲法或写景法表示。

交通专题要素主要有以下几种(见表6-1)。

表6-1　交通专题要素

序号	交通专题要素	序号	交通专题要素
1	飞机场	14	省道
2	航线	15	省道编号
3	铁路(含高铁)	16	快速路
4	火车站	17	城市主干道
5	地铁	18	县、乡道
6	高速公路	19	其他道路
7	高速公路编号	20	加油站
8	车道数	21	道路里程
9	出入口	22	立交桥
10	服务区	23	航道
11	收费站	24	轮渡
12	国道	25	长途汽车站
13	国道编号		

旅游专题要素主要包括以下几种(见表6-2)。

表 6-2　旅游专题要素

序号	旅游专题要素	序号	旅游专题要素
1	革命纪念地	8	园林名胜风景区
2	革命遗址	9	地质公园
3	纪念碑	10	文物商店
4	历史文化古迹	11	工艺品商店
5	历史名人故居	12	国际旅行社
6	宗教寺庙	13	宾馆
7	古墓		

2.3　编图资料的收集整理与分析评价

在收集资料时,首先要解决地图内容的日期和时期问题,这样才能做到有的放矢。其次,要收集反映该主题的全部内容要素的资料,资料应该有必要的完备性,并要有必要的精度及特征性的内容。最后,收集的资料应尽可能是便于加工的最方便的形式。

资料收集工作随着地图主题和比例尺的不同而有不同的特点。本项目的主题是交通和旅游,比例尺较小,为 1∶525 000,因此编图资料主要以地图资料为主,并需要部分文字参考资料。通过测绘局档案馆和互联网等媒体,收集到如下三类资料。然后,仔细阅读全部资料,并进行分类(分三类)排目,便于以后的选择、分析和评价。

2.3.1　基本资料

以 1∶525 000《郑州市交通旅游图》作为新编《郑州市交通旅游图》的作业底图。该底图上的地理基础要素和交通旅游专题要素较完备、可靠、精确,现势性较强,基本满足新编图的要求,只是需要根据补充资料增补部分街区、道路及里程。

2.3.2　补充资料

(1)新版郑州市交通图作为编制郑州市城区的补充资料,主要用于补充郑州新区。

(2)郑州市公路图作为增补、核对道路里程的补充资料。

(3)全国道路 GIS 数据库数据(图形数据)作为补充郑开大道、郑尧高速公路、道路名称及郑州新区街区的补充资料。

2.3.3　参考资料

(1)有关南水北调中线工程郑州段竣工的文字资料,作为绘制水系的参考资料。

(2)据《河南商报》2009 年 1 月 8 日报道:记者从相关高速公路管理部门了解到,随着平顶山鲁山县石人山恢复原来的名字尧山,连接郑州到石人山的郑石高速也更名为郑尧高速。

2.3.4　资料截止期

资料截止期为 2014 年 12 月。

2.4　专题内容的分布特征及表示方法

2.4.1　专题内容的分布特征

《郑州市交通旅游图》上表示的专题要素包括交通和旅游两种要素,从要素空间分布特征来说,有点状、线状和面状三类。各种要素(现象)的空间分布不同,选择的表示方法也不同,其符号也各异,具体情况见表6-3及图6-1。

表6-3　各要素的空间分布特征及其表示方法

序号	要 素	空间分布特征	表示方法
1	飞机场	点状分布	定点符号法
2	铁路	线状分布	线状符号法
3	火车站	点状分布	定点符号法
4	高速公路	线状分布	线状符号法
5	高速公路编号		
6	出入口	点状分布	定点符号法
7	服务区	点状分布	定点符号法
8	收费站	点状分布	定点符号法
9	高速公路互通立交桥	点状分布	定点符号法
10	国道	线状分布	线状符号法
11	国道编号		
12	省道	线状分布	线状符号法
13	省道编号		
14	城市主干道	线状分布	线状符号法
15	县、乡道	线状分布	线状符号法
16	道路里程		
17	旅游景点	点状分布	定点符号法
18	风景名胜区	面状分布	范围法

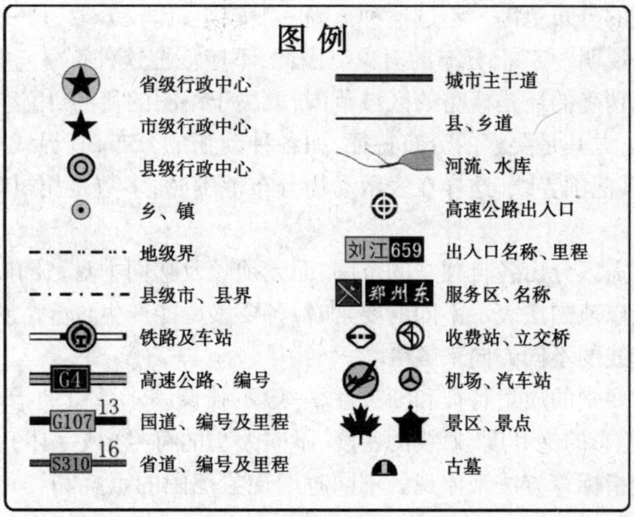

图6-1　交通旅游图图例

2.4.2　专题内容的表示方法

2.4.2.1　范围法——间断呈片状分布现象的表示方法

范围法也称区域法或面积法，它是表示间断呈片状分布现象的方法。范围法是用轮廓线、底色、晕线、注记、符号等整饰方法，在地图上表示某专题要素在制图区域内间断而成片的分布范围。例如煤田的分布、森林的分布、旅游景区的范围、棉花或某种农作物的分布等。然而，此种要素必须分布在较大的面积上，方能按地图比例尺充分地显示出来。范围法在地图上标明的不是个别地点，而是一定的面积，因此又称它为面积法。

范围法表示的范围有绝对和相对之分。绝对区域范围是指所示的要素仅仅分布在所标明的地区范围内，在此范围以外便没有这种要素了（如某种动物）。相对区域范围是指地图上勾绘出的范围仅仅是所示要素的集中地区，在范围以外还有同类要素，不过是太零星而无法表示而已。

区域范围界线有精确的，也有概略的。精确的区域范围是尽可能准确地勾绘出要素分布的轮廓线（见图6-2）。概略范围是仅仅大致地表示出要素的分布范围，没有精确的轮廓线，这种范围经常不绘出轮廓线，用散列的符号或仅用文字、单个符号表示现象的分布范围（见图6-3、图6-4）。

图6-2　精确的范围法

图6-3　概略的范围法

当用散列的符号图形表示要素分布的概略范围法时，该类符号完全没有定点意义，仅仅是概略地指明要素的分布范围。不过这种范围一般较小，比较分散，是一种“面积”的概念，而符号法的符号是说明“点”上分布的对象。因此，不应该把这种符号与符号法混为一谈。

图上究竟是用精确的还是概略的区域范围，取决于编图的目的、用途、地图比例尺、资料的完备和详细程度，尤其是要素的分布特征，如各种动物的分布，其界线往往是难以画精确的，所以有时不画其范围界线，这样在表示动物分布范围时，多数是用概略范围法，如图6-5所示。

由于范围法仅需区分出各自独立的范围，而无须顾及它们本身范围以外的要素的分布，因此在同一幅图上以范围法表示不同的要素时，各要素可能产生重叠。对此，可借助于不同色相的范围线或晕线的不同方向来解决。

范围法能表示要素的质量特征和渐进性，一般不强调表示数量的指标。若要反映其数量差异，可借助于色彩的饱和度、晕线的密度、不同大小的符号（或字体），或用符号的个数，或直接注出其数量指标等方法来体现。不同时期现象范围的重叠和变化，可显示现象的发展变化。

范围法具有简单、明确的优点，在编制专题地图时，可作为独立的表示方法，如表示煤田

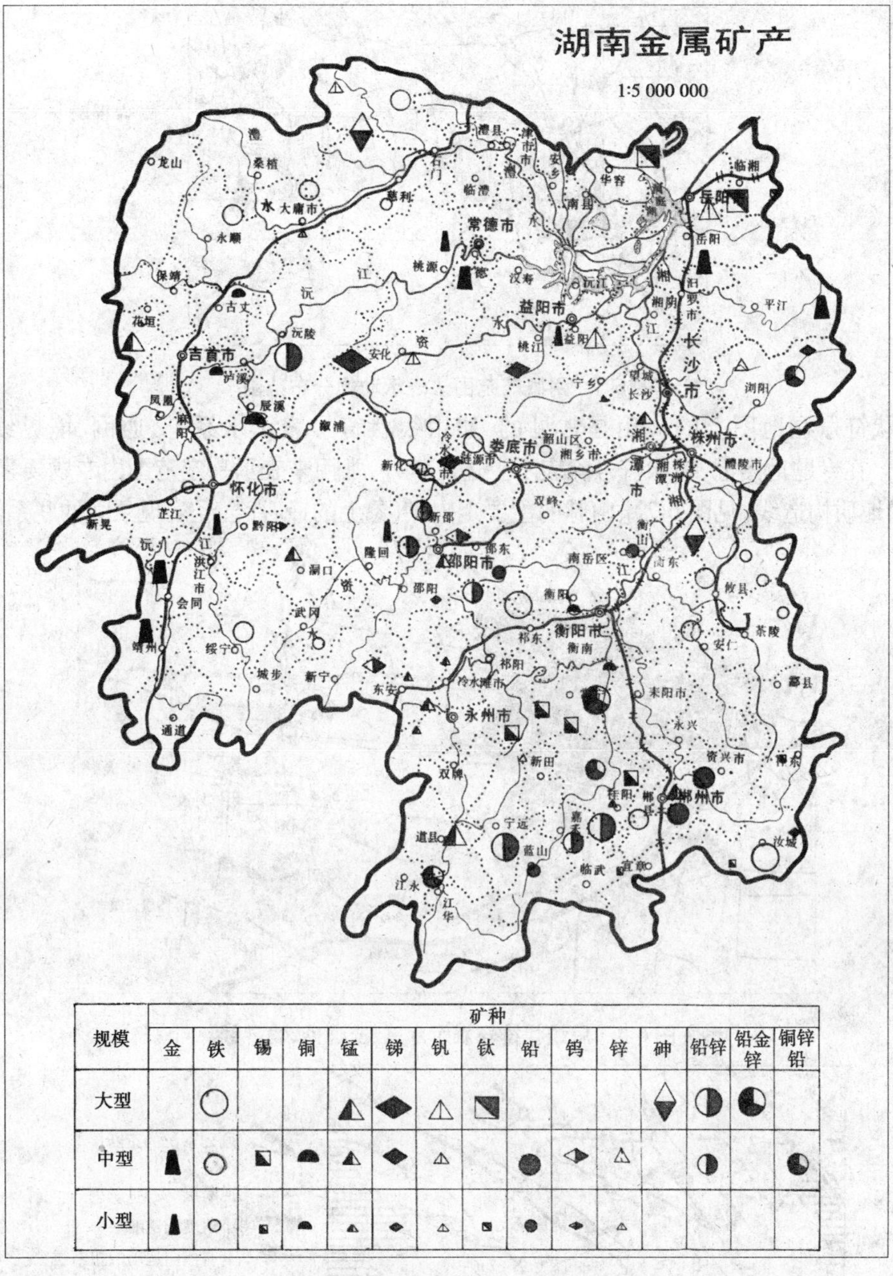

图6-4　用概略的范围法表示的金属矿产图

分布、森林分布等，但常常与其他方法配合使用。如在用质底法表示的农业分区图上，加用范围法（晕线）表示某些粮食作物的分布，或用范围法表示某工业的原料产区，而用符号法表示该工业企业所在地等。还可与等值线法或质底法配合，把制图现象的补充特点表示出来，如显示地磁异常区，或在第四纪沉积物图上，显示不同冰期的范围。

2.4.2.2　线状符号法——线状分布要素的表示方法

表示呈线状或带状延伸分布的物体符号，称为线状符号。线状符号法是表示线状分布要素的方法。

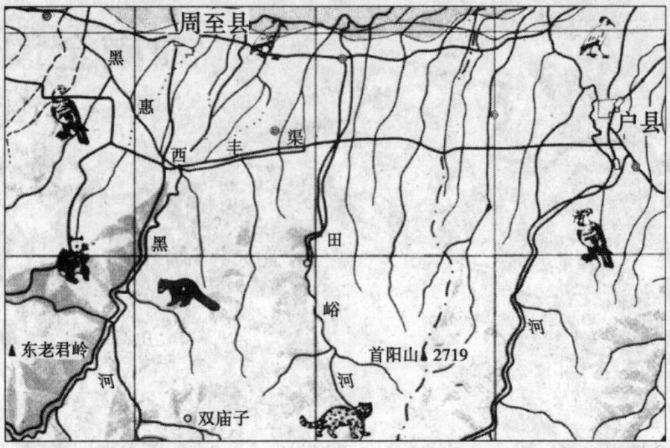

图 6-5　用概略范围法表示动物分布范围

线状符号在地图上的应用是常见的,如用线状符号表示水系、交通网、境界线等(见图 6-6)。在专题地图上,线状符号除表示上述要素外,常用来表示一定范围内专题要素的主要方向,如地质构造线(见图 6-7)、山脉的主要走向、气象上的锋、社会经济现象间的联系等。

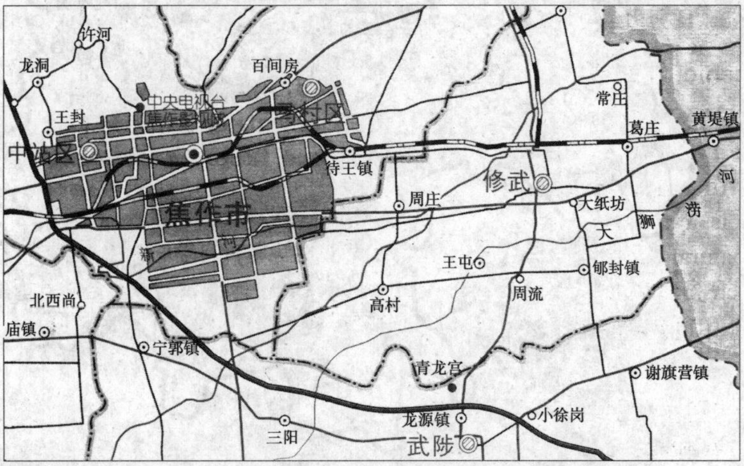

图 6-6　用线状符号表示水系、交通网、境界线

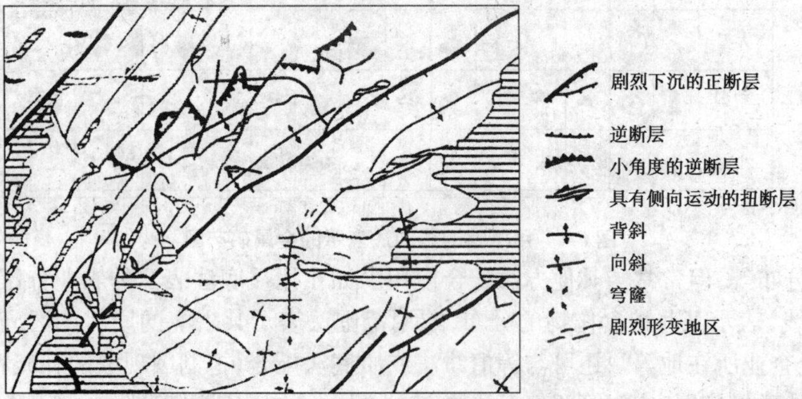

图 6-7　用线状符号表示地质构造线

线状符号可以用颜色和图形(形状)表示专题要素的质量特征,如区分海岸类型,区分不同的地质构造线,表示某河段在不同时期内河床的变迁位置。

线状符号法一般不表示数量指标，符号的粗细只代表质量等级的差异，如主要和次要的区分。

在海洋潮汐图上，常用不同颜色的线状符号表示各海岸的潮汐性质，并附一特别的呈带状的图表，以表示潮汐的大小。

在专题地图上的线状符号常有一定的宽度，在描绘时与普通地图不完全一样。在普通地图上，线状符号往往描绘于被表示物体的中心线上。而在专题地图上，有的描绘于被表示物体的中心线（如地质构造线、变迁的河床）上，有的将其描绘于线状物体的某一边，形成一定宽度的颜色带或晕线带，如海岸类型、海岸潮汐性质等。

3　使用的绘图软件

利用 CorelDRAW X3 软件编制交通旅游图。

4　交通旅游图的编制方法及一般编制过程

4.1　交通旅游图的编制方法

4.1.1　编写《专业技术设计书》

由设计人员根据交通旅游地图的性质、服务对象和用途，以及制图区域自然条件特点、交通状况和经济文化发展水平进行设计，编写出《专业技术设计书》，用于指导交通旅游图的编制生产。交通旅游地图的设计工作包括选择地图内容和各要素的表示方法，设计分层方案，确定开本大小、比例尺、图面配置、彩色选配、图例设计、封面装帧、图边设计和折叠形式，以及编写文字简介等内容。

4.1.1.1　选择地图内容和各要素的表示方法

不同类型的交通旅游图，选择不同的内容。总的来说，地图内容包括底图要素和专题要素两大类，其中专题要素又分为交通专题要素和旅游专题要素。专题要素在空间上分布特征不同，使用的表示方法也不同，对于在空间上“呈线状分布”的各种交通线路，选用“线状符号法”表示；对于在空间上“呈点状分布”的交通附属设施（如服务区、加油站、收费站、立交桥等）和旅游景点，采用“定点符号法”表示；对于在空间上“间断呈片状分布”的旅游景区，则用“范围法”表示。

4.1.1.2　设计分层方案

分层方案是确定当前地图的图层的分类体系和专题信息的分类体系，它是对地理现象的综合和概括。分层的多少应以方便制图为原则。根据计算机地图制图数据组织基本原则，可以得到地图图层设计的基本顺序（从上到下）规律如下：

图面整饰部分；

图例部分；

附图部分（插图、移图、扩大图）；

点状要素注记部分；

线状要素注记部分；

面状要素注记部分；

点状要素符号部分；

线状要素符号部分；

面状要素符号部分；

面积色部分；

底图。

(1)图面整饰部分。根据地图类型不同,内容也有所不同,主要包括图名、图廓、花边等图层。

(2)图例部分。主要包括说明注记、点状符号、线状符号、面状符号、图例底色(背景色)等图层,图层顺序安排与主图类似。

(3)附图部分。通常包括位置图、重点区域扩大图、行政区划略图、某要素的专题图、移图等,它们的图层顺序安排与主图基本一致。

(4)点状要素注记部分。包括地图幅面上所有点状要素注记,这些注记还要按要素种类分层存储,并根据地物的重要性把重要地物注记放置在上层,一般地物注记放置在中间层,次要地物注记放置在最下层。

(5)线状要素注记部分。包括河流、道路等图上所有线状要素注记,这些注记也要按要素种类分层存储,并根据地物的重要性把重要地物注记放置在上层,一般地物注记放置在中间层,次要地物注记放置在最下层。

(6)面状要素注记部分。包括海洋、湖泊、植被等图上所有面状要素注记,这些注记同样要按要素种类分层存储,并根据地物的重要性把重要地物注记放置在上层,一般地物注记放置在中间层,次要地物注记放置在最下层。

(7)点状要素符号部分。包括地图幅面上所有点状要素符号,这些符号还要按要素种类分层存储,并根据地物的重要性把重要地物符号放置在上层,一般地物符号放置在中间层,次要地物符号放置在最下层。

(8)线状要素符号部分。包括河流、道路等图上所有线状要素符号,线状要素符号部分图层设计和图层顺序安排与点状要素符号部分相似。

(9)面状要素符号部分。包括海洋、湖泊、植被等图上所有面状要素,面状要素符号部分图层设计和图层顺序安排与点状要素符号部分相似。

(10)面积色部分。包括区域底色、质别底色、色级底色和衬托底色,这些面积色一般都是一种颜色一个图层,图层的顺序主要依据压盖关系来确定。如区域底色,一般是主区底色在上,邻区底色在下。

4.1.1.3 确定地图比例尺、开本大小

交通旅游地图的比例尺和开本与地图内容、用途、制图区域的面积轮廓、地图图面配置、纸张规格、制印工艺条件、折叠方式有着密切的关系。常用的开本(包括折叠图和图册)有40开、36开、32开、24开、20开和12开、4开、对开等。

4.1.1.4 设计交通旅游地图中的符号

符号设计包括图形、尺寸和颜色设计。交通专题要素常用的符号有线状符号。对线状符号设计的基本要求是主次分明,图上易于区分。旅游专题要素常用的符号有几何符号、文字符号和艺术符号。艺术符号包括象形符号和透视符号。象形符号是黑影描绘(类似剪影)或线条描绘(类似白描)的符号,而透视符号是按透视原理绘制的符号,有一定立体感。对象形符号的要求是图形形象生动,能达到望图生意,无须更多地查阅图例就能明白其含

义;符号造形优美,线条简练、色彩醒目,符号大小适宜。

4.1.1.5　交通旅游图的整饰设计

整饰设计内容包括图面配置、彩色选配、图框设计、图名的字体等。对于旅游地图册(集)来说,还包括封面、扉页及图册的结构设计等。交通旅游图的图面配置,除地图的主图、图名、图例、比例尺等基本内容外,常附有较多的附图、图表、图片以及文字简介和地名索引等内容,因此比较复杂。其基本原则与其他地图是一致的,图面配置与制图区域轮廓范围、折叠方式、开本、比例尺、附图数量、印刷工艺、纸张规格等因素有关,在设计过程中应全面考虑、统筹安排,常以等大绘制的彩色略图进行比较,以求得理想的方案。图面彩色选配应注意两方面问题,即色彩的配合和色调的选择。要达到色彩配合优良,除按色彩规律设色外,还要注意颜色的视觉效应与地图内容的结合,使地图符号在形式上具有较高的表达地图内容的作用。在选色时,不能认为色数越多越好,有时色数多,反而不易统一协调,给人以杂乱之感,并增加制印费用。相反,应该以少胜多,尽量利用色相不同的网线重叠效果,或利用同一色相不同网线造成的层次,以获得较为理想的效果。色调是图面色彩总的倾向,是图面色彩形成的主调,如明色调、暗色调、绿色调等。设色时,不仅要注意"随类赋色",而且要注意色调的运用,注意色调对人的感情的影响;没有色调的统一,就成为一堆杂乱的色彩堆积,各色彩的变化服从同一基本色调,则给人协调之美感。图框有两种形式:一种是以图案组成,图案多半是具有地方特色的风土人情、文化古迹;另一种图框是用两根相距一定间隔的粗细直线组成。有的交通旅游地图不另绘图框,充分利用纸张满纸印刷,扩大制图面积。交通旅游地图封面设计的要求以及构图方法比一般文艺书刊封面要灵活,但又不同于文艺书刊而具有地图的特色。封面有紧密与地图内容相配合的图片或地图图案,并还注上图名、出版单位、发行时间、比例尺和内容摘要等。

4.1.2　地图制作

作业人员根据《专业技术设计书》的要求,将专题资料、现势资料转标到纸质底图上,然后将纸质底图进行扫描,一般情况下可将分辨率设定为280 dpi左右。启动CorelDRAW X3绘图软件,将底图导入页面中并锁定底图,然后设定各种绘图参数。按照《专业技术设计书》中的分层方案,在CorelDRAW X3的"对象管理器"中建立图层并定义各图层名称。图层建立后,就可以开始创作新地图了。利用CorelDRAW X3中的"贝塞尔工具""节点编辑工具""轮廓工具""填充工具""文本工具"等,对照地图进行矢量化,跟踪描绘各种线状要素(如单线河、境界线等底图要素,高速公路、省道、旅游景区范围线等专题要素);绘制居民点、高速公路出入口、旅游景点等点状要素;描绘要素边线且填色构成面状要素(如通过绘制水涯线且填充浅蓝色形成水库等);输入居民点名称、道路名称、景点名称等注记。注意:各种要素一定要放在各自图层上,不能放错图层。按照《专业技术设计书》的有关规定,对各种图形要素数据进行编辑,如修改道路的图形、线型、线宽、线颜色;更改面状要素的填充色;定义注记的字体、字大、字色,调整注记字位等。然后进行图面配置,合理安排图名、图例、比例尺、指北针、插图、图片、图表、文字说明等附属元素。在CorelDRAW X3的"对象管理器"中查看图层顺序是否正确,如果有的图层位置有误,则应按照分层方案的规定,调整其至恰当的位置,以正确处理要素之间的压盖关系。以上工作做完后,作业人员应进行自我检查、修改,然后将新编交通旅游图打印出来,对照打印图再次进行自查、修改,修改完毕后,将作业成果上交给质检部门审查、验收。

4.2 一般编制过程

以纸质地图为制图数据源和以各种数据为制图数据源的编制过程稍有差别，如图 6-8 所示是以纸质地图为制图数据源的交通旅游图一般编制过程。

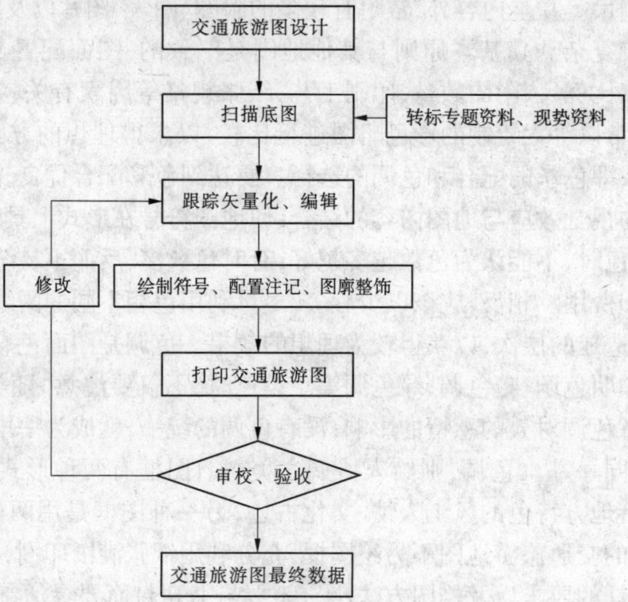

图 6-8 交通旅游图一般编制过程

技能训练

1 实习目的与要求

(1)熟练掌握线状分布要素的表示方法——线状符号法。

(2)熟练掌握间断呈片状分布现象的表示方法——范围法。

(3)熟练掌握编制郑州市交通旅游图的一般步骤。

(4)熟练掌握交通要素和旅游要素的编制方法。

2 实习内容与步骤

绘制一幅《郑州市交通旅游图》，样图如图 6-9 所示，成品尺寸为 290 mm × 196 mm。图廓线、水系、境界线、色带和注记等要素的编绘方法，与“政区图”中相应要素的编制方法相同，街区及街道等要素的编绘方法，与“城区图”中街区及街道的编绘方法相同，地理基础底图要素及整饰要素均已绘制完毕。打开“郑州市交通旅游图—底图及地理基础要素”文件，只编绘地图上的交通要素和旅游要素即可。具体实习内容与步骤如下。

2.1 转标资料

将专题资料、现势资料等补充资料转标到底图上。

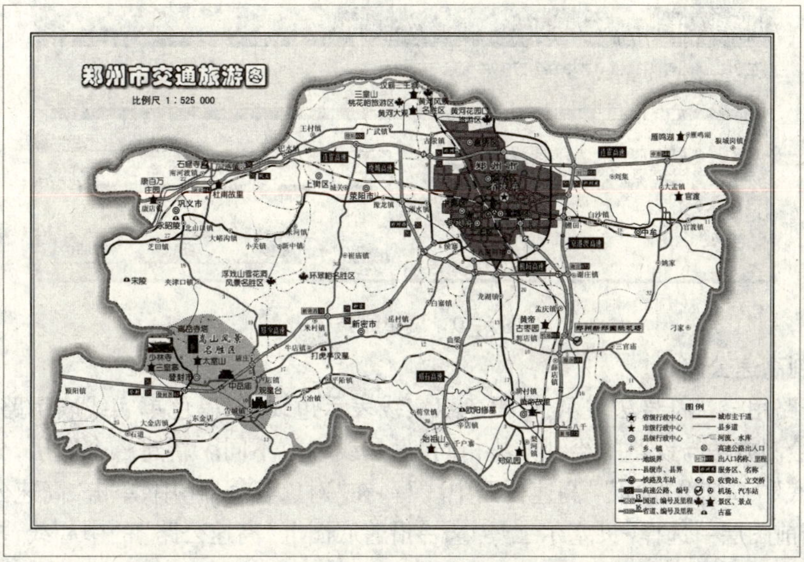

图 6-9　《郑州市交通旅游图》样图(缩小图)

2.2　打开文件,另存文件

操作步骤:启动 CorelDRAW X3→单击【文件】菜单→选择“打开”命令→ 打开“郑州市交通旅游图—底图及地理基础要素”文件→【文件】→“另存为”→保存到自己的文件夹下,文件名为“郑州市交通旅游图”→单击“保存”按钮。

2.3　读图,建立绘图图层,分层编绘交通要素及旅游要素

绘图之前,首先应认真阅读底图、补充资料及参考资料,对整个图形要有全面的了解。然后,根据新编图的分层方案,在 CorelDRAW X3 的“对象管理器”中建立绘图图层。本次实习主要建立专题要素图层。

操作步骤如下。

2.3.1　绘制铁路

铁路用线状符号法表示。新建两个图层,分别命名为“铁路底”和“铁路面” →在“对象管理器”中,单击“铁路底”层,使其成为当前图层→选择『贝塞尔工具』→沿着底图上“铁路”的中心线,描绘所有铁路(底)→选择『形状工具』,通过编辑节点,修改跑线、打折、不圆滑、不流畅、不自然的线(即铁路底)→在“对象管理器”中设置“不跨图层编辑” →双击『挑选工具』,以全选铁路(底)→编辑铁路(底)参数,单击『轮廓工具』,在弹出的“轮廓笔”对话框中,设置铁路底颜色为“深灰色(K = 80)”,线宽为“0.6 mm”,样式为“实线”→(在铁路底被全选择的情况下)单击“对象管理器”中设置右上角的“对象管理器选项”按钮,在弹出的菜单中选择“复制到图层…”命令,将箭头移到“铁路面”上单击,以将“铁路底”线复制到“铁路面”层→编辑铁路(面)参数,(在铁路面被全选择的情况下)单击『轮廓工具』,在弹出的“轮廓笔”对话框中,设置铁路面颜色为“白色(K = 0)”,线宽为“0.4 mm”,样式为“黑白等间距的虚线”(若线样式库中没有此线型,可利用线样式编辑器编辑新线型,设置样式为“7 个黑块 7 个白块”,如图 6-10 所示)→单击“确定”按钮。

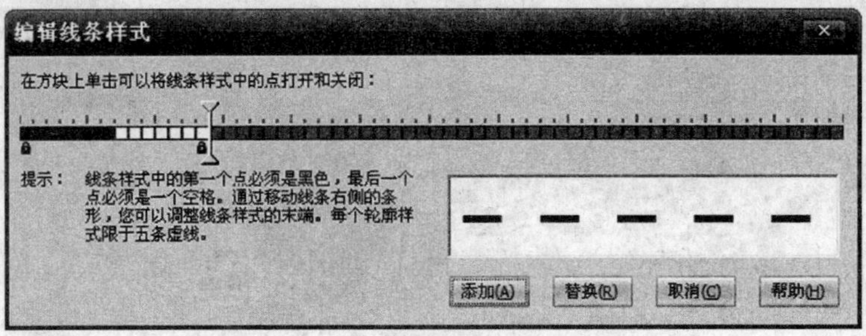

图 6-10　编辑线条样式

2.3.2　绘制高速公路

高速公路用线状符号法表示，以黑色双实线表示边线，以黑色单实线表示路中线，路面为黄色，其绘制方法与铁路的绘制方法相同，只是线参数不同。新建三个图层，分别命名为“高速公路底”“高速公路面”“高速公路中线”→在“对象管理器”中，单击“高速公路底”层，使其成为当前图层→选择『贝塞尔工具』→沿着底图上“高速公路”的中心线，描绘所有高速公路(底)→选择『形状工具』，通过编辑节点，修改跑线、打折、不圆滑、不流畅、不自然的线(高速公路底)→在“对象管理器”中设置“不跨图层编辑”→双击『挑选工具』，以全选高速公路(底)→编辑高速公路(底)参数，单击『轮廓工具』，在弹出的“轮廓笔”对话框中，设置高速公路底颜色为“黑色(K = 100)”，线宽为“1.1 mm”，样式为“实线”，单击“确定”按钮→(在高速公路底被全选择的情况下)单击“对象管理器”中设置右上角的“对象管理器选项”按钮，在弹出的菜单中选择“复制到图层…”命令，将箭头移到“高速公路面”上单击，以将“高速公路底”线复制到“高速公路面”层→编辑高速公路(面)参数，(在高速公路面被全选择的情况下)单击『轮廓工具』，在弹出的“轮廓笔”对话框中，设置高速公路面颜色为“黄色(Y = 100)”，线宽为“0.8 mm”，样式为“实线”→单击“确定”按钮→单击“高速公路底”层，使其成为当前图层→在“对象管理器”中设置“不跨图层编辑”→双击『挑选工具』，以全选高速公路(底)→单击“对象管理器”中设置右上角的“对象管理器选项”按钮，在弹出的菜单中选择“复制到图层…”命令，将箭头移到“高速公路中线”上单击，以将“高速公路底”线复制到“高速公路中线”层→编辑高速公路中线参数，单击(在高速公路中线被全选择的情况下)『轮廓工具』，在弹出的“轮廓笔”对话框中，设置高速公路中线颜色为“黑色(K = 100)”，线宽为“0.1 mm”，样式为“实线”→单击“确定”按钮。

2.3.3　绘制国道

国道用线状符号法表示，以黑色双实线表示边线，路面为红色，其绘制方法也与铁路的绘制方法相同，只是线参数不同。新建两个图层，分别命名为“国道底”和“国道面” → 在对象管理器中，单击“国道底”层，使其成为当前图层→选择『贝塞尔工具』→沿着底图上“国道”的中心线，描绘所有国道(底)→选择『形状工具』，通过编辑节点，修改跑线、打折、不圆滑、不流畅、不自然的线(国道底)→在“对象管理器”中设置“不跨图层编辑” →双击『挑选工具』，以全选国道(底)→编辑国道(底)参数，单击『轮廓工具』，在弹出的“轮廓笔”对话框中，设置国道底颜色为“黑色(K = 100)”，线宽为“0.7 mm”，样式为“实线”→单击(在国道底被全选择的情况下)“对象管理器”中设置右上角的“对象管理器”选项按钮，在弹出的菜单中选择“复制到图层…”命令，将箭头移到“国道面”上单击，以将“国道底”线复制到“国道面”层→编辑国道(面)参数，(在国道面被全选择的情况下)单击『轮廓工具』，在弹出的“轮廓笔”对话框中，设置国道面颜色为“红色（M＝100，Y＝100）”，线宽为“0.5 mm”，样式为“实线”→单击“确定”按钮。

2.3.4 绘制省道

省道用线状符号法表示，以绿色双实线表示边线，路面为浅绿色，其绘制方法也与铁路的绘制方法相同，只是线参数不同。新建两个图层，分别命名为“省道底”和“省道面”→在“对象管理器”中，单击“省道底”层，使其成为当前图层→选择『贝塞尔工具』→沿着底图上“省道”的中心线，描绘所有省道（底）→选择『形状工具』，通过编辑节点，修改跑线、打折、不圆滑、不流畅、不自然的线（省道底）→在“对象管理器”中设置“不跨图层编辑”→双击『挑选工具』，以全选省道（底）→编辑省道（底）参数，单击『轮廓工具』，在弹出的“轮廓笔”对话框中，设置省道底颜色为“绿色（C＝100，Y＝100）”，线宽为“0.6 mm”，样式为“实线”→单击（在省道底被全选择的情况下）“对象管理器”中设置右上角的“对象管理器选项”按钮，在弹出的菜单中选择“复制到图层…”命令，将箭头移到“省道面”上单击，以将“省道底”线复制到“省道面”层→编辑省道（面）参数，单击（在省道面被全选择的情况下）『轮廓工具』，在弹出的“轮廓笔”对话框中，设置省道面颜色为“浅绿色（C＝35，Y＝70）”，线宽为“0.36 mm”，样式为“实线”→单击“确定”按钮。

2.3.5 绘制县、乡道

县、乡道用线状符号法表示，以棕色单实线表示。新建一个图层，命名为“县、乡道”→在“对象管理器”中，单击“县、乡道”层，使其成为当前图层→选择『贝塞尔工具』→沿着底图上“县、乡道”的中心线，描绘所有县、乡道→选择『形状工具』，通过编辑节点，修改跑线、打折、不圆滑、不流畅、不自然的线（县、乡道）→在“对象管理器”中设置“不跨图层编辑”→双击『挑选工具』，以全选县、乡道→编辑县、乡道参数，单击『轮廓工具』，在弹出的“轮廓笔”对话框中，设置县、乡道颜色值为“棕色（C＝40，M＝80，Y＝100）”，线宽为“0.18 mm”，样式为“实线”→单击“确定”按钮。

2.3.6 导入景点图片

新建一个图层，命名为“景点图片”→在“对象管理器”中，单击“景点图片”层，使其成为当前图层→单击【文件】菜单→选择“导入”命令→选择“少林寺”图片→单击“导入”按钮，参照样图，将图片配置到相应位置，同法导入并配置“嵩岳寺塔”及“观星台”。

2.3.7 配置景区、景点符号

景区、景点用定点符号法表示。新建一个图层，命名为“景区、景点符号”→在“对象管理器”中，单击“景区、景点符号”层，使其成为当前图层→分别选择图例中的“景区、景点符号”→单击“标准工具栏”中的『复制』图标→单击“标准工具栏”中的『粘贴』图标，以将景区或景点符号复制到“景区、景点符号”层→对照底图，利用『挑选工具』，将符号移到相应位置→在“景区或景点符号”上单击右键并拖移，然后松开右键，在弹出的菜单上选择“复制”命令，以复制一个符号，并将其配置到相应位置。同法将所有“景区和景点符号”复制并配置完毕。

2.3.8 配置高速公路收费站符号

高速公路收费站用定点符号法表示。新建一个图层，命名为“高速公路收费站符号”→在“对象管理器”中，单击“高速公路收费站符号”层，使其成为当前图层→选择图例中的“高速公路收费站符号”→按照上述“配置景区、景点符号”的方法，复制、粘贴及配置高速公路收费站符号，注意应通过旋转收费站符号，将其与高速公路垂直。

2.3.9 配置高速公路服务区符号

高速公路服务区用定点符号法表示。新建一个图层,命名为“高速公路服务区符号”→按照上述“配置景区、景点符号”的方法,复制、粘贴及配置高速公路服务区符号。

2.3.10 配置高速公路立交桥符号

高速公路立交桥用定点符号法表示。新建一个图层,命名为“高速公路立交桥符号”→按照上述“配置景区、景点符号”的方法,复制、粘贴及配置高速公路立交桥符号。

2.3.11 配置高速公路出入口符号

高速公路出入口用定点符号法表示。新建一个图层,命名为“高速公路出入口符号”→按照上述“配置景区、景点符号”的方法,复制、粘贴及配置高速公路出入口符号。

2.3.12 配置机场、火车站、汽车站符号

机场用概略的范围法表示,火车站、汽车站用定点符号法表示。新建一个图层,命名为“机场、火车站、汽车站符号”→按照上述“配置景区、景点符号”的方法,复制、粘贴及配置机场、火车站、汽车站符号。

2.3.13 输入景区、景点名称

新建图层,命名为“景区、景点名称”→定义文本的“字体”及“字高”默认值:单击『文本工具』,在文本属性栏的字体列表中,选择“方正准圆简体”,单击弹出的“文本属性”对话框上的“确定”按钮,输入字高为“2.8 mm”,单击回车键,单击弹出的“文本属性”对话框上的“确定”按钮→定义文本的颜色:单击『填充工具』,单击『均匀填充』,在弹出的“均匀填充”对话框上勾选“艺术效果”,单击“确定”按钮→定义文本的颜色值为“M85,Y90”,单击“确定”按钮→定义文本的轮廓线:单击『轮廓工具』,在展开工具栏中单击『无轮廓』工具,在弹出的“轮廓笔”对话框上勾选“艺术效果”,单击“确定”按钮→再次单击“确定”按钮→单击『文本工具』,将光标移动到“景区、景点名称”上,单击左键,输入文字,并移到合适位置(尽量不要压盖其他要素)。

2.3.14 输入机场注记

新建图层,命名为“机场注记”→按照上述输入“景区、景点名称”的方法,定义文本的“字体”“字高”“字色”默认值:字体为“华文隶书”,字高为“3 mm”,字色为“黑色(K=100)”,输入“郑州新郑国际机场”,并将其移到“机场注记底色”色块上(使两者居中对齐)。

2.3.15 输入高速公路名称

新建图层,命名为“高速公路名称”→按照上述输入“景区、景点名称”的方法,定义文本的“字体”“字高”“字色”默认值:字体为“方正姚体”,字高为“2.8 mm”,字色为“白色(K=0)”,输入各条“高速公路名称”,并将其移到“高速公路名称底色”色块上(使两者居中对齐)。

2.3.16 输入高速公路出入口名称、里程

新建图层,命名为“出入口名称、里程”→按照上述输入“景区、景点名称”的方法,定义文本的“字体”“字高”“字色”默认值:“出入口名称”的字体为“方正黑一简体”,字高为“1.9 mm”,字色为“M85,Y90,K50”;里程的字体为“黑体”,字高为“1.9 mm”,字色为“白色(K=0)”。输入各个“出入口名称、里程”,并将其移到“出入口名称、里程底色”色块上。

2.3.17 输入高速公路服务区名称

新建图层,命名为“高速公路服务区名称”→按照上述输入“景区、景点名称”的方法,定义文本的“字体”“字高”“字色”默认值:字体为“方正魏碑简体”,字高为“2 mm”,字色为“白色(K=0)”,输入各条“高速公路服务区名称”,并将其移到“高速公路服务区名称底色”

色块上(使两者居中对齐)。

2.3.18　输入高速公路里程

新建图层,命名为"高速公路里程"→按照上述输入"景区、景点名称"的方法,定义文本的"字体""字高""字色"默认值:字体为"黑体", 字高为"2.5 mm",字色为"红色(M=100,Y=100)",输入各条"高速公路里程",并将其移到高速公路上,使字头随高速公路走向而变化,可朝左方、左上方、正上方、右上方,但不能倒置(字头不能朝下方、左下方、右下方和右方)。

2.3.19　输入国道里程

新建图层,命名为"国道里程"→按照上述输入"景区、景点名称"的方法,定义文本的"字体""字高""字色"默认值:字体为"宋体", 字高为"2 mm",字色为"红色(M=100,Y=100)"→输入各条"国道里程",并将其移到国道旁,间距不小于0.2 mm,字头均朝上方。

2.3.20　输入省道里程

新建图层,命名为"省道里程"→按照上述输入"景区、景点名称"的方法,定义文本的"字体""字高""字色"默认值:字体为"宋体",字高为"2 mm",字色为"绿色(C=100,Y=100)"→输入各条"省道里程",并将其移到省道旁,间距不小于0.2 mm,字头均朝上方。

2.3.21　绘制嵩山风景名胜区

嵩山风景名胜区用范围法表示。新建两个图层,分别命名为"嵩山景区范围线"和"嵩山景区底色"→在"对象管理器"中,单击"嵩山景区范围线"层,使其成为当前图层→选择『贝塞尔工具』→沿着底图上"景区范围线"的中心线描绘→编辑范围线的参数:设置颜色值为"黑色(K=100)",线宽为"0.2 mm",样式为"点线"→单击"确定"按钮→同时选中范围线和市界,复制到"嵩山景区底色"层→用『形状工具』"拆分"市界,删除多余市界,将范围线和市界进行"结合",填充颜色为"浅绿色(C=15,Y=35)"。

2.3.22　绘制裁切线

新建一个图层,命名为"裁切线"→因为新编图成品尺寸为290 mm×196 mm,所以用『矩形工具』,绘制一个宽、高分别为290 mm、196 mm的矩形,并使其与图廓线居中对齐→按住〈Ctrl〉键,用『手绘工具』绘制一条呈90°角的折线,设置其颜色为"黑色(K=100)",线宽为"0.1 mm",尺寸为5 mm×5 mm→将此裁切线再复制3条,利用如图6-11所示的"变换"对话框,分别将其旋转90°、180°、270°→利用如图6-12所示的"对齐与分布"对话框,将4条裁切线分别与刚才绘制的"矩形"4个角对齐→删除"矩形"→保存文件。

2.3.23　调整图层顺序

按照图6-13所示,调整图层顺序。

2.3.24　对照计算机屏幕进行查图,修改

先将所有图层关闭,然后逐层打开、检查。对于遗漏问题进行增补;对错误之处进行修正;对图形变形、跑线、位置误差偏大处进行改正;对放错图层的要素移到正确图层;对不符合技术规定的要素参数进行修改。分层检查、修改后,再打开所有图层,检查各要素之间的关系,要正确处理要素间的相离、相接及共边关系,相离的要素之间应至少保持0.2 mm的间隔。

2.3.25　打印郑州市交通旅游图,检查、修改

将新编图打印出来,对照纸图,再次进行查图,将检查出来的错漏标绘在纸图上,然后根据纸图上的标注,在计算机上进行修改。修改完毕,即可送审。

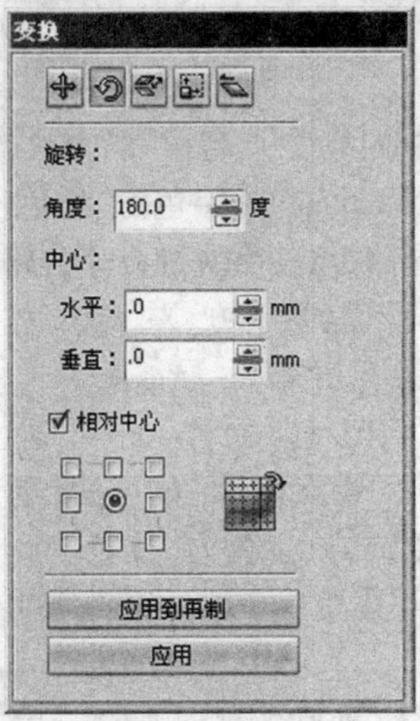

图 6-11　“变换”对话框

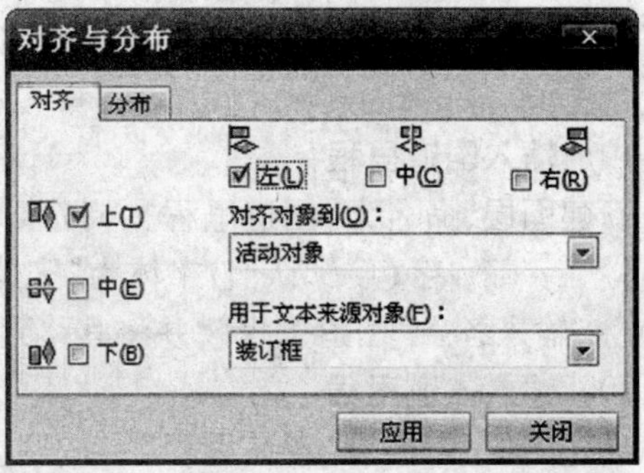

图 6-12　“对齐与分布”对话框

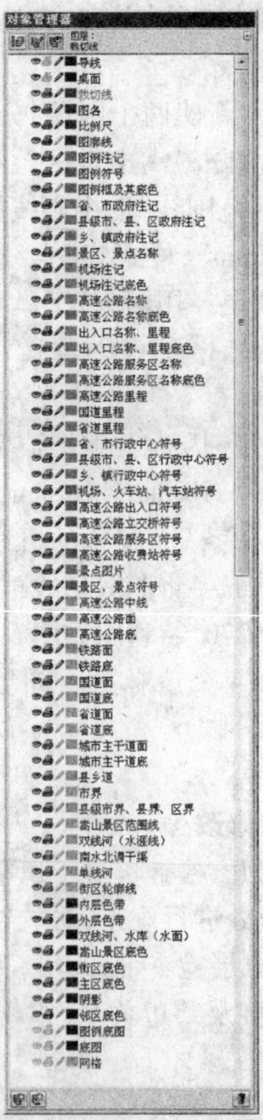

图 6-13　《郑州市交通旅游图》图层顺序

2.3.26　修改

若经审校发现有错漏，则应根据审查意见，再次在计算机上进行修改。修改完毕，即可送交验收。

思考题

1. 什么是交通旅游图？
2. 按交通旅游区域范围如何分类？
3. 交通旅游图表示的内容有哪些？
4. 什么是范围法？
5. 范围法有何优点？

项目 7　编制人口地图

项目目标

(1)掌握人口地图的相关知识及编制人口地图的方法、步骤。
(2)掌握统计数据的处理方法。

实例素材

1　各种单张纸质人口地图

(1)河南省人口文化素质状况图。
(2)河南省人口密度图。
(3)河南省人口自然增长图。
(4)河南省劳动力资源图。
(5)中国 60 岁及以上老年人口分布图。
(6)中国人口性别比例图。

2　各种比例尺电子人口地图

(1)河南省人口密度图。
(2)河南省人口增长图。

3　各种人口相关统计数据

(1)河南省人口数量(2002 年)。
(2)河南省人口文化程度构成。

相关知识

1　基本概念

1.1　人口地图概念

人口地图是反映人口分布、人口密度、人口构成、人口变动等状况的一种专题地图。

某一国家的经济、文化和政治生活，是该国人民社会、经济活动的表现和结果。因此，通过地图形式对人口进行全面的描述是完全必要的。人口可以作为物质生产的劳动力资源、物质的消费者、文化的体现者和政治机体的一部分表现出来。

1.2　人口地图的分类

人口地图又称居民地图。居民地图的种类很多，归纳起来主要有以下三类：

(1)反映居民的数量及组成方面的有居民的分布、自然变动(出生率和死亡率及其动态)、机械变迁(迁移)、性别构成及年龄构成。

(2)反映人口社会特征的有：人口的社会构成(经济构成、职业构成)、妇女劳动力和人口就业率等。

(3)反映民族方面的有民族分布、民族组成、民族文化、民族语言及民族形成历史等。

最常见的有人口分布密度图和民族分布图。

1.3　数量指标

1.3.1　绝对指标

绝对指标是反映在一定时空条件下的社会经济现象总规模或绝对水平的统计指标，其表现形式是一定计量单位的绝对数，又称总量指标。绝对指标按其所反映现象的性质，可分为以下两类。

1.3.1.1　时期指标

时期指标反映某些社会现象在一段时期内发展过程的总数量，如一段时期的产品产量等。连续的时期指标可以累计。

1.3.1.2　时点指标

时点指标反映社会现象在某一时点(瞬间)上所处状态的总数量，如年末的人口数等。累计时点数列没有独立存在的意义。

1.3.2　相对指标

相对指标反映两个互有联系的社会现象数量的对比，表现被研究对象的发展程度、强度、利用程度、与其他现象的相互关联程度和总体结构等。它把绝对数值概括化和抽象化，使许多原来不便于直接对比的事物可以进行对比。

相对指标在计划经济、经营管理研究中都被广泛地应用。应用相对指标的原则是：选择合理的对比基数；分子、分母在统计范围和核算方法上可比，相对指标与绝对指标结合分析，计算每增减百分之一的绝对值的大小。

2　编图资料的收集整理与分析

编制人口地图的人口资料有统计资料和地图资料。统计资料必须是每个居民点和区划单位的、同一时间的人口调查资料。

本项目的主题是人口地图，因此编图资料主要以统计资料为主。通过民政部门、政府机关和互联网等媒体，收集到如下资料。然后，仔细阅读全部资料，并分析和评价。

2.1　基本资料

(1)以《河南省政区图》作为新编《河南省人口分布图》的作业底图。该底图上的地理基础要素较完备、可靠、精确,现势性较强,基本满足新编图的要求,只是需要根据主题内容的要求进行适当的编辑。

(2)以河南省各地区人口数量和河南省各地区面积为基本资料。可根据实际需要对资料进行处理。

2.2 资料截止期

资料截止期为2014年12月。

3 专题内容的表示方法

不同种类的人口地图,需要选用不同的表示方法,编制人口图时,除用前面项目中介绍的部分表示方法外,还会用到以下四种方法。

3.1 定点符号法——定量数据符号的表达

定点符号法常用符号的形状和颜色表示质量特征,用符号的大小表示数量特征。关于用定点符号法表示要素质量特征的内容,在项目5中已经讲解,本项目着重介绍数量特征的表达。符号的大小与专题要素的数量指标有一定的比率关系,称为比率符号。但要注意,不能根据比率符号在地图上所占面积来判断专题要素分布的范围。

3.1.1 绝对比率符号和条件比率符号

比率符号又可分为绝对比率符号和条件比率符号两种。但无论是绝对比率还是条件比率,都可以是连续的和分级的。所以,从理论上讲比率符号还可以区分为绝对连续、绝对分级、条件连续和条件分级四种,如图7-1所示。但在实用中分级比率符号往往不一定呈严密的数学关系,较多的是考虑符号大小的视觉感受效果,以致仅保持符号大小及结构的变化与物体数量指标成一定的对应关系。例如,在普通地图上按人口数分级的居民点符号或在工业图上把工业点分为大、中、小三级表示。

3.1.1.1 绝对比率符号

绝对比率符号是指符号的大小(如面积)与它所代表的专题要素的数量指标成绝对正比关系。在采用绝对比率符号表示专题要素时,由于要精确计算表明每个数量指标的符号面积,所以必须规定符号的准线与比率基数。

符号的准线是指能确定符号面积的基准线。如圆的直径、三角形及其他几何图形的高或底边等。由于符号准线长度的平方与符号面积成正比,所以专题要素的数量指标必然与准线长度的平方成正比。比率基数是指准线为1 mm的符号所代表的数量指标。当知道了比率基数时,就可以求出表示任何数量指标的符号准线长度。

在确定符号的大小时,必须首先确定其比率基数,比率基数的大小影响着地图内容的表示,也影响到载负量。在确定每种符号的比率基数时,主要应考虑某专题要素最大与最小数量指标,以及该专题要素在地图上的具体分布情况。表7-1是某区域15个城市用不同比率时的准线长度。

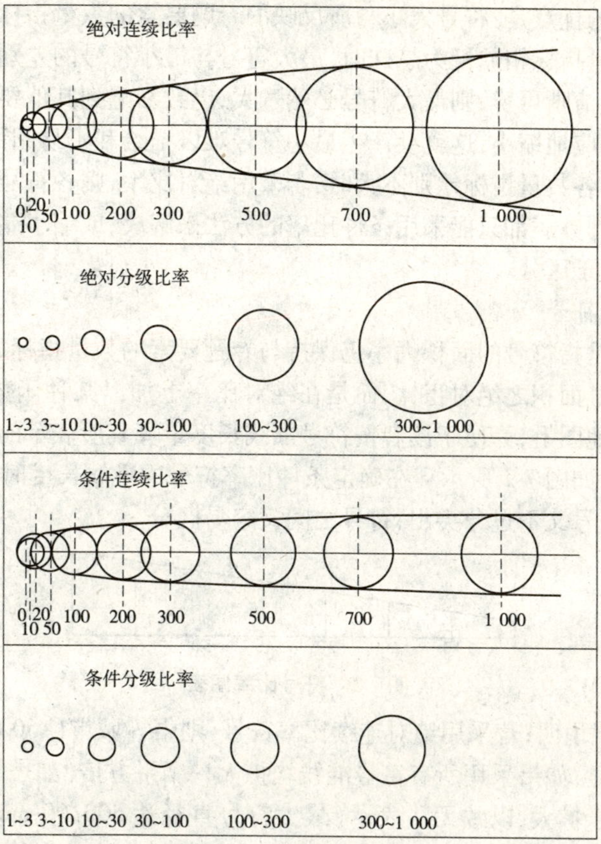

图 7-1　符号的比率

表 7-1　某区域 15 个城市用不同比率时的准线长度

城市编号	人口数	倍数	绝对连续比率直径(mm)	条件连续比率直径(平方扩大)(mm)	分段条件连续比率直径(mm)	
1	10 000	1	1.00	1.0	1.00	按绝对连续比率
2	20 000	2	1.41	2.0	1.41	
3	40 000	4	2.00	4.0	2.00	
4	60 000	6	2.45	6.0	2.45	
5	80 000	8	2.83	8.0	2.83	
6	100 000	10	3.16	10.0	3.16	
7	150 000	15	3.87	15.0	4.74	按直径平方扩大条件
8	200 000	20	4.47	20.0	6.32	
9	250 000	25	5.00	25.0	7.91	
10	300 000	30	5.48	30.0	9.49	
11	400 000	40	6.32	40.0	12.65	
12	500 000	50	7.07	50.0	15.81	
13	1 000 000	100	10.00	100.0	18.80	按直径开方缩小条件
14	2 000 000	200	14.14	200.0	22.36	
15	5 000 000	500	22.36	500.0	28.12	

绝对比率符号的优点是:符号大小与所反映的专题要素的数量指标一致。可是,当专题要素的两个极端数量指标相差极为悬殊时,最大符号与最小符号的差别也极其悬殊,欲使小符号保持一定大小、清晰可辨,则最大符号必然过大,以致影响到其他要素;如果要缩小最大符号,小符号也得相应地缩小,这就会产生最小符号难以描绘和不易阅读的弊病。另一种情况是,当专题要素的各数量指标差别不大时,若采用绝对比率,则各符号之间的差别不明显,难以区分。上述两种弊病都只能采用条件比率的方法来解决,或缩小差别,或适当扩大它们之间的差别,使其易于区分。

3.1.1.2　条件比率符号

条件比率符号是指符号的面积大小仍保持与专题要素的数量指标之间的比率关系。但两者之比不等于符号面积之绝对正比,而是在绝对比率上加以某种函数关系的条件。在采用条件比率符号的地图上,为便于读者按符号准线长度量算其所表示的数量指标,往往要列出符号的比率图表,如图 7-2 所示。在确定条件比率符号的准线长度时,必须注意最小符号能清晰易读,最大符号又不过分突出,符号之间又容易区分。

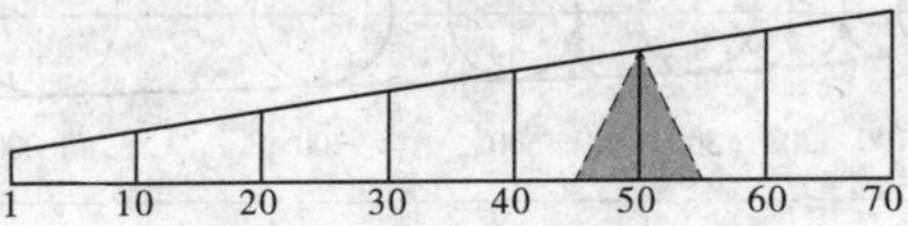

图 7-2　符号比率图表

表 7-1 所列情况说明,若采用绝对连续比率符号,则中等城市(150 000 ~ 500 000 人口)符号直径差异不明显;如果采用所有符号准线均扩大一个平方倍(如表 7-1 中第 5 列所示),则大城市符号又过于扩大,以致无法表示(最大符号直径达 500.00 mm)。因此,不可能采用一种条件比率满足全部城市的符号,而可采用分段条件连续比率符号。如表 7-1 中第 6 列数据所示,按人口数分三段设计(10 000 ~ 100 000, 100 000 ~ 500 000 和 500 000 ~ 5 000 000)。第一段采用绝对连续比率;第二段将按绝对连续比率计算的符号直径予以平方扩大,此时 100 000 人口数的符号直径为 10.0 mm,与第一段计算的直径为 3.16 mm 不一致,此时可依比例式

$$\frac{10.0}{15.0}=\frac{3.16}{X_{15}},\frac{10.0}{20.0}=\frac{3.16}{X_{20}},\cdots,\frac{10.0}{50.0}=\frac{3.16}{X_{50}}$$

即得表 7-1 中 100 000 人口城市到 500 000 人口城市的按直径平方扩大条件下的符号准线长;第三段把按绝对连续比率计算的符号直径予以开方缩小,可依据比例式

$$\frac{\sqrt{7.07}}{\sqrt{10.00}}=\frac{15.81}{X_{100}},\frac{\sqrt{7.07}}{\sqrt{14.14}}=\frac{15.81}{X_{200}},\frac{\sqrt{7.07}}{\sqrt{22.36}}=\frac{15.81}{X_{500}}$$

即得表 7-1 中 1 000 000 人口城市到 5 000 000 人口城市的按直径开方缩小条件下的符号准线长,使符号大小设计得比较合适,两段交接处 500 000 人口的符号直径是一致的。这种分段条件连续比率的设计似乎比较复杂,但实际上仅需计算物体数量指标成整数的几个符号直径,然后按这些符号直径大小做成比率图表,如图 7-3 所示。此法能够较好地利用符号直径的大小,较精确地反映物体的数量指标之间的差异。

3.1.2　连续比率与分级比率

3.1.2.1　连续比率

前面已谈到,无论绝对的或条件的比率符号都可以构成连续的或分级的比率。连续比

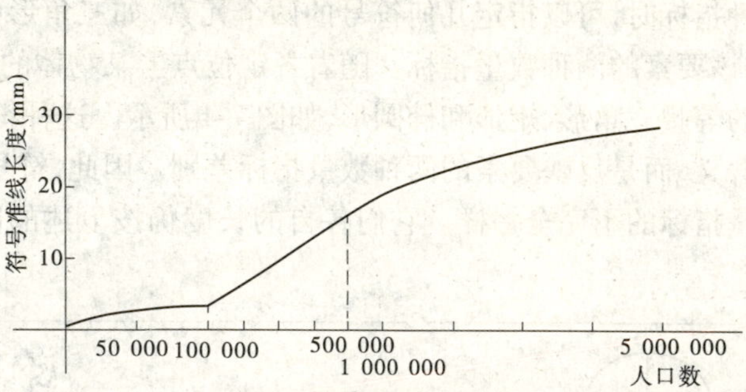

图7-3 分段条件比率图表

率是指只要有一个数量指标,就必然有一个一定大小的符号作代表,符号大小与它所代表的数量指标都是连续的。

如果每个符号的面积与它所代表的数量指标成绝对正比,则称绝对连续比率。在绝对连续比率上加上某种条件,则称条件连续比率。

采用连续比率法来确定符号大小,可以得到相应于各物体大小的符号,但有一定的缺点。首先,要花很多时间计算代表每一个数量指标的符号准线长度;其次,在绘制符号的技术上也有一定困难;再则,虽然符号比率比较精确,但一览性反而较差,对一般参考用图并不适用。

3.1.2.2 分级比率

除采用连续比率外,可采用分级比率,即对专题要素的数量指标进行分级,使符号的大小在一定间隔范围内保持不变。绝对分级比率符号的面积与数量指标的分级平均值(或极限值)成绝对正比关系,如图7-1所示。在实际编图工作中,较多地采用条件分级比率。

分级比率的优点是:由于对要素的数量指标进行了分级,确定相应符号大小的工作量就大为减轻;简化了相应图例,方便了读者;在一定时期内仍能保持地图的现势性。因此,分级比率在编图工作中广为应用。分级比率的缺点是:不能表示出同一级别内专题要素在数量指标上的差别。如在30~100这一级中,31与99两个数量指标相差甚大,但恰好在同一级别内,由于属同级,用面积相同的符号表示,结果掩盖了差别。相反,29与31两个数量指标相差甚小,但处于不同的级别内,结果所用符号的面积却相差甚大。因此,采用分级比率时,级别的划分是个很重要的问题。

简单的级别划分原则主要有两种,即等差分级和等比分级。较为常见的是等差分级,即各级间距完全相等,每级界线全为整数(如0~10,10~20,20~30,30~40,…)。等比分级是各级间距成倍地增加,即成等比级数增加。此外,还有等差和等比相结合的分级。究竟采用哪种分级为依据,在于使分属于各级的物体都有一定的数量,避免图上出现某一级过分稀少,而另一级又过分拥挤的现象;同时,级别的划分要与不同数量指标的分布状况相适应,通常是数值较低的级别所包括的物体数目要多些,数值较高的物体数目虽少,但仍应分出级别,使其突出显示。如果采用完全任意的分级(如大、中、小),则分级更为概略,并已向三个不同质量等级过渡。

3.1.3 非正形符号的大小

依据符号的准线长度来确定的符号图形,往往是一些正形的符号,如正三角形、正方形和圆等。但这种图形只能表示同一要素的一种数量指标。欲在同一幅图内,使用一种符号表示同一要素的两种指标时，可以指定几何符号的两个元素，如三角形的底和高，椭圆的长轴、短轴等分别代表该要素的两种数量指标。随着各定位点上某物体的两项指标的不同，符号将成为不同形状的等腰三角形、矩形和椭圆形，如图 7-4 所示。这种符号形状的差别并没有反映质量差别的含义，而是反映要素的两种数量指标差别。因此，符号大小的含义与正形符号只反映一种数量指标的不完全一样。它们各自的长度仍按上述的四种比率关系确定，但需用同一种比率。

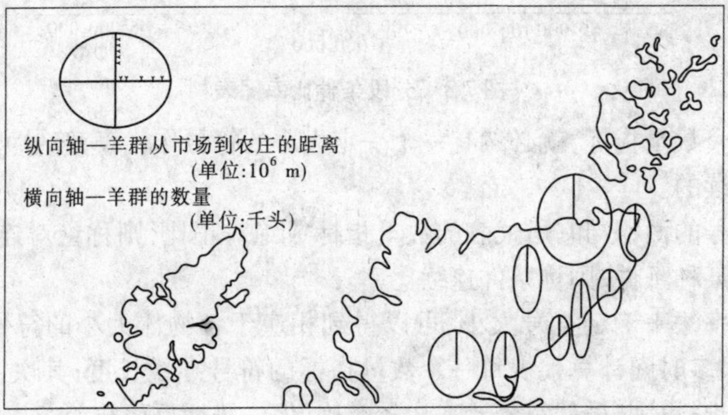

图 7-4　用几何符号的两个元素代表两种数量指标

3.1.4　符号的结构

符号按其构成的繁简程度，又可分为单一符号和组合结构符号两种，如图 7-5 所示。组合结构符号是把符号划分为几个部分，以反映专题现象的内在结构。例如，表示某一工业中心的符号，可以根据工业中心所属各工业部门的组成，划分为各个部分。由于圆形符号和环形符号最易于分割，故常被采用。

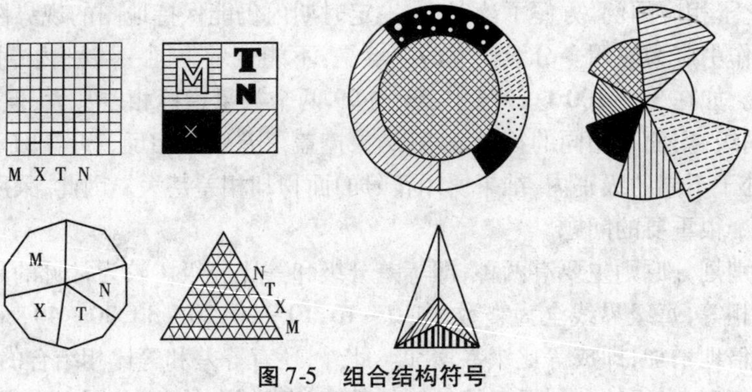

图 7-5　组合结构符号

符号除表示物体在某特定时刻的状况外，也能反映物体的发展动态。如常用外接圆或同心圆及其他同心符号，并配以不同的颜色，表示各个不同时期的数量指标。这种符号称为扩张符号，如图 7-6 所示。

除用扩张符号或多种颜色的符号表示发展动态外，还可根据同一编绘原则，编绘几幅内容和比例尺相同而年代不同的地图，互相对照比较，以显示其发展动态。

3.1.5　符号的定位

在专题地图中采用符号法时，应该注意：第一，必须准确地表示出重要的底图要素——

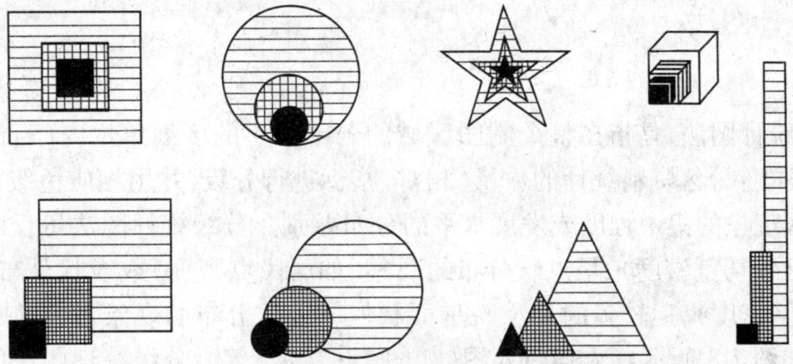

图7-6　扩张符号

地理基础(河流、道路、居民点等)。这些地理要素不仅有利于符号的定位,而且更能准确地反映专题要素的地理分布特征。在同一幅地图上,符号定位原则应该一致。第二,运用几何符号可以把所示物体的位置准确地定位于图上。当地图上某一地区的符号过于密集时,由于各符号的中心不在同一点上,即使符号相互重叠,也不会发生疑义,但较大符号的颜色应具有较高的透明度(或用稀疏的晕线代替着色),以显示较小符号。并且,为了能精确量测每个符号的大小,当符号相互重叠时,较小符号的边线应保持完整,可以压断较大符号边线,使所有符号均可以量测准线(如圆的直径)长度。对符号混成一片的特别密集地区,则可在主图内使符号互相重叠表示,同时在地图空白处用扩大图(附图)的形式,把专题现象的分布状况较详细地显示出来,作为弥补。第三,当几种性质不同的现象(但属同一类型、且可量测)同定位于一点,产生不易定位及符号重叠时,可保持定位点的位置,将各个符号化为一个组合结构符号。或者可将各现象用不同的扇形(各扇形相对固定于一象限以表示某一工业中心的各主要工业组成)表示,以扇形半径的长短表示现象的数量指标(各主要工业的相对实力大小),尽管它们同定位于一点,但仍然相互独立,如图7-7所示。这样便于进行单个部门的比较。如果一些现象由于指标不一而难以合并,则可将各现象的符号置于相应点周围。

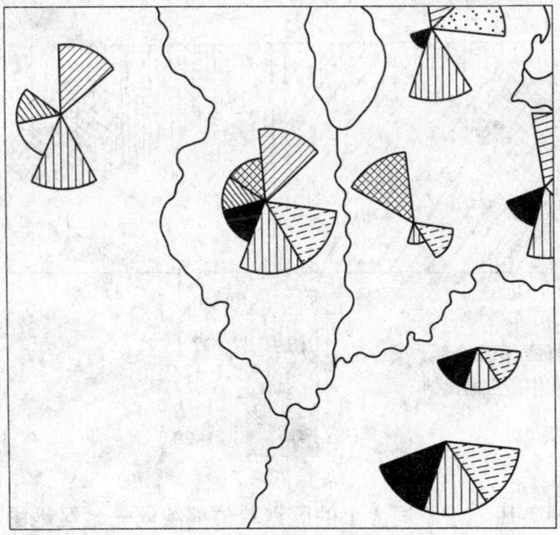

图7-7　不同扇形符号定位于一点

3.2　分级统计图法

3.2.1　概念

所谓分级统计图法，是指在整个制图区域的若干个小的区划单位内（行政区划或其他区划单位），根据各分区资料统计的数量（相对）指标进行分级，并用相应色级或不同疏密的晕线，反映各区现象的集中程度或发展水平的分布差别。分级统计图法可反映布满整个区域的现象（如地貌切割密度）、呈点状分布的现象（如居民点密度）或线状分布的现象（如河网密度或道路网密度），但较多的是反映呈面状但属分散分布的现象，如反映人口密度、某农作物产量（如图 7-8 所示）、人均收入图（如图 7-9 所示）等。分级统计图法因常用色级表示，故也称色级统计图法。

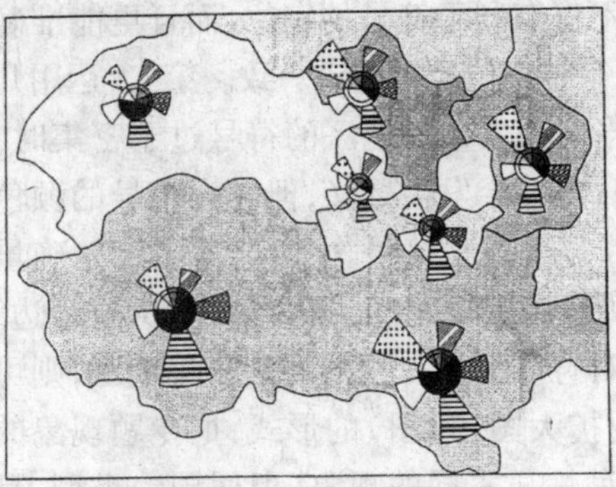

图 7-8　粮食产量图

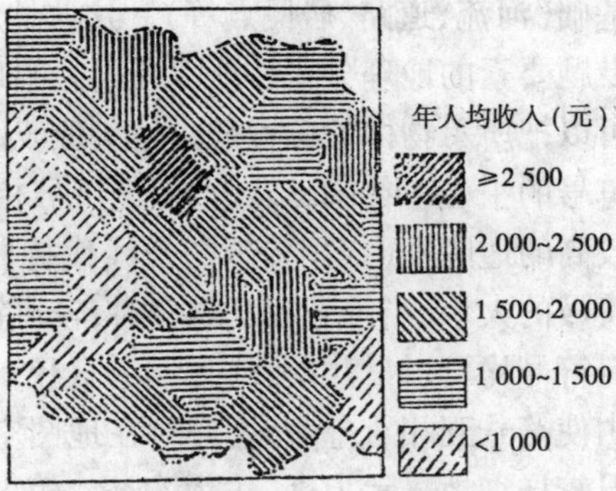

图 7-9　年人均收入图

分级统计图法只能显示各个区划单位间的差别，而不能表示同一区划单位内部的差别。所以，分级统计图的区划单位愈大，区内情况愈复杂，反映现象分布的程度也就愈概略；反之，区划单位愈小，反映的现象也愈接近于实际情况，如图 7-10 所示。在计算和描绘时，如果把没有该现象分布的区域除去，则更符合实际情况，表示得也更为精确。例如人口分布图和农作物分布图，对没有人居住的和没有作物分布的区域不予计算和描绘。

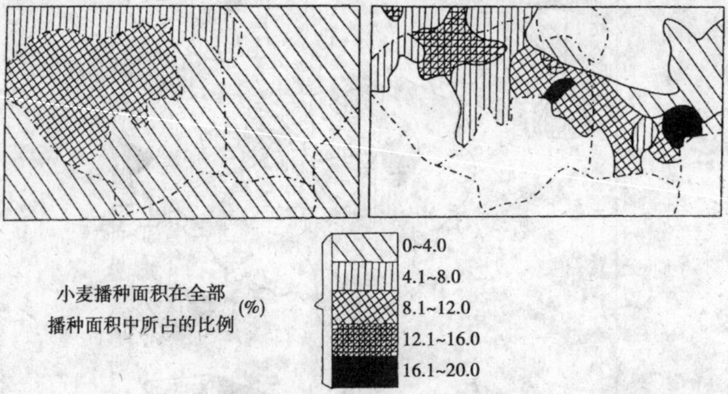

图 7-10　按不同大小的区划单位编绘同一地区地图

也可以按同一主题、同一分级标准以及同一色级，编绘几幅不同年份的分级统计地图，借以反映现象的发展动态。

分级统计图法由于对资料要求不高（只要有各分区要素的相对指标），易于保密，故应用极广。但由于这种分级方法反映区域内现象的分布是按平均数值计算的，所以区域内的现象有均匀散布的印象，而不能反映区域内部的差异。在个别区域内现象的分布差异很大，但在图上却不能反映出来。其次，由于是按阶梯状的分级，有时差别不大的两个数值被分在两个级别内，另外两个差别较大的数值可能分在同一个级别内，因此要做到比较符合客观情况的分级，就必须对统计资料进行深入的分析。当然，用增加分级数目的办法也能弥补这一缺陷，但这样又会影响地图的易读性。

3.2.2 分级统计图法表示的指标

分级统计图法一般用于表示现象的相对指标（因为它是说明现象的某种程度的），如果采用绝对指标，各区域的比较会被歪曲，如图7-11所示。但也有用绝对指标分级的，如茶园、烟叶、菜园等非全局性作物的种植面积，表示相对指标（占有百分比）反不及直接显示其绝对指标（种植面积）更为明确。同样，表示某类行业就业人口时，也有用绝对指标分级的，以反映各区划单位的劳动力资源；另一种途径是用此法表示就业率（就业人口与应该参加工作人数之比）。在计算相对指标时，必须注意分子和分母的绝对指标须属于同一个区划单位（如县或乡、村），同时对作为分母的指标计算区划单位，可根据现象的相对指标的不同而取不同的数值。如表示农业人口密度，最好采用农业耕地面积，而不以全部土地为区划单位；但是表示地区人口密度时，区划单位应该用后者，不用前者。表示农作物播种面积时，以全部耕地面积为区划单位。

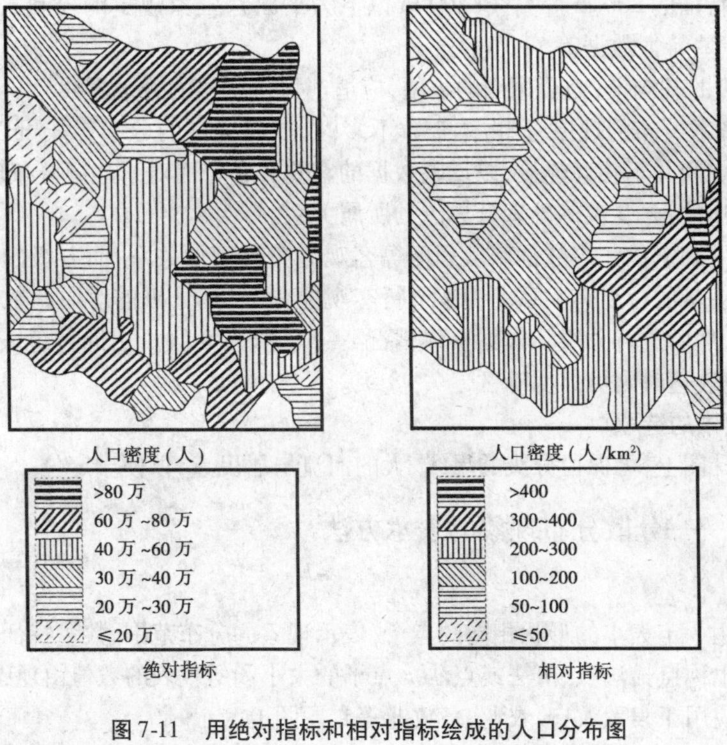

图7-11 用绝对指标和相对指标绘成的人口分布图

3.2.3 级别划分的原则及方法

用分级统计图法编制地图，主要任务是解决级别划分的原则。分级统计图上级别划分

的原则,取决于编图的目的、现象的分布特点和指标的数值。根据反映现象分布的目的可有以下三种情况:

(1)按数据分布特征分级的原则,适用于任何要素和现象。

(2)按各分级单元的个数分布的原则,适用于按一定指令性标准反映单元个数的统计。

(3)按地图上各级面积分布的原则,适用于与实地面积有关的分布现象,如人口密度。

其中,最常用的是按数据分布特征分级的原则。

分级的方法通常较多的是采用等差分级法,如图7-9中的分级。也可采用等比分级法、逐渐增大的分级法或任意分级法,如图7-11中的分级。不管采用哪种分级法,都应该注意:使各级所包括的区划单位个数大致相等,并能突出相对指标特别高或特别低的区划单位。

3.2.4 分级数量的确定

级别多少应适当,分级过多会产生错综复杂的界线,使现象的程度差别显示不清。分级过少,则容易掩盖某些地区疏密程度的具体差别。分级的主要要求如下:

(1)客观反映数据的分布特征,以数据的集群性作为分级数的重要依据。

(2)分级界线应在数据变化显著的特征点上,使各级内部差异尽可能小,等级之间的差异尽可能大。

(3)分级的结果,一般是中间级别包含的单元多,而两端级别所包含的单元较少,尤其数据较大的级别包含的单元应更少些。也有要求分级单元数近似相等的。

(4)根据地图的用途和要素特征,要保留个别的特征级别和分级界线,例如某地势图上反映地形起伏特征的200 m等高线(200 m以下为平原)、国家规定的控制人口增长率的界线、经济上的一些特征数据等。

(5)在分级的基础上,为了用图的方便,应适当保持凑整的分级界线。

(6)对于离散分布的现象,且物体个数不多时,相邻级别的分级界线可以断开,即各级别中的某两级之间并不相互连接,以反映数据的客观分布。而对于连续分布现象的分级,其界线必须相互连接,并要正确处理分界点的所属关系。

分级间隔的确定往往与数据离散程度等客观分布有密切关系,而分级的级别数目与地图用途和视觉变量的特点有联系。为了进行客观的分级,在分级前对原始数据应进行必要的整理和分析,然后进行分级。根据具体情况,一般分3~8级。用同种色表达时最多分5级,用两种颜色表达时则可以明确区分7~8级。

3.2.5 底图要素的选取

在分级统计图上,可保留分级的界线、大的河流与居民点,以便于定位。

3.3 点数法——分散分布现象的表示方法

3.3.1 概念

点数法是用一定大小的形状相同的点子,表示现象的分布范围、数量特征和分布密度的方法。点数法也称点描法、点值法或点法。点子的大小和所代表的数值由地图的内容确定。点数法被广泛应用于表示人口、农业、畜牧业等专题图上。

在用点数法表示的地图上,由点子的疏密即可看出现象的集中或分散的程度。

点数法是范围法的进一步发展。单独的范围法只反映专题现象的分布范围及其质量特征,而难以反映其数量差异。如果在范围内均匀地分布点子,借助于点子的分布看表示区域的范围;当这种点子具有点值时,用点子的数目可表示现象的数量特征。如果能把点子布置得与实地情况相一致,这样就由范围法过渡到了点数法,如图7-12所示。

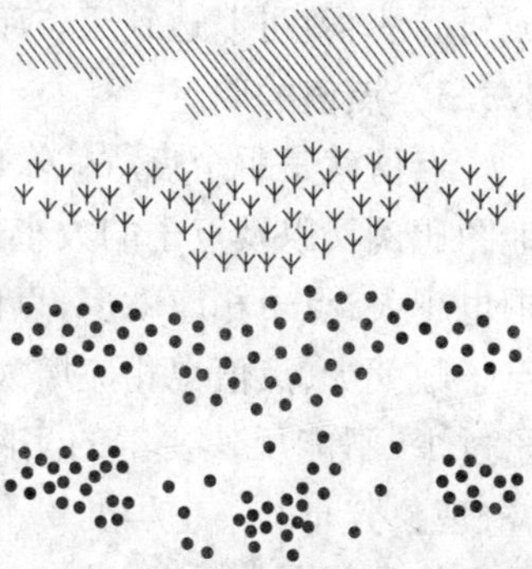

图7-12 由范围法过渡到点数法

在用点数法表示的地图中,有时用不同颜色的点子分别表示几种要素的分布情况,对于几种在地理分布上都有明显的区域性或地带性(各有自己的分布区域)的要素,由于互相干扰少,用不同颜色的点子分别表示各种要素的分布,可以获得很好的效果。对于地理分布错综复杂的要素,布点比较困难,用这种方法则会使图上各色点子互相混杂,难以辨认,从而影响各要素分布的清晰易读。

另外,用各种颜色的点子还可以表示现象的发展动态。如用蓝色点子表示原有的稻田分布,用红色点子表示新增的稻田,从而看出水稻种植面积扩大的情况。

点数法的优点是简单、明了,适当运用多色点子,也可显示要素的多种质量特征,这是它获得广泛应用的原因。

3.3.2 **点的分布方法**

点子的分布方法有两种,即均匀布点法(统计方法)和定位布点法(地理方法)——即按专题现象的实际分布情况布点,如图7-13所示。

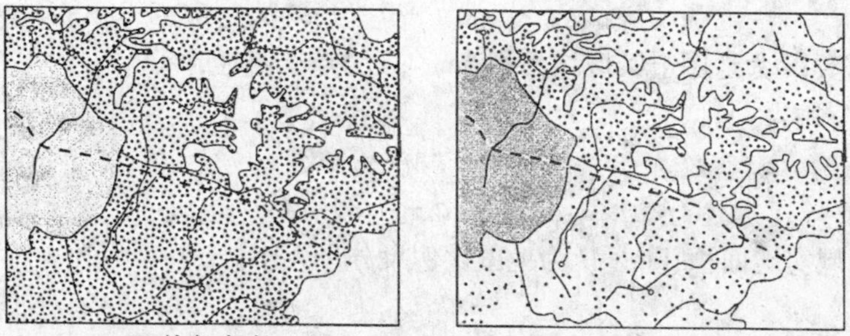

(a) 均匀布点 (b) 定位布点

图7-13 两种布点方法

3.3.2.1 均匀布点法

均匀布点法是点数法的一种,即用同样大小、形状相同、代表一定数值的许多点子符号,并以统计区划为基础进行均匀布点,从而表示分散分布现象的范围和数量特征的方法。由于这种方法不能显示区内的差异性,现已很少使用,但是把统计的分区单位划分得小一些,在区内布点时仍然可采用均匀布点的方法。

3.3.2.2 定位布点法

定位布点法就是按专题现象的实际分布情况布点。定位布点与实际情况的吻合程度,主要取决于地图比例尺。在大比例尺地图上,只要有详尽的资料,就可以较精确地反映现象的分布。在小比例尺地图上,为了便于利用现成的统计资料,又想尽量用点子反映要素的实地分布,可以把区域分得小一点,在小区划单元内均匀布点,虽然是均匀布点,但区划单元较小,点子的位置误差相对地也就较小,最后除去界线,点子在整幅图上就不是均匀布点,而是呈有差异的分布了。所采用的小区划范围越小,点子的分布就越接近于现象的实际分布情况。如在表示一个省的人口密度图上,按照统计资料在乡镇或村范围内布点,最后除去乡镇或村界线,就可以达到定位布点的效果。

3.3.3 点值的确定

点值就是每个点所代表的数值。点数法中的一个重要问题是确定点值。点值的确定与地图比例尺以及点子的大小(一般不大于 0.3 mm)有关。地图比例尺越大,相应的图面范围也越大,点子相应就多,点值就可以小点。点子图形越大,相应的图面范围内能够容纳的点子数就少,点值也相应增大。但点值确定得过大或过小都是不合适的。点值过大,图上点子过少,不能反映要素的实际分布情况;点值过小,在要素分布的稠密地区,点子会发生重叠,现象分布的集中程度得不到真实的反映。因此,确定点值的原则是:以某现象分布密度最大的小范围为标准,求出一个点所代表的数值,且使点子之间相互紧靠而不重叠,即达到最密状态。所以,点值的求得可用下式简单表示:

$$\text{点值(向上凑整)}=\frac{\text{数量总值}}{\text{能安置的点子数}}\text{(指密度最大区域)}$$

确定能安置的点子数,首先要确定点子的大小。点子大小依地图比例尺、用途等条件而有所不同,可先通过草图试验而定。

如果考虑到每点之间保持最小 0.2 mm 的间隔(每点四周各有 0.1 mm 的空白)。则计算公式为

$$N = \frac{p}{(d + 0.2)^2}$$

式中:N 为点子数;p 为地图上某区域面积,mm^2;d 为点子直径,mm。

实际计算公式为

$$N = \frac{P \times M^2 \times 10^{12}}{(d + 0.2)^2}$$

式中:P 为某区域实地面积,km^2;M 为地图比例尺分母大小。

点值 S 为

$$S = \frac{A}{N} = \frac{A \times (d + 0.2)^2}{P \times M^2 \times 10^{12}}$$

式中:A 为某区域内物体数量指标总值,计算后把 S 向上凑整即可求得点值。

如果在同一幅地图上,所表示的现象特别集中于部分地区之内,其他地区又极为稀少(如人口),采用某种点值已使最集中地区点子相互紧接,而稀少地区点子极为稀疏,甚至只能绘出少数几个点,已无法反映低密度区的分布特点。为了在地图上反映出现象的地理分布实况,可以用以下方法处理:

(1)对特别密集区采用扩大图的形式。

(2)采用两种点值的形式,即相应地用两种不同大小点子代表两种不同大小的数量指标。当采用两种点值不同的点子时,两种点子的面积之比力求和相应点值之比相一致。

在用均匀布点法表示时,不需要在地图上详细表示出地貌、水系、道路及小居民点,因为用均匀布点法表示的地图,不能说明要素的实际分布状况与环境的关系,有时表示它们反而会引起误解与错觉(如认为某种要素的数量分布在山区和平原是一样的);反之,在用定位布点法表示时,则应该尽可能地把有关的地理基础要素(地貌、水系、道路、居民点)表示出来,因为这些地理基础要素在相当程度上可说明点子密集或分散的原因。在多色图上,地理

要素应用较浅的颜色作为背景,点子则用鲜明而饱和的颜色。在单色图上,应避免点子与地理要素及注记等重叠。

3.4　运动线法——现象移动的表示方法

3.4.1　概念

运动线法简称动线法。动线法是用运动符号(箭头)和不同宽窄的“带”,在地图上表示现象的移动方向、路线及其数量、质量特征。如自然现象中的洋流、风向,社会经济现象中的货物运输、资金流动,居民迁移、军队的行进和探险路线等。

运动线法表示各种分布特征的现象的运动。它可以反映点状物体的运动路线(如船舶航行),如图7-14所示,线状物体或现象的移动(如战线的移动)如图7-15所示;分散成群分布现象的移动(如居民的迁移);整片分布现象的运动(如大气的变化)等,如图7-16所示。

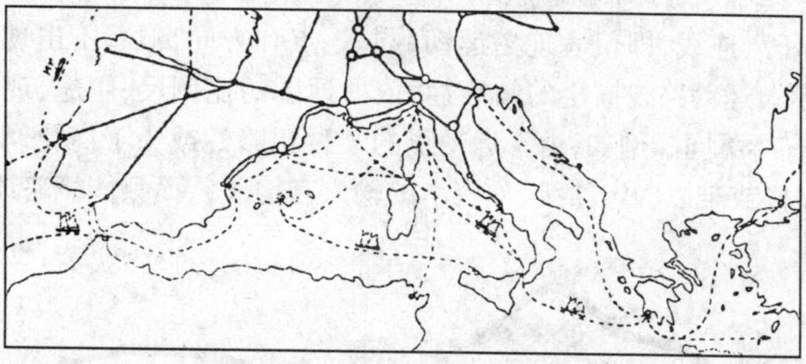

图7-14　经济历史地图

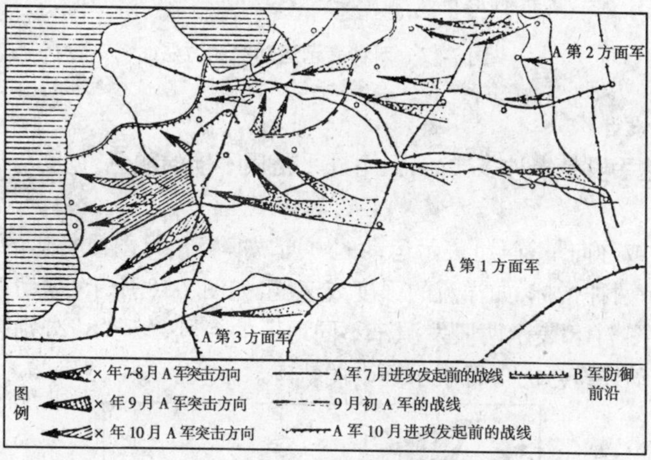

图7-15　军事历史地图

运动线法也可用来表示发展动态,一般可采用下列两种形式:

(1)按同样的比率关系分别计算不同年份所表示的货流量“带”的宽度,然后用不同的颜色区分之。

(2)按同样的比率关系,同时编绘出不同时期的地图,各地图相互比较即可看出发展动态。

3.4.2　运动线的类型

表示运动路线时,有精确和概略之分,前者显示现象移动的轨迹,即实际移动的途径;后

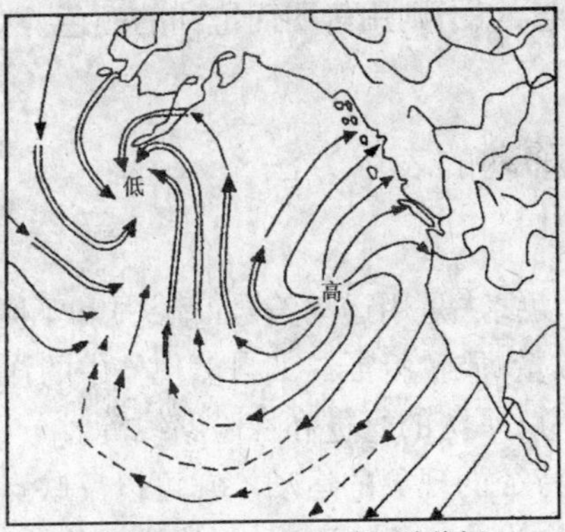

图 7-16　气象图

者则是起讫点的任意连线，即仅表现出运动的起讫点和方向，但看不出现象移动的具体路线，如图 7-17 所示。运动路线描绘的精确性，依据地图的比例尺、用途、现象表示的性质和资料详细程度而有所不同。例如，由于运动线的某种粗略性或为了简化、概括图形，或者由于现象的实质（多样或难以确定路线，如资本的输入和输出），而只能概略地表示。

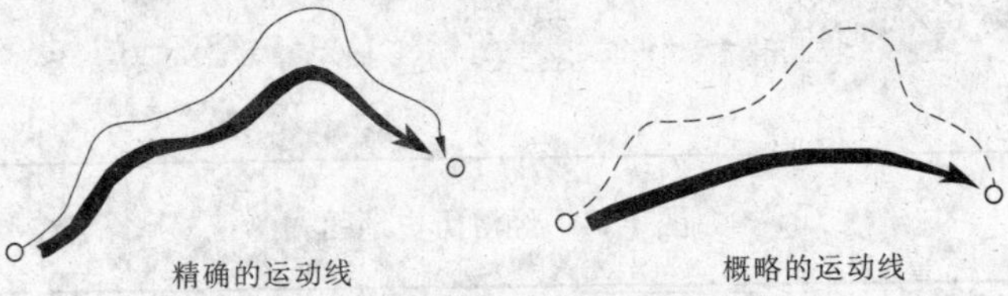

图 7-17　两种表示运动线的方法

3.4.3　运动线的设计

运动线的表达手段是多种多样的，但不外乎是用不同的颜色、宽度与形状表示现象的数量、质量特征。

以运动符号（或称向量符号）表示运动的方向，如洋流、风向或货运的方向；运动符号的宽度和长度可表示两种指标，如洋流的强度或速度，如图 7-18 所示；运动符号的颜色和形状表示现象的性质，图 7-18 表示两股发源于不同地区的台风，“7”“8”分别表示 7 月和 8 月的台风路径；整个运动线符号的位置表示运动的轨迹。

图 7-18　运动线表示方向、强度和性质

另一种表示运动现象分布的图解手段是条带，“带”的颜色或花纹表示现象的质量特征，“带”的宽度表示其数量特征。“带”的宽度一般是有比率的，其比率关系有绝对比率和条件比率，其中也可再分连续的和分级的。如表示河流的流量，用绝对连续比率方法，如图7-19所示。表示货流强度、输送旅客量可用绝对的或条件的分级比率。在图7-20中，原来的公路、铁路已被表示运输量的“带”代替，其中公共汽车运输业全年通车的“带”与对开次数呈绝对分级比率关系，铁路运输业中，“带”与对开次数呈绝对比率关系。

图7-19　绝对连续比率运动线

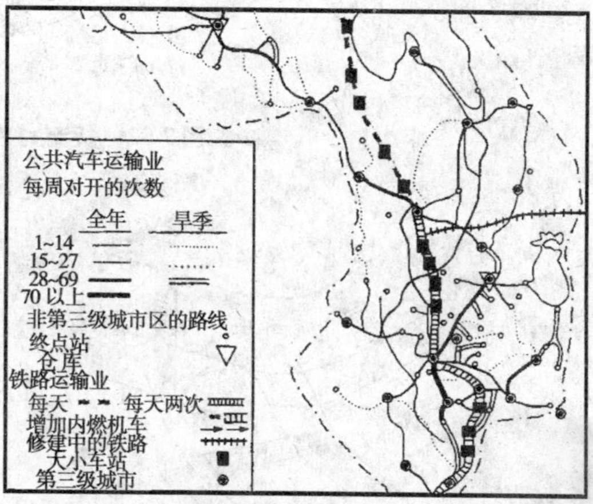

图7-20　条件分级比率运动线

在经济地图上，表示货流的条带一般绘于道路的一侧，借助它们相互的位置，可判断出运动的方向。如位于道路右侧（或上方）的表示输出，位于道路左侧（或下方）的表示输入。有时要加辅助的运动符号，如图7-21所示。

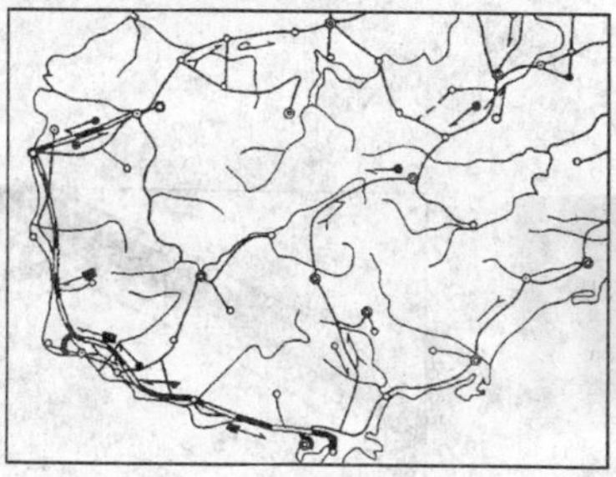

图7-21　运动线的方向

用运动线表示现象的结构是比较复杂的。最引人注目的一种方法，是把往返货物按相应货物的颜色或图案划分成与各货物数量成比率的组合带，往返各置于道路的一侧。欲使货流结构和各货物的数量指标能清楚地被显示，只有“带”的宽度较大时才有可能，如图7-22所示。由于货流带较宽，所以这种表示方法对运输路线只能是概略的，并且载负量较大，使得图面拥挤而影响易读性。为此，可采用以下两种方法解决：

（1）适当改变密集地区枢纽站间的距离；

（2）用“带”的横断面代表整个区段的货流量，然后把它横倒置于线路的两侧，如图7-23所示。这样既大大精简内容，又增强了地图的活力。

为了反映地区间的货物交流，可用概略的箭头符号表示地区间的货流总量，这时具体的路线已经不重要。可用比率条带的宽度表示货载的价值或重量，条带的颜色分别代表不同的地区。每个地区用特定颜色和大小的圈形符号表示输入、输出总量。符号分两部分，圆的上半圆表示输入，下半圆表示输出。若上下半圆不等大，则表示输入和输出有贸易差额。表示输出的条带与本区圈形的颜色相同，并加箭头符号，如图7-24所示。

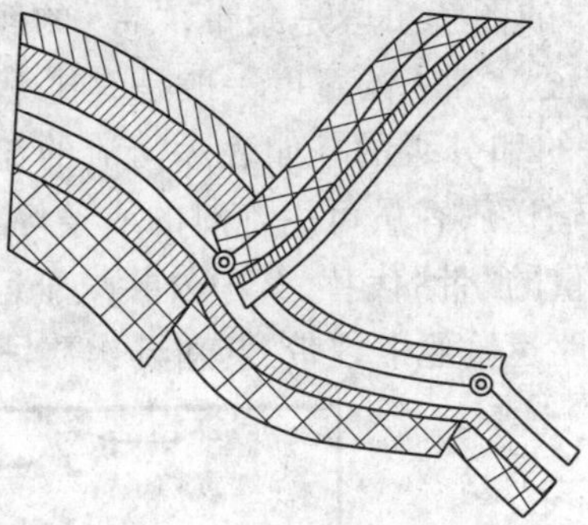

图 7-22　货流的数量及结构

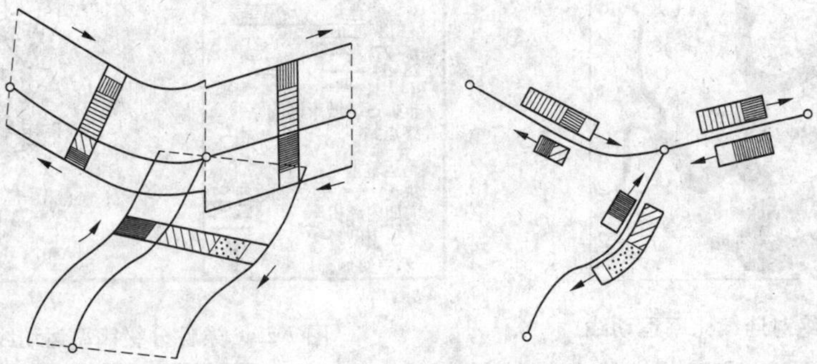

图 7-23　货流图

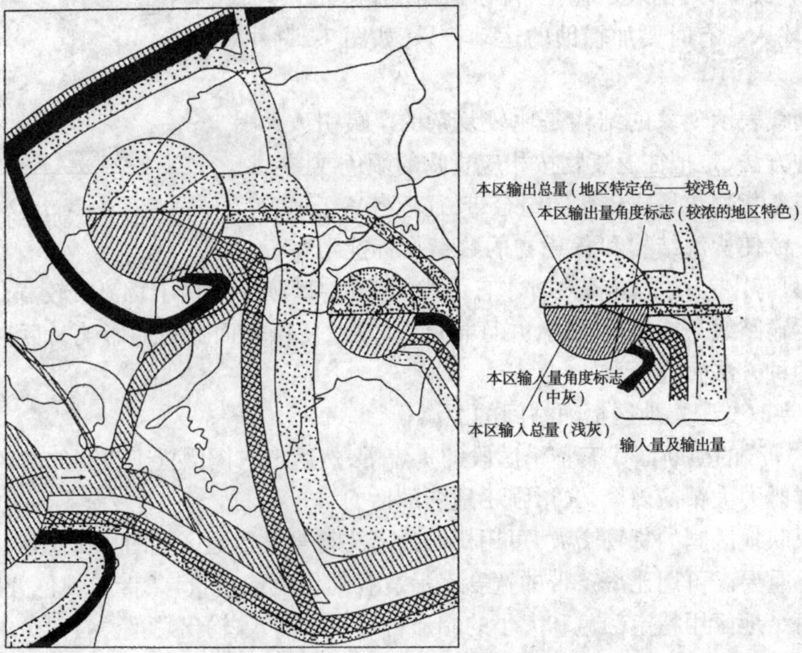

图 7-24　地域货物交流

4　各种人口地图表示的内容及表示方法

4.1　反映人口数量及组成的地图

4.1.1　人口的分布——人口分布图

目前，表示人口分布地图的方法很多，不同的方法有各自不同的特点。

4.1.1.1　定点符号法

可将每个居民点所拥有的实际人口数以一定大小的符号表示。其中，对于一些较大的城市，采用绝对连续比率符号，对其他居民点采用分级比率符号。如图7-25所示，对农村居民点采用人口数为10人以内、10～100人、100～500人、500～1 000人4级表示；对城市居民点采用1 000～5 000人、5 000～10 000人、10 000～20 000人、20 000～30 000人、30 000人以上5级。除20 000～30 000人、30 000人以上两级用绝对分级比率外，其余均用不同的符号，而30 000人以上的城市符号中心是用城市的轮廓图形表示的。城市用红色符号，比率符号用半透明的红色（这样在城市密集地区，符号相互重叠时，仍可以保证清晰易读），1 000人的农村居民点用黑色，其余农村居民点加绘绿色晕线，这种地图极为详细地表示了

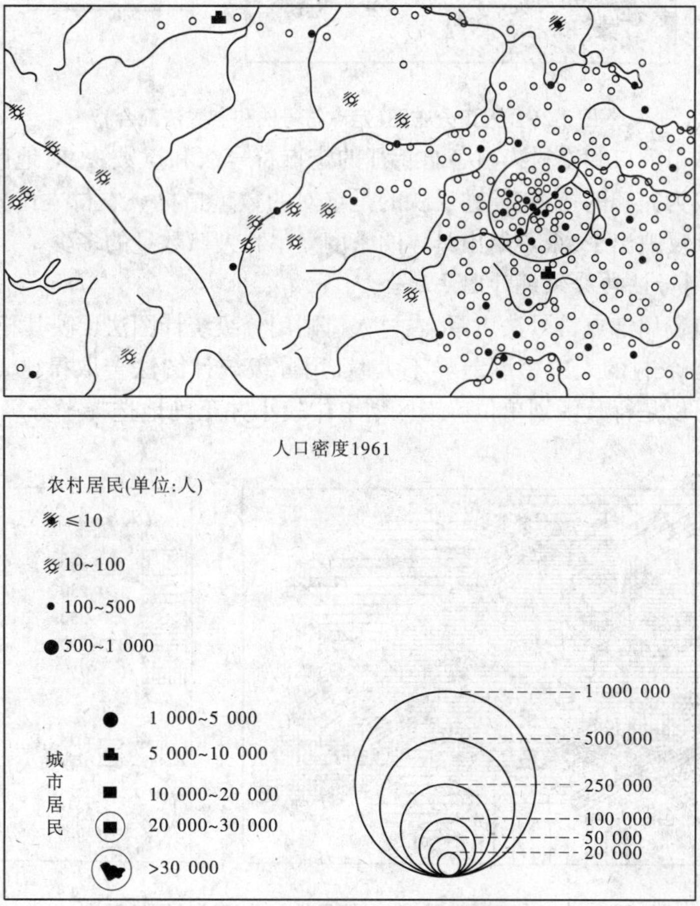

图7-25　人口分布图（定点符号法）

居民点的人口数。

这种方法能给出每个居民点人口是多少的直观形象，但无法判断人口分布的密度差异。

4.1.1.2　定点符号法与点数法配合

这是一种将城市人口和农村人口分别表示的方法。城市人口用一定大小的符号表示，而农村人口则用点数法表示，为了反映农村人口分布不均匀的特征，用定位布点的方法。要使城市、农村区分明显，可对城市用半透明的红色圈形符号，农村则用黑色点子，如图 7-26 所示。城市轮廓图形另涂以深红色，表示城市人口分布密集成群之所在，与农村用的散列黑点产生了很好的呼应和对比效果。

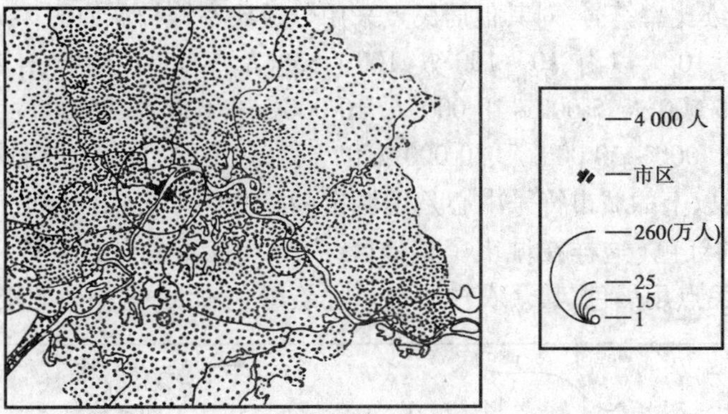

图 7-26　人口分布图（定点符号法和点数法配合）

这种反映城市人口和农村人口各自特征的定点符号法和点数法，对地区内人口的实际分布情况作了较为完善的描述，但它反映的是绝对的数量指标。农村人口分布的差异只能从点子的疏密上反映出来，很难给出具体的密度大小和人口数量的多少。

4.1.1.3　定点符号法与分级统计图法配合

对城市人口仍用定点符号法表示，农村人口则用分级统计图法反映其相对密度差异，如图 7-27 所示。当农村的人口密度差异不大时，用分级统计图法会取得比点数法更好的效果。计算单位可以是行政区划单位。当区划单位较小并正确地选择了分级时，就能较好地反映客观情况。

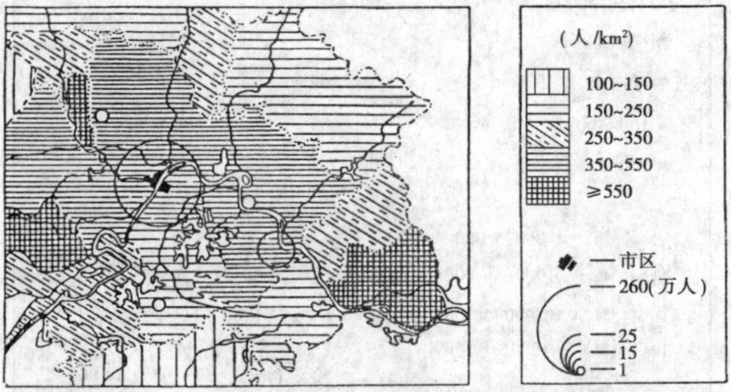

图 7-27　人口分布图（定点符号法与分级统计图法配合）

4.1.1.4　分级统计图法

如果区划单位划分得较小，在统计时又区分了人口居住区和无居民居住的地区（森林、耕地及其他无人区），则编图时应按照居民实际分布区域计算其相对密度并分级涂色。这种分级统计图法属于精确表达的范畴。图7-28内不少地方是空白的，这些地方就是非居住区，与图7-25相比，也是较为一致的。另外，分级统计图法可用三维柱状形式表示，如图7-29所示。

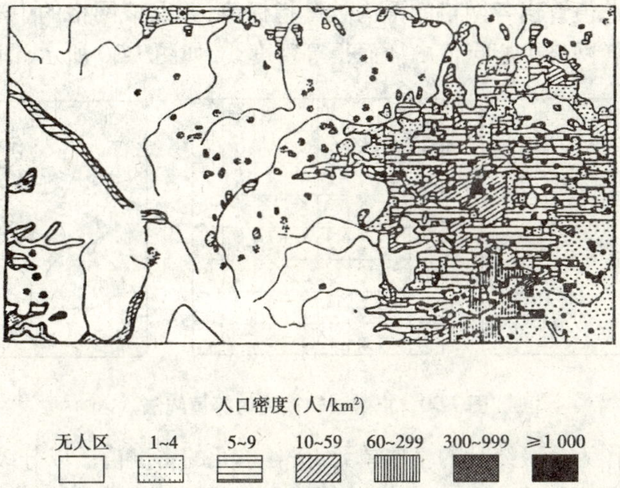

图7-28　人口分布图（精确的分级统计图法）

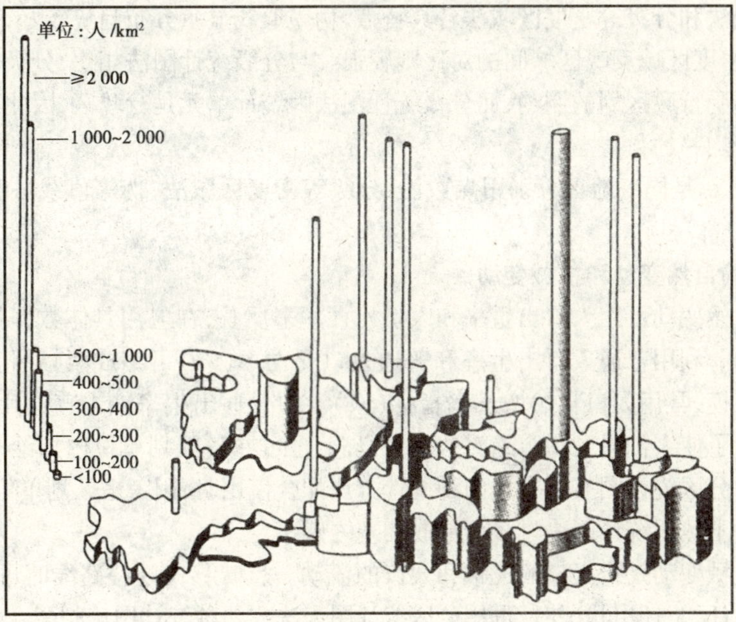

图7-29　湖北省人口密度图

4.1.1.5　伪等值线法和分级等密度区域法

在编制小比例尺人口密度分布图时，往往根据区域统计的数据经计算转换为规则几何网格的人口密度值，经内插勾绘成等密度线或连接成分级等密度区，以表示人口分布的变化趋势。由于不是根据观测点的实际值内插勾绘等值线，而是用假设点（通常取规则几何网格中心点）代表网格平均密度的统计值勾绘等值线，并且人文现象密度分布并不完全具备连续渐移的特点，因此这种等值线称为伪等值线。其具体做法是：先在制图区域内用定位布点法表示人口分布，并在点数法地图上打上一定密度的规则几何网格，网格大小根据点的分布密度而定。一般来说，网格愈小愈精确，同时要考虑地图比例尺的转换方便，使网格在实地的大小成简单的平方千米数（例如，是1平方千米或是100平方千米）。然后用各个网格中所包含的点子数总值算出各网格的平均数量指标值，并以该网格的中心点代表。最后根据具有不同数值的各网格中心点值内插而得等密度线，如图7-30所示，即伪等值线。

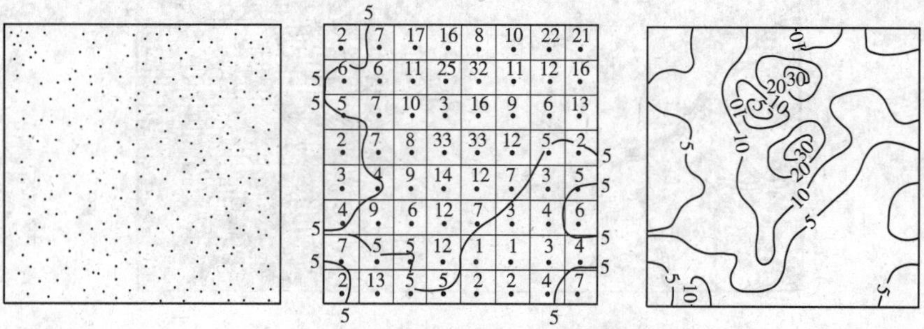

图7-30　点数法转换为伪等值线法

如果把各网格作为分级统计的基本单元，按各单元的密度值予以分级后，将相同等级单元的网格连接勾绘成分级等密度区（把分级后网格折线轮廓适当光滑），这种方法称为分级等密度区域法。

伪等值线法和分级等密度区域法各具特点，伪等值线显示分布趋势较好，并反映其过渡特征；分级等密度区域反映区域间的对比则较强。与分级统计图法相比，分级等密度区域法的等密度区不受行政区划的制约，而分级统计图法因统计单元是行政区，因此在同一行政区内图上显出是均一的数值。

图7-31所示是同一地区分别用点数法、分级等密度区域法、伪等值线法和三维立体图法的示例。

4.1.2　人口的自然变动和机械变动

人口的自然变动可用人口出生率和人口死亡率来反映，在应用具体数据指标时是有一定时间概念的。利用普通人口出生率和普通人口死亡率（‰）可编成两幅图。为了反映人口再生产的规模，常用人口自然增长率指标（‰）。即普通出生率减去普通死亡率，用一幅图来反映。为了使人们得到一个绝对数量的概念，也可在各区划单位内加绘一个表示人口自然增长量的分区统计图表。在这两种统计方法配合使用时，因考虑区划单位的大小，以使地图清晰易读不致因统计图表过多而造成拥塞之感。

人口的机械变动是指人口的迁移和人口的流动。反映移民迁移路线时可用动线法；反映各地区人口迁入、迁出状况时，可用分区统计图表法或两种统计图法相配合。统计图表可采用各种结构形式（以圆形最为方便），其中结构图表中各组成部分用代表特定地区的颜色表示。从各区域的结构图表中可以看出某区域中本地人口与外地人口的比例关系，以及外地人口之间的相对比例关系。还有一种方向图表，其原理与结构图表相似，各方向用特定的颜色，代表特定的地区（或迁移方向），用方向线的长短和粗细变化代表迁居人数。如

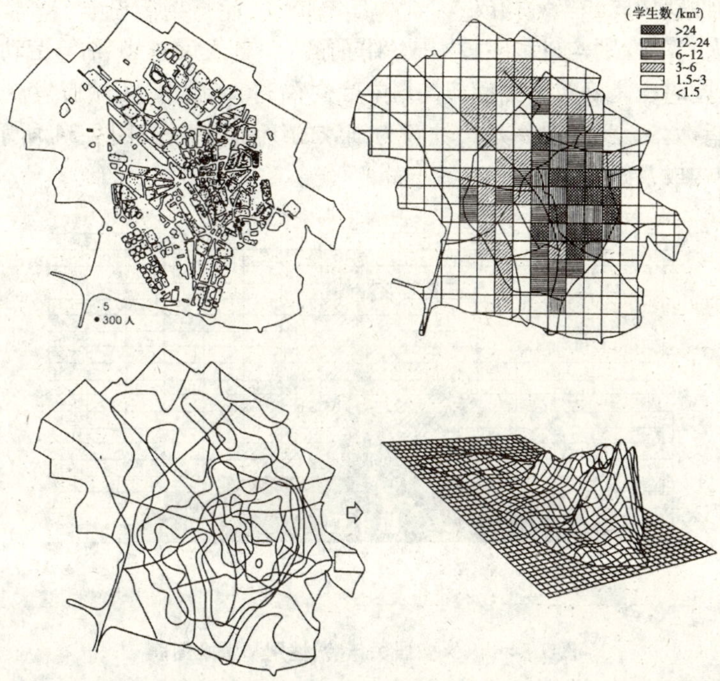

图 7-31　同一地区的不同表示方法示例

图 7-32所示是表示迁入的情况。如图 7-33 所示是利用动线法表示人口的迁移情况。如果图表与分级统计图相配合，则反映的迁移情况就更为完善。分级统计图的指标是人口机械变动率(‰)，即人口机械变动净额(迁入、迁出差额)与地区人数之比乘以 1 000。

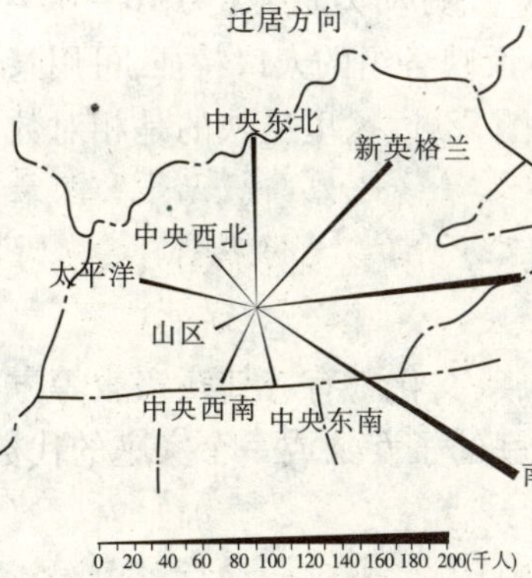

图 7-32　迁居人数

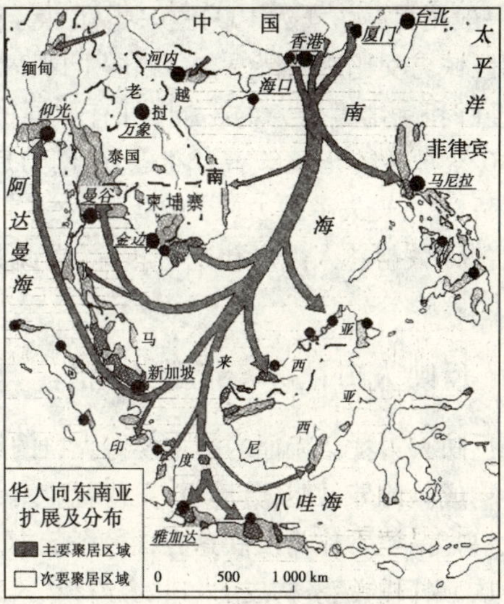

图 7-33　人口迁移

点数法表示的同地区的“昼”与“夜”人口数变化可反映出人口的流动(但一般只适用于表示城市地区)，也可用昼夜人口数之比(昼/夜，夜为 100)这一指标，用分级统计图法进行表示。

4.1.3　人口的性别构成和年龄构成

正确反映人口的性别构成和年龄构成，对了解人口的发展趋势、估算劳动力资源具有十分重要的意义，同时也是确定国民经济计划中社会福利、文教卫生、城市发展与建设比例必不可少的参考指标。金字塔图表是一种较为细致的统计图表，如图 7-34 所示，它反映了人口的性别、年龄构成及婚姻状况。

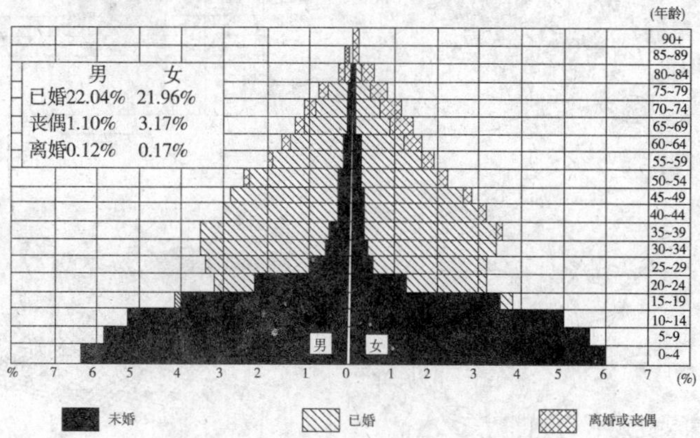

图 7-34　××省居民年龄、性别和婚姻图表

如图 7-35 所示是人口地图中的另一种统计图表——辐射型图表形式，各辐射柱形分别代表 1 ~ 80 岁以上各年龄段的人口。这种图表与金字塔图表一样，对人口的性别、年龄和城乡人口构成表示得很细致，且一目了然。这两种图表反映的都是绝对数量指标，并且可为每一个城市或政区单元制作一个图表。为了反映男女性别的人数比较，可用男女人口的数量比（一般用男/女，女为 100）这一指标，得到不同地区的不同数值，从而制成分级统计图，则全部区域男女比例的情况在一幅图上即清晰表现。人口按年龄的分组随着对人口社会、政治、经济和文化等研究的不同，可有不同的分组标准，例如，按劳动力标志可分为学龄前（1 ~ 6 岁）、学龄儿童（7 ~ 12 岁）、劳动力后备（13 ~ 15 岁）、劳动力资源（男 16 ~ 60 岁，女 16 ~ 55 岁）、丧失劳动力（男 >60 岁，女 >55 岁）等 5 级。反映各组的人口特征，可用某一年龄组的人数与总人数之比这一指标，据此制成分级统计图，不过这里反映的是相对数量指标。

4.2　反映人口社会特征的地图

反映人口社会特征的图主要有人口的经济构成和民族、文化教育、语言、宗教等方面的社会构成。此外，妇女劳动力、人口就业率、家庭特征（家庭的子女数或一个家庭的代数，平均人口）等，也常作为反映这方面特征的标志。

4.2.1　人口的经济构成

反映人口的经济构成一般可有三种指标：一是人口所处的经济地位，分为有劳动能力的生产人口和被抚养人口两大类。生产人口中主要包括参加经济活动的和从事家务劳动的人口；被抚养人口中主要包括少年儿童、丧失劳动能力的老人及病残人口。二是按人口参加经济活动的部门情况。我国的国民经济行业分为 15 大类，与港台的行业分类既有相似，又有不同，如表 7-2 所示。三是按人口从事的职业分类，如表 7-3 所示。

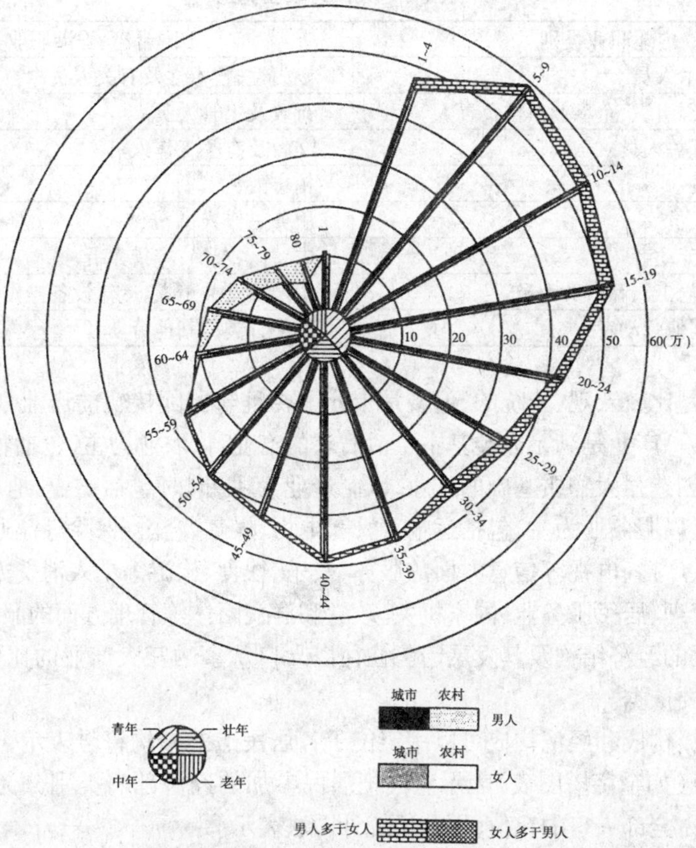

图7-35　人口性别、年龄图表

表7-2　人口的行业类别

内地行业类别	中国台湾、香港行业类别
农、林、牧、渔业	农、林、牧、渔业
矿业及木材采运业	矿业及土石采取业
电力、煤气、自来水的生产和供应业	水电煤气业
制造业	制造业
地质勘探业和普查业	营造业
建筑业	运输、仓储及通信业
交通运输、邮电通信业	商业
商业、饮食业、物资供销及仓储业	金融、保险、不动产及工商服务业
金融业、保险业	社会团体及个人服务业
房地产、公用事业管理和居民服务业	其他行业
卫生、体育和社会福利事业	
教育、文化艺术事业	
科学研究和综合技术服务业	
国家机关、政党和群众团体	
其他行业	

表 7-3　人口的职业类别

内地职业类别	中国台湾、香港职业类别
各类专业、技术人员	专门性、技术性及有关人员
国家机关、政群组织、企事业单位负责人	行政及主管人员
办事人员和有关人员	文教及有关工作人员
商业工作人员	销售人员
服务性工作人员	服务工作人员
农、林、牧、渔劳动者	农、林、牧、渔、狩猎人员
生产工人、运输工人和有关人员	生产及有关工人、运输设备操作工及体力工
不便分类的其他劳动者	不便分类的其他劳动者

还有一种是比较宏观、笼统的，但又是十分重要且与国际接轨的产业划分，那就是三次产业的分类：第一产业是满足人类基本生活需求的产业，以农业为主，包括牧业、林业、渔业；第二产业是为创造强大物质基础的产业，以制造业为主，同时包括矿业、地质勘探业及建筑业；第三产业是以服务业为主，包括运输、通信、电力、煤气、金融、保险等流通方面的服务，科研、教育、新闻、广播、电视等信息方面的服务，娱乐、饮食、旅游等个人消费方面的服务，房地产、公用事业管理、居民服务业、国家机关、政党和群众团体等管理方面的服务等。评价一个国家、一个地区的经济结构及其发展趋势往往以人口从事的三大产业的比例及三大产业的产值比例为重要依据。

人口的阶级构成和经济构成可以用定位于各居民点的结构符号表示，也可以政区为单位，用统计图表（如金字塔图表）表示。当把居民参加的经济部门类别分为三大产业时，可根据某类人口占全部人口的比值，用分级统计图法表示。

4.2.2　人口的文化构成

人口的文化构成主要表示人口中文盲与半文盲、小学、初中、高中、大学等各文化层次人口所占的比例，既可用分级统计图表分男女表示各文化程度人口的构成，也可用分级统计图法表示某一文化程度以上人口占全部人口的比例，尤其是每万居民中的大学以上文化程度人口数（或高中以上文化程度人口数）常常是用来评价区域人口文化素质的重要指标。

4.2.3　妇女劳动力、人口就业率

反映妇女劳动力、人口就业率一般用分级统计图法。家庭特征一般用分区统计图表法，表示各区域内各类特征家庭（独身、一代、两代、三代以及家庭子女数）所占的不同比例数。

4.3　反映民族特征的地图

民族分布图是反映民族特征最主要的地图。民族分布图一般采用质底法来编绘，说明各区域内从数量上占优势的民族的分布。但是，由于民族往往是混杂而居的，所以必须配合以范围法，用晕线、花纹、数字注记等方法，表示主要的民族区内的其他民族分布。在较小比例尺地图上表示少数民族的分布可以用点数法，但由于点数法方法本身的限制，一般来说在一幅地图上只能表示 2 ~ 3 种少数民族，且他们的分布范围应是相对集中而不是互相过于太混杂的，否则会因不同颜色的点的过分混杂而产生读图困难。表示某一民族在行政区内占总人数的比例是十分重要的指标，可根据不同区域内该民族所占的不同比例，用分级统计图法表示。对全国或某一地区而言，这一民族应是有代表性的，在全国或某地区分布比较广泛

的，如我国回族的分布。

在较大比例尺地图上，可以用定点符号法来表示各个具体居民点的民族构成特点，如果定点符号法难以应用于所有居民点，那么至少对城市居民点来说，仍应设法予以采用。

如图7-36所示是用符号表示的各城镇居民地的人口数及其民族组成，农村用分级统计图法表示数量占优势的民族在各区的不同比例。

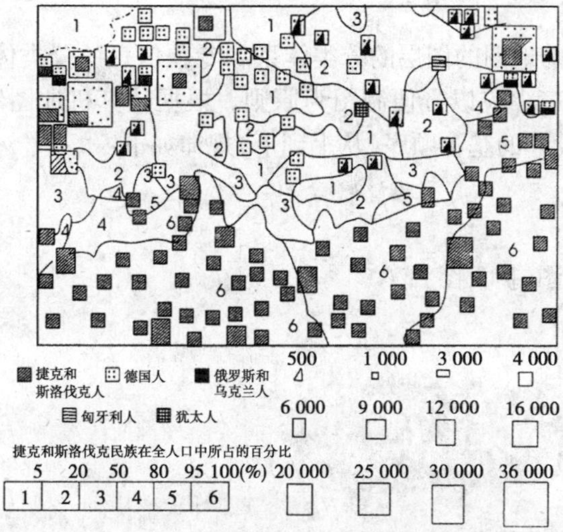

图7-36　捷克和斯洛伐克城镇民族结构

表示民族语言的地图，可同民族分布图那样，用质底法和范围法配合使用。如果制图区域内主要的民族语种较少（只有两三种），则可规定各语种的主体色，并用主要语种颜色的饱和度反映不同区域内该语种占的百分比状况，而区域中占次要地位的语种以其规定的特定颜色的数字注记注出。

5　绘图软件

在本项目中使用CorelDRAW X3软件绘制，在实际工作中也可以采用其他软件。

6　人口地图绘制方法及一般编制过程

6.1　人口地图的编制方法

6.1.1　编写《专业技术设计书》

由设计人员根据人口地图的资料特征，以及地图用途进行设计，编写出《专业技术设计书》，用于指导人口地图的编制生产。人口地图的设计工作包括设计图幅尺寸、比例尺；选择适当的表示方法；确定数据分级处理原则、分级方法及分级界限；设计分层方案；图面配置、彩色选配、图例设计、图边设计；以及检查验收等内容。

6.1.1.1　确定地图比例尺、开本大小

人口地图的比例尺和开本与地图内容、用途、制图区域的面积轮廓、地图图面配置、纸张规格、制印工艺条件、折叠方式有着密切的关系。常用的开本（包括图册）有32开、24开、20开和12开、4开、对开、全开等。

6.1.1.2　选择地图内容和各要素的表示方法

不同用途与制图目的的人口地图，选择不同的表示方法。

6.1.1.3　确定数据分级处理原则、分级方法及分级界限

如编制人口密度图，可按地图上各级面积分布的原则，对数据进行分级，可采用等差分级方法分级。

6.1.1.4　设计分层方案

分层方案是确定当前地图的图层的分类体系和专题信息的分类体系，它是对地理现象的综合和概括。分层的多少应以方便制图为原则。根据计算机地图制图数据组织基本原则，可以得到地图图层设计的基本顺序（从上到下）规律如下：

图面整饰部分；

图例部分；

附图部分（插图、移图、扩大图）；

点状要素注记部分；

线状要素注记部分；

面状要素注记部分；

点状要素符号部分；

线状要素符号部分；

面状要素符号部分（面积色）；

底图。

（1）图面整饰部分。根据地图类型不同，内容也有所不同，主要包括图名、图廓、花边等图层。

（2）图例部分。主要包括说明注记、点状符号、线状符号、面状符号、图例底色（背景色）等图层，图层顺序安排与主图类似。

（3）附图部分。通常包括一些与主图相关的图表。

（4）点状要素注记部分。包括地图幅面上所有点状要素注记，这些注记还要按要素种类分层存储，并根据要素的重要性把重要地物注记放置在上层，一般要素注记放置在中间层，次要要素注记放置在最下层。

（5）线状要素注记部分。包括河流、道路等图上所有线状要素注记，这些注记也要按要素种类分层存储，并根据要素的重要性把重要要素注记放置在上层，一般要素注记放置在中间层，次要要素注记放置在最下层。

（6）面状要素注记部分。包括邻区表面注记、主区表面注记、面状水域注记等。

（7）点状要素符号部分。包括地图幅面上所有点状要素符号。

（8）线状要素符号部分。包括境界线、河流、道路等图上所有线状要素符号。

（9）面状要素符号部分。包括色级色（级别色）、质别色、色带等图上所有面状要素，这些面积色一般都是一种颜色一个图层。

6.1.1.5　设计人口地图中的统计图表符号

符号设计包括图形、尺寸和颜色设计。人口地图专题要素常用的符号取决于表示方法。

6.1.1.6　人口地图的整饰设计

整饰设计内容包括图面配置、彩色选配、图框设计、图名的字体等。

6.1.2　地图制作

作业人员根据《专业技术设计书》的要求,首先编绘底图,对各种图形要素数据进行编辑,如修改道路的图形、线型、线宽、线颜色;更改面状要素的填充色;定义注记的字体、字大、字色,调整注记字位等;然后制作统计图、设计级别色等,将专题数据以不同图表和颜色的形式表达在底图上;然后进行图面配置,合理安排图名、图例、比例尺、图表、文字说明等附属元素;最后在 CorelDRAW X3 的"对象管理器"中查看图层顺序是否正确,如果有的图层位置有误,则应按照分层方案的规定,调整其至恰当的位置,以正确处理要素之间的压盖关系。以上工作做完后,作业人员应进行自我检查、修改,然后将新编图打印出来,对照打印图再次进行自查、修改,修改完毕后,将作业成果上交给质检部门审查、验收。

6.2　一般编制过程

人口地图的编制过程如图 7-37 所示。

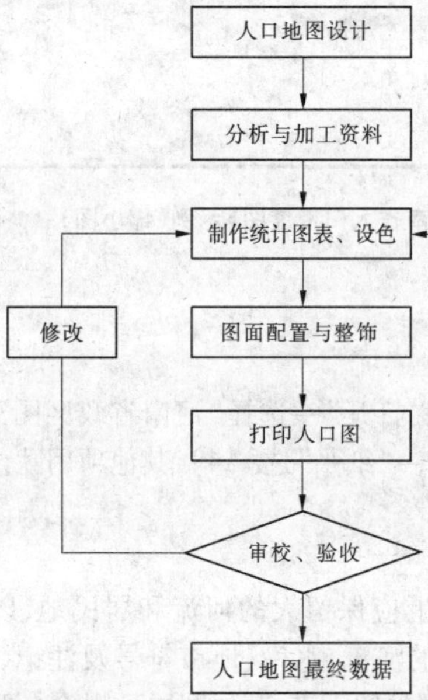

图 7-37　人口地图一般编制过程

技能训练

1　实习目的与要求

(1)熟练掌握专题内容的表示方法——分级统计图法。

(2)熟练掌握编制《河南省人口密度图》的一般方法及步骤。

2　实习内容与步骤

绘制一幅《河南省人口密度图》,样图如图 7-38 所示。以《河南省政区图》为底图资料编绘底图,处理河南人口数据,并用分级统计图法表示在底图上即可。

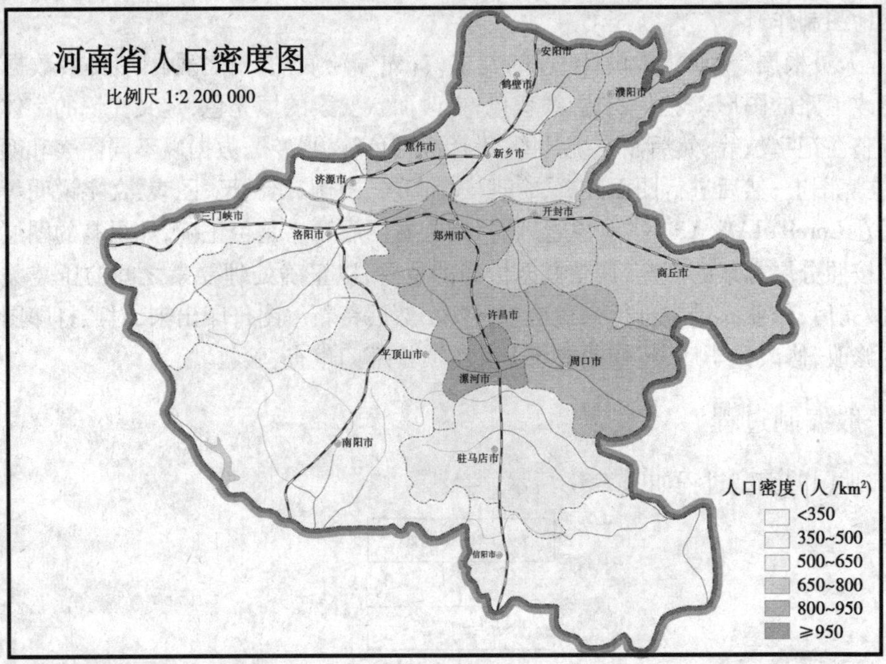

图 7-38 《河南省人口密度图》示例(缩小图)

具体实习内容与步骤如下。

2.1 定义页面尺寸

操作步骤:启动 CorelDRAW X3→“打开”→选择“河南省政区图”文件→【版面】→〖页面设置〗→“页面”→“大小”→“横向”→“纸张”选〔A4〕,其他项用默认值→“确定”。

2.2 编制底图

在用分级统计图法作图时,底图上应保留大的河流和居民地,以便于定位,新编图以《河南省政区图》为地图资料,保留大的河流、水库、地市符号及注记、铁路、地市界线、省界线、色带等要素。可将相应要素的图层保留下来,其他图层可删除。再根据新编图的需求对底图要素进行编辑,主要是将主区外要素删除、修改底图要素的颜色、比例尺的确定等。为了突出主题要素,一般将底图要素用浅淡的颜色表示,在本图中可将底图要素统一用灰色(K=80)表示。底图内容及效果见图 7-39。

2.3 处理统计数据

本项目采用分级统计图法,所以主要是对人口数据(见表 7-4)进行计算。

(1)计算人口密度,用人口数除以土地面积,计算时注意单位的应用和一致。

(2)将计算好的人口密度数据进行排序,按从大到小或从小到大的顺序均可。

(3)分析数据的分布特征,并对其进行分级,分级结果应满足要求,具体要求参照上述分级统计图法知识点。分级方法采用等差分级法,分级数目为 6 级,分级结果如表 7-5 所示。

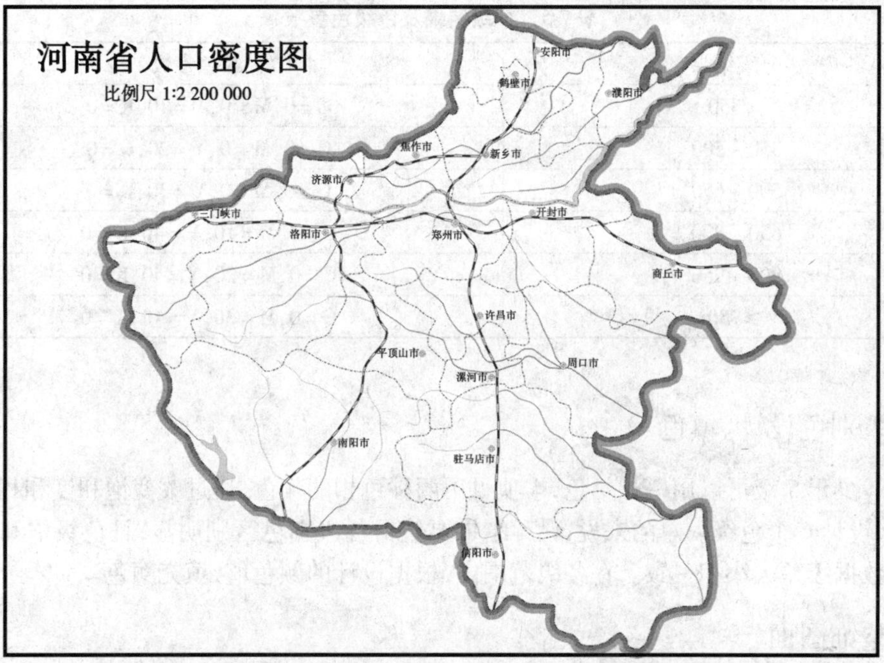

图 7-39　《河南省人口密度图》底图内容(缩小图)

表 7-4　河南省人口数及土地面积(2002 年)

地市	人口 (万人)	面积 (km^2)	密度 (人/km^2)
郑州	644	7 446	
开封	470.3	6 444	
洛阳	632.1	15 200	
平顶山	486.2	7 882	
安阳	524.7	7 413	
鹤壁	140	2 182	
新乡	525	8 169	
焦作	316.3	4 071	
濮阳	340	4 266	
许昌	445.1	4 996	
漯河	248.9	2 617	
三门峡	220.1	10 496	
南阳	1 060.3	26 600	
商丘	807.1	10 704	
信阳	775.8	19 541	
周口	1 054	11 959	
驻马店	821	15 083	
济源	64.9	1 931	

表 7-5　分级结果及色级色参数

分级结果	色级色参数
<350	C = 0, M = 0, Y = 10, K = 0
350 ~ 500	C = 0, M = 0, Y = 20, K = 0
500 ~ 650	C = 0, M = 0, Y = 30, K = 0
650 ~ 800	C = 0, M = 10, Y = 40, K = 0
800 ~ 950	C = 0, M = 20, Y = 40, K = 0
≥950	C = 0, M = 30, Y = 40, K = 0

2.4　级别色设计、填色

一般少于 5 级可以用一种颜色，本项目用两种色相的颜色，通过改变饱和度和相互混合过渡，来设计 6 个色级。总的来说，设计结果要使得各级别色区别明显，且色级饱和度的变化要和数据级差大小相一致。在各级范围内，根据设计的颜色值，填充颜色。

2.5　整饰图面

根据图面内容的分布进行调整，使其美观，匀称。图名常用的字体有宋体、黑体、行书、隶书、新魏体、美术字体等。图名的大小与图幅大小成比例关系，一般长字字高或扁形字字宽不超过图幅边长的 6% ~10%。图名要醒目，具有个性。图名字体的色彩要和其他要素有明显的对比。图名大多采用横排，一般置于北图廓外居中位置，小型地图或地图集中的图名常常放在左上方，当图廓外空白不多而图内有较大空白时，可将图名放在图内，此时一般应沿北图廓置于左上方或右上方，一般不将图名放在图幅的下部。

比例尺可附于图名之下，或是与图例排在一起；在有图廓而图名置于图外时，比例尺要单独放在南图廓外或图例框内；当图名在图幅内时，往往将比例尺放在图名的下方。

图例可安排在主区四周的空白处，一般应安排在主区下方或左右侧偏下的地方。空白较大时，图例应集中排放；空白较小时，图例可分几组，但不宜分得太碎。

本次实习主要是对图名、比例尺、图例的设计与放置。如图 7-38 样图所示，图名放在图幅内部左上方，选用黑体，字大 10 mm；比例尺放在了图名的下方，与图名中间对齐，图例放在图幅的右下方，这样使得整个图面显得均衡。样图中将数据分为 6 级表达，图例用 8 mm × 5 mm 的矩形填充颜色并排列整齐。

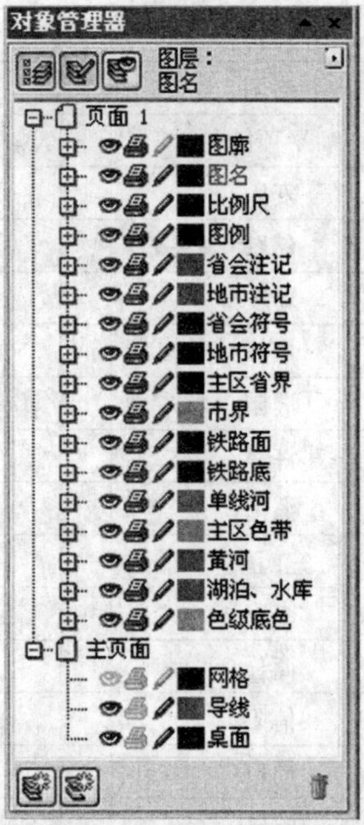

图 7-40　《河南省人口密度图》图层顺序

2.6　调整图层顺序

参照图 7-40，调整图层顺序，使得各要素间的关系协调一致。

2.7　检查、修改

对全图进行检查,修改错漏。

思考题

1. 人口地图如何进行分类?
2. 什么是绝对指标? 什么是相对指标?
3. 什么是定点符号法?
4. 什么是比率符号?
5. 绝对比率符号的优点是什么? 条件比率符号的优点是什么?
6. 什么是分级统计图法?
7. 数据分级的原则有哪些?
8. 数据分级的主要要求是什么?
9. 什么是点数法?
10. 点数法有哪些布点方法?
11. 什么是运动线法?
12. 人口分布图的方法有哪些?

项目 8　编制工业地图

项目目标

掌握工业地图的相关知识及编制工业地图的方法、步骤。

实例素材

1　各种比例尺的纸质工业地图

(1)中国医药工业图。
(2)安徽省电网图。
(3)河南省煤炭工业图。
(4)西安市工业图。

2　各种比例尺的电子工业地图

(1)河南省煤炭工业图。
(2)长江工业地带工业图。
(3)东南沿海工业地带工业图。

相关知识

1　基本概念

1.1　工业地图

工业地图是一种反映工业经济的结构、规模、布局、演变和发展的专题地图,是经济地图中最重要的二级类别。

工业地图是建立在工业统计资料基础上的,因此统计资料的完备、准确和及时就成为保证地图时效性的关键。常见的工业地图多为部门的或单项的工业指标图,其中,综合性工业地图反映各部门的结构及相互联系。例如,煤炭工业地图可表示大、中、小三级煤矿的年开采量、煤的品种、雇用人数、平均每个用工的产量、含煤地层的剖面结构、煤的远景储量等内容,对指导煤矿开采具有现实意义;再例如,工业规划地图可以反映原料产地、动力、水源、交通运输条件、国内外市场潜力及与工业点的距离等多方面内容,对于指导工业的合理配置和稳定发展具有重要的参考价值。

1.2 工业地图的类型

按照表示内容的综合性与多样性划分，工业地图可以分为工业总图（普通工业图）和部门工业图两大类。

1.2.1 工业总图

工业总图又称普通工业地图，是一种反映制图区域内全部工业发展状况的专题图，它着重反映全部工业的分布和发展，包括国家（或地区）工业化程度（以工业总产值在国民经济总产值中占有的比重，或工业劳动人数占有具有劳动能力的居民总数的比重为指标）、工业建设（大、中企业的基建投资规模）、工业社会结构（产业结构——主要通过产值来体现，规模构成——通过固定资产或产值体现，所有制构成）、工业规模组成、工业的机械化、电气化程度和劳动生产率等。

1.2.2 部门工业图

部门工业图着重反映某一工业部门或某些专业部门的生产布局和各企业的生产能力。由于具有部门性的特点，所以这种地图可以较深入地揭示某一工业部门的发展详情，而且在表示工业现象时便于采用最鲜明的、对各相应生产部门具有独特性的指标。此外，部门工业图还能反映出原料资源和生产经济的相互联系。

部门工业图内容的共同指标是固定资产（原值）、总产量、产品或主要产品的产量、结构构成（行业构成、规模构成、所有制构成）、经济发展动态、经济效益。由于这类地图具有部门性的特点，所以可以使各种工业物体比较全面地表示出来。而且在表示这些工业物体时便于采用最鲜明的、能反映各相应生产部门独特性的指标，如各部门工业中不同的行业分类、产品产量计量的不同单位等。此外，在部门工业图中还易于将原料资源、动力资源和生产经济的联系表示出来。

1.3 工业地图的内容衡量指标

工业地图的内容从空间分布特征上来说，主要有点状分布和面状分布。

工业地图内容的衡量指标主要取决于地图用途、编图目的、地图比例尺、制图区域地理特点、工业分布特征及资料的性质与质量等因素。为规划设计及管理生产用的工业地图，需要对全部工业企业的精确定位；而为教学或一般参考目的的地图，则需要表示其中最重要的工业部门状况。

对于大比例尺部门工业图来讲，以工业企业为制图单位较为合适，而随着比例尺的缩小和所显示工业部门的增多，应逐渐将更高级的类别作为表示的指标，如采用企业组合、工业中心、工业区等。

2 编图资料的收集整理与分析

本项目的主题是工业，比例尺较小，为1:220万。

2.1 基本资料

（1）河南省政区图。该图上的要素比较完备、可靠、精确，现势性比较强，可满足编制《河南省煤炭工业图》地理基础底图的要求。

(2)工业统计资料是2008年统计的最新数据。

2.2 补充资料

本项目无补充资料。

2.3 参考资料

(1)河南省煤炭工业概况。河南是全国重要的产煤大省和商品煤生产基地,也是国家规划的13个大型煤炭基地之一,煤炭产量已连续27年保持在全国前三位。煤炭占河南一次能源消费总量的86%(远高于全国69%的水平)。改革开放以来,河南煤炭行业牢固树立科学发展观,大力发展采掘机械化,实施采煤工艺变革,加强生产管理,取得了显著成绩。煤炭产量由1978年的5 800万t提高到2008年的2.09亿t。据统计,2008年度全省煤炭产量占全国煤炭总产量的7.5%。近年来,煤炭工业有力地支撑了河南经济以年均两位数的高速增长,成为河南省重要的基础产业和支柱产业。河南煤炭工业经过多年开发建设,已建成以"平顶山、义马、郑州、鹤壁、永城、焦作"六个大型煤炭基地为主体,地方国有煤矿、乡镇煤矿共同发展的煤炭生产开发布局,形成了集地质勘探、科研教育、煤矿设计、矿井建设施工、煤炭生产开发、矿山机械制造、煤化工、煤层气开发等于一体的完整煤炭工业体系。目前,全省现有中平能化集团、河南煤化集团(含永煤、焦煤、鹤煤)、义煤集团、郑煤集团等4家省属煤炭企业,11个主要产煤省辖市,34个产煤县(市、区)。全省有4家煤炭企业进入中国企业500强,4家煤炭企业产能超千万吨。

(2)《河南省行政区划资料》。

2.4 资料截止期

资料截止期为2008年12月。

3 分区统计图表法——适用于多种分布现象的表示方法

3.1 概念

在制图区域各个区划单位(通常是以行政区为区划单位)内,按其相应的统计数据,描绘不同形式的统计图表,以表示并比较各区划单位内现象的总和、构成及动态,这种方法叫作分区统计图表法。统计图表通常描绘在地图上各相应的分区内。它既可以表示点状分布的现象,也可以表示线状及面状的分布现象。

分区统计图表法只表示每个区划内现象的总和,而无法反映现象的地理分布,因此它是一种非精确的制图表示法,属统计制图的一种。在制图时,区划单位愈大,各区划内情况愈复杂,则对现象的反映愈概略。可是分区也不能太小,否则会因分区面积较小而难以描绘统计图表及其内部结构。

分区统计图表法大多用来显示现象的绝对数量指标(也有表示相对指标的情况,如表示农作物的亩产),并可显示现象的内部结构和发展动态,如图8-1所示。

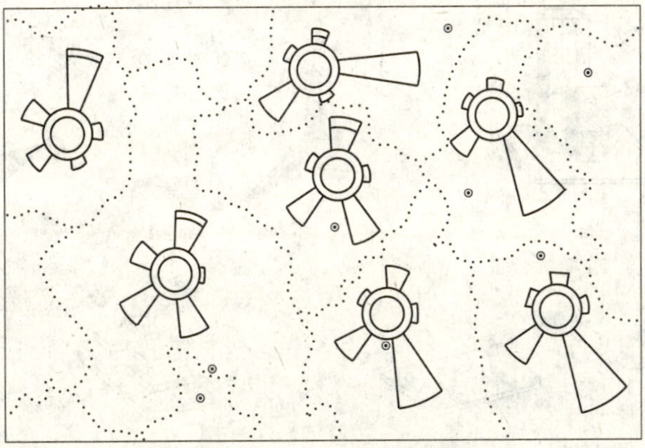

图 8-1　分区统计图表

3.2　统计图表的形式

在地图中采用的统计图表有很多形式，常见的如线状统计图形——柱状和带状的，如图 8-2(a)所示；面积统计图形——正方形、正三角形、正多边形、圆等，如图 8-2(b)所示；立体统计图形——立方体、圆球、圆块等，如图 8-2(c)所示。这些统计图形也可以是结构图形，即按其内部的分类表示其组成。表示结构的统计图形还可以有很多其他图形，如多方向辐射图形(表示多种现象)、平面与平面、平面与立方柱(表示两种现象及其关系)等，如图 8-3所示。

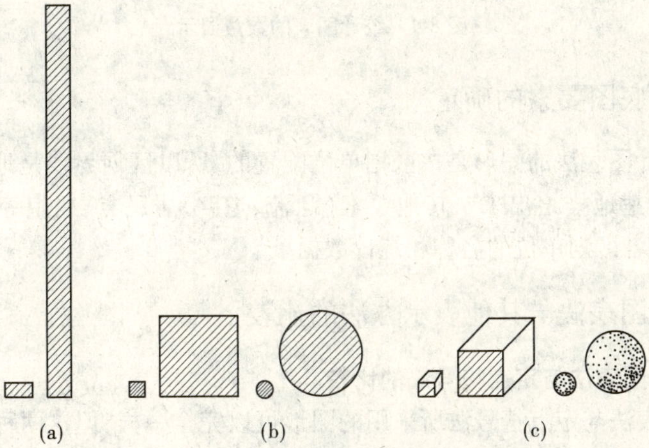

图 8-2　统计图表的形式

3.3　统计图表的设计

统计图表设计中的一个重要问题是使读者能迅速判断数量关系，这可借助于附加的标尺来实现。在各类图表中，线状统计图形的线长与数量成正比，故最易判断，但这种图形的尺寸不经济，常常超出区域界线。面积统计图形和立体统计图形占的位置较小，但图形大小的差别不显著。为便于获得数量概念，有的用一组等值图形(圆、正方形、矩形、象形符号均可)表示，其中每一个图形代表一定的数量，很易阅读，这也称“维也纳法”；有的采用几组不同数值的图形，通过累加获得数量值，称为“零钱”法；还有的可采用立方体、尺度柱状符号

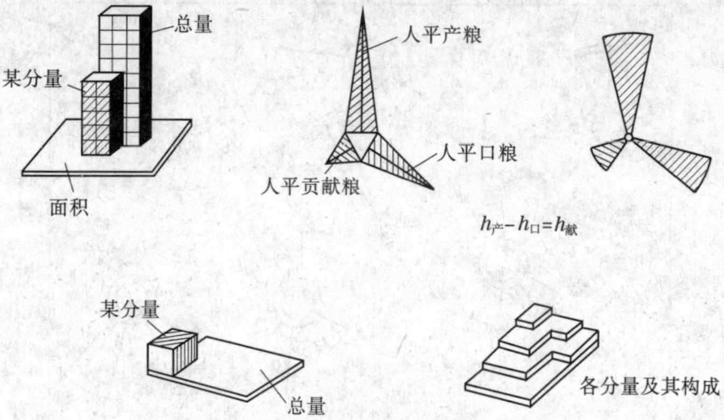

图 8-3　统计图表的组合

等,如图 8-4 所示。

统计图表的尺寸可以参照项目 7 中“定量数据符号的表达”知识进行设计。

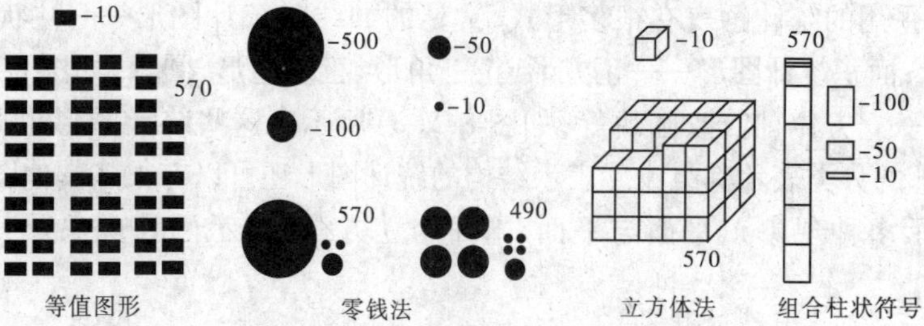

图 8-4　统计图表的数量显示

3.4　地理基础底图要素的确定

因为分区统计图表法的图形是按区划单位配置的,所以区划界线是地图上最重要的要素之一,必须很清楚地描绘出来。其他要素(河流、道路、居民点、地貌等)则应尽量删简。如果可能,可注记各区划单位的名称和统计数据。

3.5　分区统计图表法与其他表示方法的比较

3.5.1　分区统计图表法与定点符号法的比较

分区统计图表法与定点符号法所采用的图形可以完全一样,但这两种图形在意义上却有本质的差别:分区统计图表中的每个图形并不代表某一具体物体,而是代表每个区划单位内某全部现象的总和,它可配置在区域内的任一适当位置,制图时只需要各区划单位的统计资料。定点符号法中的每个符号在地图上的位置代表具体物体的实地位置,它的大小表示该现象在该点的数量指标,因此制图时需要知道符号相应的准确位置和统计资料的数量指标。这两种方法的比较如图 8-5 所示。因此,分区统计图表法不宜与符号法或其他精确定位的表示方法配合使用。

3.5.2　分区统计图表法与分级统计图法的比较

分区统计图表法和分级统计图法都属统计制图的范畴。

分区统计图表法与分级统计图法均是以统计资料为基础的表示方法。它们都能反映各

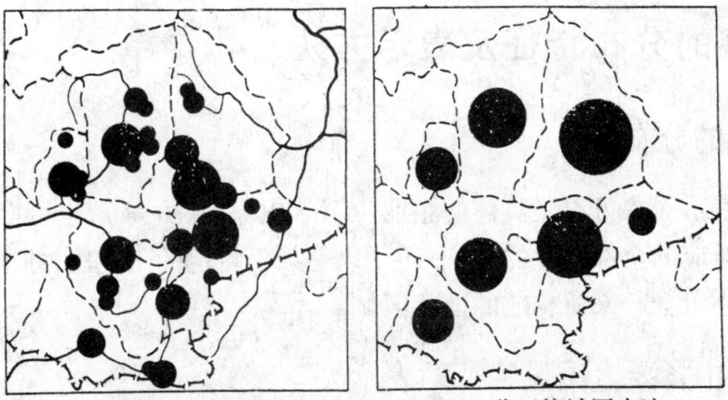

(a) 定点符号法　　(b) 分区统计图表法

图 8-5　定点符号法与分区统计图表法之比较

区划单位之间的数量差别，但不能反映每个区划单位内部的具体差异。

这两种方法主要的不同在于区域划分的概念方面。分区统计图表法的分区比较固定，如以某一级行政区域为划分依据。分级统计图法则不然，它是以相对数量指标的分级为划分依据的（各区所包括的分区的数目不一定同等且不固定）。当分级改变后，各色级的范围也随之改变。

从这两种表示方法的优缺点比较来看，首先，当各个区划单位的数量指标的数值很接近时，从分区统计图表上很难看出它们的差别，而在分级统计地图上，只要适当地选择分级，就可清楚地表现出其微小的差别。其次，在同一幅分区统计图表上，可以明显地反映出现象的几种指标的结构，分级统计图上则很困难。但表示单个指标时，色级要比统计图表明显很多。最后，分级统计图法可与其他精确制图方法配合使用，但分区统计图表法较难配合，特别与符号法不宜一起出现。

在制图上，经常把这两种方法配合使用，用分级统计图作为背景，在图上每一分区内描绘统计图表，而使它们的优缺点相互弥补，如图 8-6 所示。

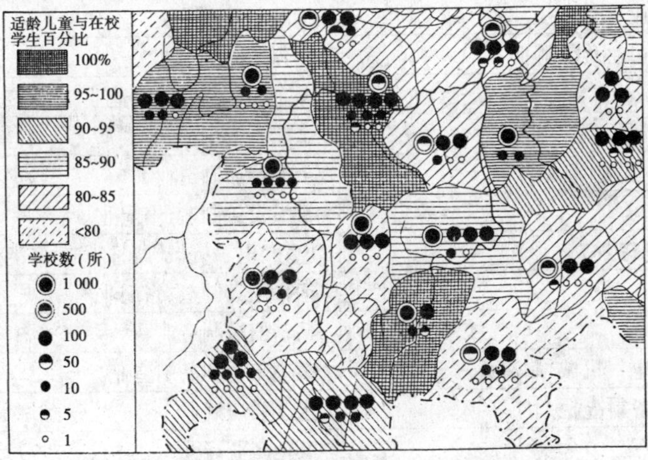

图 8-6　分级统计图法与分区统计图表法的配合

4　专题内容的分布特征及表示方法

4.1　专题内容的分布特征

工业地图的表示对象可以是具体的企业(工厂、电站、矿井等),也可以是工业中心或者某一工业中心所对应的全部工业的总和,还可以是某一特定的工业区,即把相邻的不同或相同专业的工业中心组合起来所构成的面状区域。

4.2　工业地图中各要素质量特征的表示

工业地图反映工业的主要标志是工业的门类,主要用定点符号法和质底法表示。按我国相关规定可分成以下类别,如表 8-1 所示。

表 8-1　我国工业行业类别表

内地工业行业类别	台湾工业行业类别
矿业	矿业及土石采取业
木材采运业	食品制造业
电力、蒸汽和热水的生产与供应业	饮料及烟草制造业
煤气生产和供应业	纺织业
自来水生产和供应业	成衣及服饰品制造业
食品、饮料和烟草制造业	皮革、毛皮及其制品制造业
纺织业	木竹制品及非金属家具制造业
缝纫业	造纸、纸制品及印刷出版业
皮革、毛皮及其制品制造业	化学材料制造业
木材加工业	化学制品制造业
家具制造业	石油及煤制品制造业
制浆、造纸及制品业	橡胶制品制造业
文教、艺术用品制造业及印刷业	塑料制品制造业
化学工业	非金属矿物制品制造业
医药制造业	金属基本工业
橡胶及塑料制品制造业	金属制品制造业
石油及煤制品制造业	机械设备制造、修配业
非金属矿物制品制造业	电力、电子机械、器材制造、修配业
冶金工业	运输工具制造、修配业
金属制品制造业	精密器械制造业
一般机械(不包括电气机械)制造业	杂项工业制品制造业
电气、电子机械设备制造业	水、电、煤气业
交通运输设备制造业	其他工业行业
精密机械及仪器仪表制造业	
其他制造业及修理业	
其他工业行业	

工业地图上是用符号的颜色和形状来表示工业的质量特征的,由于人眼感知色彩的差别往往大于形状的差别,所以颜色最好反映企业所属的工业部门的差异,符号的形状则区别同一部门中具体的生产种类。如用红色表示机械制造工业,而用不同几何形状的红色符号,分别表示机床制造业、仪表制造业、汽车制造业、造船业、飞机制造业、工业设备机械制造业、农业机械制造业和精密机械制造业等。

企业按部门的分组以及按生产种类的区别需要有统一的系统分类,并制定与之相应的图例。在工业总图上,一般按基本工业部门来分类,如动力、冶金、机械、化学、建材、电子、纺织、食品、日用轻工业等。而在部门工业地图上,纺织工业又可分为棉纺织、毛纺织、丝纺织、麻纺织、人造纤维纺织、棉纺印染、针棉织复制业等。工业总图上各基本工业部门通常采用规定的色标,对更详细的区分则采用不同形状或结构的符号或字母注记。

电力工业虽然是一个工业部门,但在以工业点为制图单位的图上,电力站却往往单独表示,着重表示它们的装机容量,并区分是火力、水力还是核电站。

当利用符号表示居民点上的工业部门(不是单个的工厂)时,往往反映其中较发达的部门,而舍去次要的部门。如果制图单位采用工业点,则质量特征可用结构符号来表示各城市工业部门的组成。一般只区分主要的几个工业部门,对不能明显区分的或某些太小的部门,可合并称为其他工业。

质量特征的其他标志,如投产时期、所有制形式、机械化程度等隶属关系(中央直属还是地方属)也是一种质量特征标志,但由于隶属关系往往会改变,所以一般不予重视,这些标志也常以颜色区分,有时以符号形状区分,这主要视具体情况而定。

工业的社会结构(企业所有制的成分比例)和工业规模组成(按企业的固定资产或按职工人数区分的大、中、小企业的成分比例)的表示,可以依据工业点为单位用结构符号表示;也可以依据地区为单位,用分区统计图表表示。各种类别用不同颜色予以区分。

4.3　工业要素数量特征的表示方法

比较工业企业或工业中心(工业点)的大小(生产实力),常以符号的大小表示。符号大小与数量指标成一定的比率关系。当然,用绝对连续比率显示最为明确,但是当工业企业很多、数量指标差异很大时,大都采用条件分级比率来确定符号面积大小,也就是将工业生产能力归成若干级别表示。

在比较各工业企业或工业中心的生产实力时,以往常采用下列三种指标之一进行:①年生产总量或生产总值;②工人人数;③固定资产或生产设备。这三种指标各有利弊。

用年生产总量相比较,易于理解,印象深刻。对于较窄的工业部门图,用这种指标不仅能表示相对实力,还能表达实际能力。对于不同的工业部门,由于产品形式不一,总量互不相同,例如机床与钟表,是无法进行比较的。反映生产总量一般可用实物产量指标,就是与各种产品本身的基本物理、化学性质或外部特征相适应的,并能体现产品使用价值量的计量单位指标。例如钢铁、煤炭等产量以"吨"表示,发电量以"度"表示,汽车以"辆"表示,发电机以"台/千瓦"表示,船舶以"艘/排水量吨/马力"表示等。有的产品产量需按照不同的折算系数,将不同规格、不同化学成分含量的同类产品折算为某一标准规格或标准含量的产品产量计量,如把各种发热量的煤折算为每千克发热量为7 000大卡的标准煤,把各种皮革折合成为牛皮的张数,再进行统计。就是在相同的部门内,产品种类也不一样,例如橡胶制品中,轮胎计量单位是“套”,皮带的计量单位是“寸米”,也无法比较,需要将它们按产品出厂价格,并按一定时期内的不变价折算成统一货币单位后才能比较。用年生产总值比较相对实力较为方便,但各企业的工业产值是按出厂价格计算的,其中包括了其他工厂生产的原料或半成品;其次,联合企业的产值往往较相应各生产阶段的独立工厂的产值之和为小,但是联合企业中这些车间的生产能力却比独立工厂的为大。

按工人人数或职工总数表示生产实力的对比,对用图者来说是最简单和最易于理解的。它能反映出各地工人集中的情况,在居民中工人的比率及职业构成。但企业自动化程度愈高,则工人人数愈少,可见企业规模的大小及生产实力的大小并不一定与工人人数成比例。

在国家计划工作中,往往按基本的投资额,亦即固定资产来区分企业的大小。此指标与上列两种指标相比,利多弊少,因为它有较大的稳定性。例如,纺织工业可用纺锭和布机数,印染生产线条数,机械工业可用各类机床数,电力工业可用发电设备能力等指标来表示生产实力。

当然,上述的几种指标各有优缺点,在编制教学用经济图和一般参考用经济图时,通常以生产总值或工人人数为指标;在编制专业参考用经济图时,则多采用固定资产指标,而在编制单一专业的经济地图时,可按年总产量或生产设备能力来比较各企业的生产能力。

反映工业生产的另一项重要内容是工业经济效益。通常用百元固定资产提供的产值、百元固定资产实现的利税、百元总产值占有的流动资金、全员劳动生产率(每一个职工全年满额创造的平均产值)和工业净产值(工业企业在一定时期内进行工业生产活动中扣除物质消耗价值而新创造的价值)等五项指标予以反映。

比较各地区工业的相对状况,则统计图法是最好的方法,如用相同日期的工业人数具有劳动能力的居民总数的比例制作分级统计图,来比较地区间工业化的程度;按平均每个工人全年电力消耗值制作分级统计图,来比较地区间工业电气化的程度;用每一个工人全年满额生产平均生产的产品价值,制成分级统计图,来比较地区间工人的劳动生产率;若再配合表示绝对数量指标的分区统计图表则更为全面。

5　编图使用的绘图软件

利用 CorelDRAW X3 软件编制《河南省煤炭工业图》。

6　工业地图编制方法及一般编制过程

6.1　工业地图的编制方法

6.1.1　编写《专业技术设计书》

(1)确定地图比例尺、开本大小。

(2)选择地图内容和各要素的表示方法。

(3)确定数据分级处理的原则、方法及分级界线。

(4)设计分层方案。

(5)设计工业地图中的统计图表。设计包括图形、尺寸和颜色设计。

(6)工业地图的整饰设计。

6.1.2　地图制作

作业人员根据《专业技术设计书》的要求，将补充资料转标到纸质底图上，然后将纸质底图进行扫描，一般情况下可将分辨率设定为280 dpi左右。启动CorelDRAW X3绘图软件，将底图导入页面中并锁定底图，然后设定各种绘图参数。按照《专业技术设计书》中的分层方案，在CorelDRAW X3的"对象管理器"中建立图层并定义各图层名称。图层建立后，就可以开始创作新地图了。先编制地理基础要素，即利用CorelDRAW X3中的工具对照地图进行矢量化，并进行编辑，制作分级统计图，并将设计好的统计图表在图中做出，放置到图面相应的区域内。

6.2　一般编制过程

以纸质地图为底图数据源和以数据为数据源的编制过程稍有差别，如图8-7所示是以纸质地图为底图数据源和统计数据为专题要素数据源的工业地图的一般编制过程。

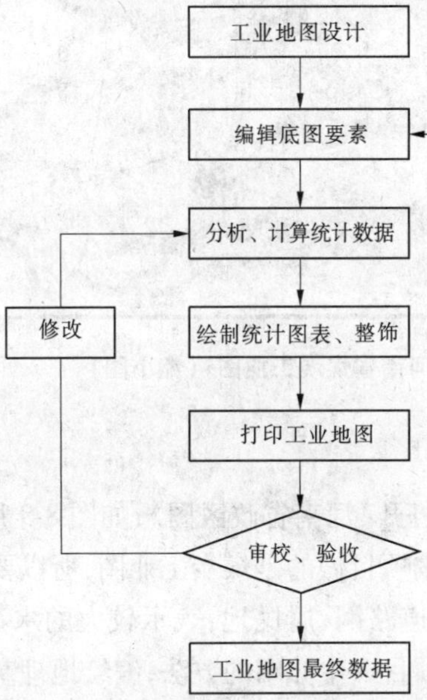

图8-7　工业地图的一般编制过程

技能训练

1　实习目的与要求

(1)熟练掌握适用于多种分布现象的表示方法——分区统计图表法。

(2)熟练掌握编制工业地图的方法和一般步骤。

2　实习内容与步骤

绘制一幅《河南省煤炭工业图》，如图8-8所示，尺寸为280 mm×240 mm，具体实习内容与步骤如下。

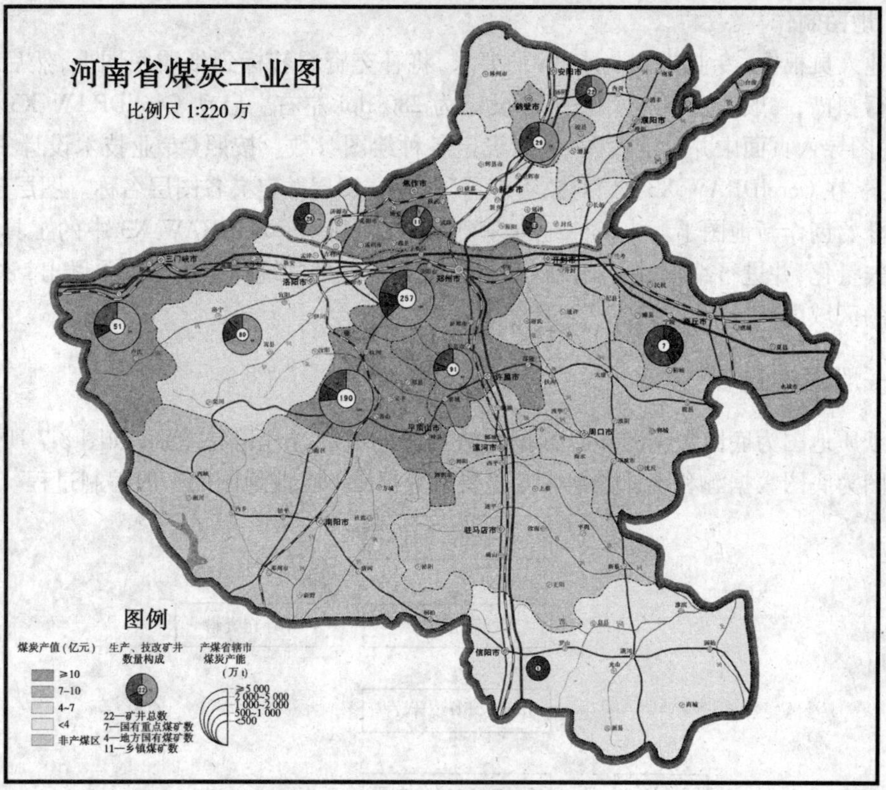

图 8-8 《河南省煤炭工业图》(缩小图)

2.1 编绘底图要素

操作步骤:启动 CorelDRAW X3,打开《河南省政区图》,如图 8-9 所示,图中的内容包括水系、居民地、道路、境界线等。由于本项目做的是煤炭工业图,所以要选择与煤炭工业相关的底图内容,经分析得出要详细表示道路网、居民地,表示较大的水系,适当地舍去一些水系,境界线只表示省界和市界。按照项目 3 中介绍的方法,编绘地理基础底图要素。

因实习时间有限,本次实习采用已编好的《河南省政区图》(见图 8-9)(cdr 格式文件)作为底图,因图上内容较多,需要舍去部分要素,具体操作步骤如下:在 CorelDRAW X3 中打开《河南省政区图》→参照"底图要素选取样图",如图 8-10 所示,舍去部分单线河及所有县界、县乡道→另存文件(保存到自己的文件夹下),文件名定义为"河南省煤炭工业图"。

2.2 分析编图资料,确定表示内容及表示方法

《河南省煤炭工业图》的统计数据见表 8-2 ~ 表 8-4。

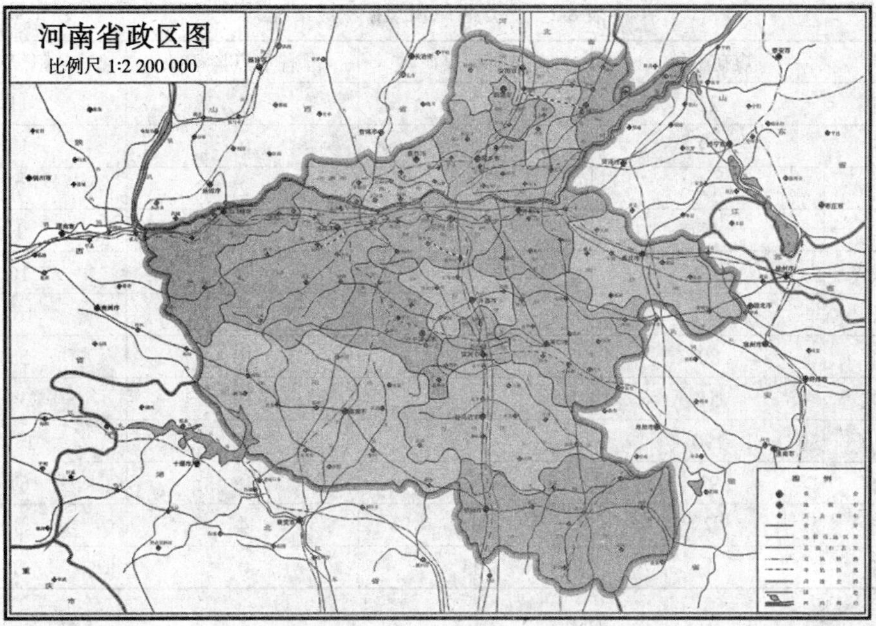

图 8-9　河南省政区图(缩小图)

图 8-10　底图要素选取样图(缩小图)

表 8-2　产煤省辖市煤矿构成情况　（单位：个）

城市	煤矿总数	地方国有煤矿数	国有重点煤矿数	乡镇煤矿数
安阳	22	4	7	11
鹤壁	29	0	10	19
新乡	12	3	2	7
焦作	11	0	10	1
济源	28	12	0	16
郑州	257	40	55	162
洛阳	80	15	10	55
三门峡	51	5	12	34
平顶山	190	19	32	139
许昌	91	6	18	67
商丘	7	3	4	0
信阳	1	1	0	0

表 8-3　产煤省辖市煤炭产值　（单位：亿元）

省辖市	煤炭产值	省辖市	煤炭产值
郑州	14.8	安阳	5.1
鹤壁	7.9	濮阳	0
新乡	3.7	平顶山	9.4
洛阳	6.5	三门峡	13.6
焦作	8.7	开封	0
济源	5.9	商丘	11.3
许昌	8.2	周口	0
驻马店	0	漯河	0
南阳	0	信阳	1.6

表 8-4　产煤省辖市煤炭产能　（单位：万 t）

省辖市	煤炭产能	省辖市	煤炭产能
郑州	7 658	安阳	675
鹤壁	1 350	濮阳	0
新乡	425	平顶山	6 912
洛阳	1 867	三门峡	3 028
焦作	848	开封	0
济源	656	商丘	1 746
许昌	1 982	周口	0
驻马店	0	漯河	0
南阳	0	信阳	26

根据已知数据分析，这幅图要表示两个方面的内容：一是省辖市煤炭产值，二是各产煤城市的煤矿构成情况。而表示煤炭产值要用分级统计图法表示，煤矿产能与煤矿的构成情况用分区统计图表法表示，即在这幅图上用分级统计图法配合分区统计图表法表示。

2.3　设计分层方案

参照项目7的相应内容，设计图层及其顺序。

2.4　处理编图数据，制作分级统计图及分区统计图表

2.4.1　制作分级统计图

根据已有资料，将主要产煤省辖市煤炭产值分为四个级别，分别为<4亿元（包括新乡市、信阳市）、4亿~7亿元（包括安阳市、济源市、洛阳市）、7亿~10亿元（包括商丘市、许昌市、焦作市、平顶山市、鹤壁市）、≥10亿元（包括三门峡市、郑州市、商丘市）和非产煤区（其中包括濮阳市、开封市、周口市、漯河市、驻马店市、南阳市）。

新建五个图层，分别命名为“非产煤区、<4亿元城市、4亿~7亿元城市、7亿~10亿元城市、≥10亿元城市”，将省界线和市界线分别复制到相应图层，将每个市的边界线进行全选、结合、合并节点，形成封闭区域，以便填色。也可将原“政区底色”图层中相应的城市剪切到相应图层，然后根据煤炭产量，在各市域填充对应的颜色，最后去掉轮廓线，这样做更快捷。非产煤区用“浅灰色（K=8）”进行填充，四个级别在图面上分别用以下颜色进行填充：<4亿元用颜色“M=10，Y=10”，4亿~7亿元用颜色“M=20，Y=20”，7亿~10亿元用颜色“M=30，Y=30”，≥10亿元用颜色“M=40，Y=40”。根据各市产值，填充相应级别的颜色。做好的效果如图8-11所示。

2.4.2　制作统计图表

每个省辖市的煤炭产能用不同大小的圆来表示，根据产能的不同同样将其分为五个级别，分别为<500万t、500万~1 000万t、1 000万~2 000万t、2 000万~5 000万t、≥5 000万t。圆形统计图表的绘制方法如下：

（1）以安阳市为例，新建图层，图层名命名为“安阳统计图表”，根据安阳市的煤炭产能，设计相应大小的圆来表示，圆的直径与相应产能的关系如表8-5所示。

表8-5　表示产能的圆的参数设置

煤炭产能（万t）	圆的直径（mm）	线宽（mm）	线颜色
<500	7.5		
500~1 000	10		
1 000~2 000	12.5	均为0.2	均为“黑色（K=100）”
2 000~5 000	15		
≥5 000	17.5		

安阳市的煤炭产能是675万t，应设计成直径为10 mm的圆表示。用椭圆形工具按住<Ctrl>键拖动鼠标，松开鼠标后即可成为一个正圆形，如图8-12所示。在属性栏中改成其相应的大小为“10 mm”，改线宽为“0.2 mm”，线颜色为“黑色（K=100）”。

（2）绘制煤矿总数的小圆。用相同的方法再画一个直径为3 mm大的圆，线宽为“0.2

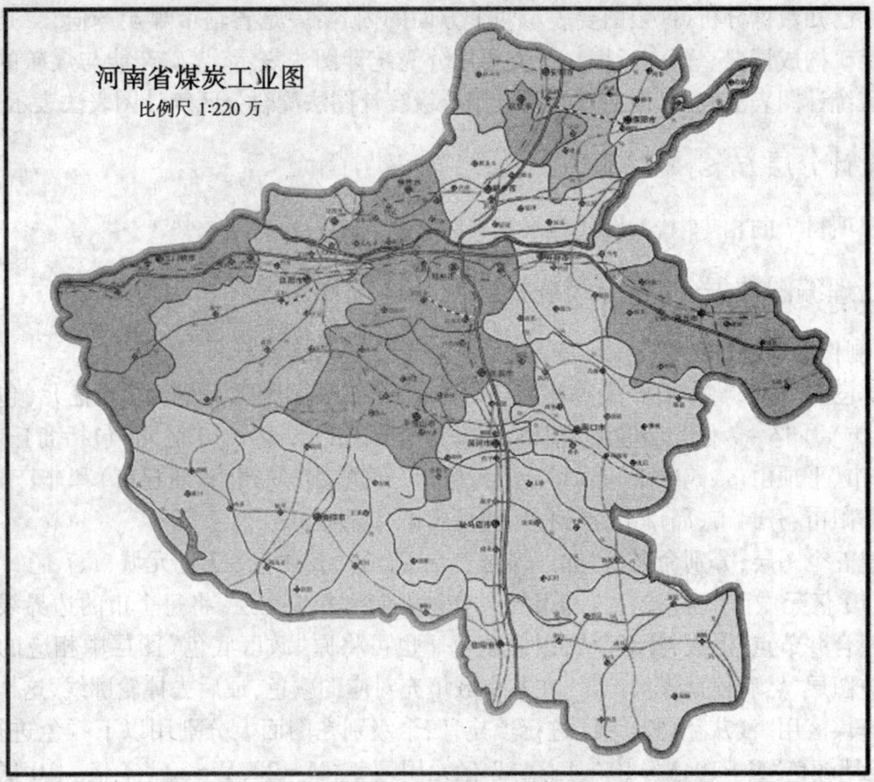

图 8-11　用分级统计图法表示的煤炭产值图(缩小图)

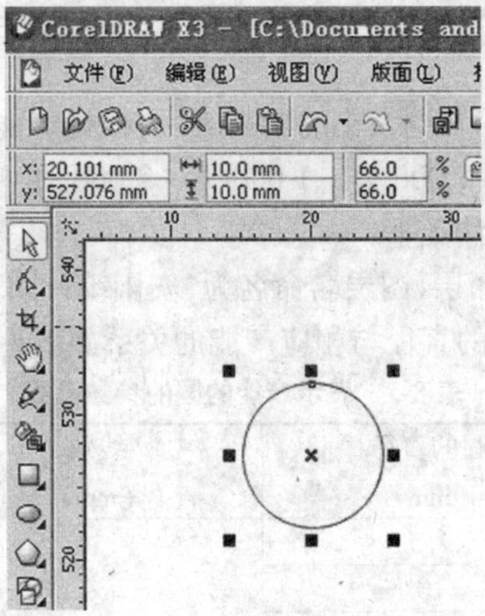

图 8-12　用"椭圆形工具"制作圆

mm",线颜色为"黑色(K=100)",将圆填充成颜色为"白色(K=0)"→用文本工具输入煤矿总数"22",字体为"黑体",大小为"2 mm",颜色为"黑色(K=100)"→按住 <Shift> 键同时选中这两个对象,执行操作【排列】→〖对齐与分布〗→[对齐和分布],如图 8-13 所示,垂直"中"对齐和水平"中"对齐,如图 8-14 所示→再执行操作【排列】→〖群组〗。

表示煤矿总数的圆的参数与文字注记的参数规定如表 8-6 所示。

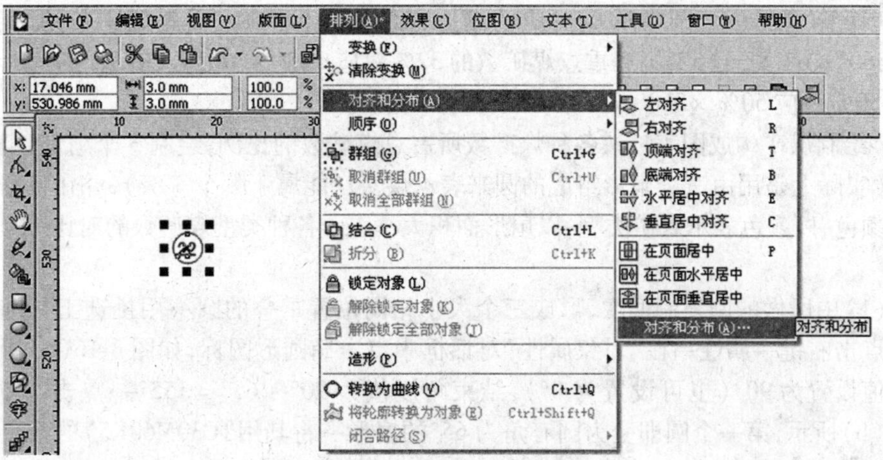

图 8-13　对齐和分布操作

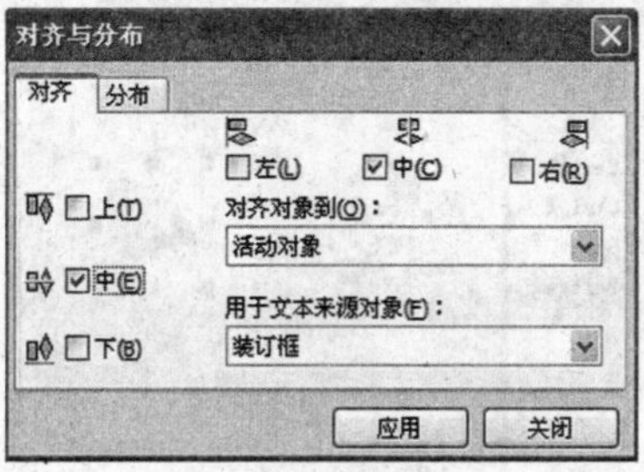

图 8-14　对齐与分布选项

表 8-6　圆参数及文字参数

煤炭产能(万 t)	表示煤矿总数的圆的参数				文字注记参数		
	直径(mm)	线宽(mm)	线颜色	填充色	字体	大小(mm)	颜色
<500	2					1.8	
500～1 000	3					2	
1 000～2 000	4	0.2	黑色(K=100)	白色(K=0)	黑色	2	黑色(K=100)
2 000～5 000	5					2.5	
≥5 000	6					2.5	

煤矿构成数字注记的字大统一为“1 mm”，字体为“黑体”，颜色为“黑色(K=100)”。

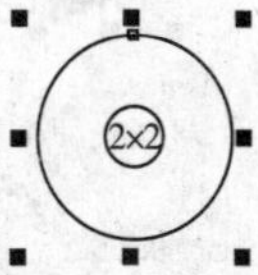

图 8-15　同心圆

(3)如图 8-15 所示，用(2)中所述的方法将第一步与第二步中所绘的图形中心对齐。

(4)计算煤矿构成比例。计算方法如下(仍以安阳市为例)：安阳市的煤矿总数为 22 个，地方国有煤矿数为 4 个，占安阳市煤矿总数的 4/22(18%)；国有重点煤矿数为 7 个，占安阳市煤矿总数的 7/22(32%)；乡镇煤矿数为 11 个，占安阳市煤矿总数的 11/22(50%)。其余的城市以相同的方法计算出来。根据计算好的煤矿总数的构成比例,将其换算成在一个圆中所应对应的圆心角的度数,即地方国有煤矿数的 18% 对应 $18\% \times 360° = 64.8° \approx 65°$,国有重点煤矿数的 32% 对应 $32\% \times 360° = 115.2° \approx 115°$,乡镇煤矿数的 50% 对应 $50\% \times 360° = 180°$。

(5)绘制煤矿构成图表。按各种煤矿数所占总煤矿数的比例,绘制 3 个扇形,组合成一个正圆(实际上是用由三个扇形组成的圆来表示煤炭产能属于哪个等级),并在各扇形内填充不同颜色,以颜色表示煤矿类型,以扇形面积大小表示各种类型煤矿数的对比。具体做法如下:

将(1)中所做的圆复制两次,形成三个大小相同位置重叠的圆→用挑选工具选中第一个圆→点击右键→属性→在“对象属性”对话框中点击椭圆形图标,如图 8-16(a)所示→起始角度值设置为 90°(也可设置为 0°),结束角度值为 $90° + 65° = 155°$→点击“应用”,如图 8-16(b)所示,第一个圆即变为圆心角为 65°的扇形→将其用“C30M60K5”的颜色填充→

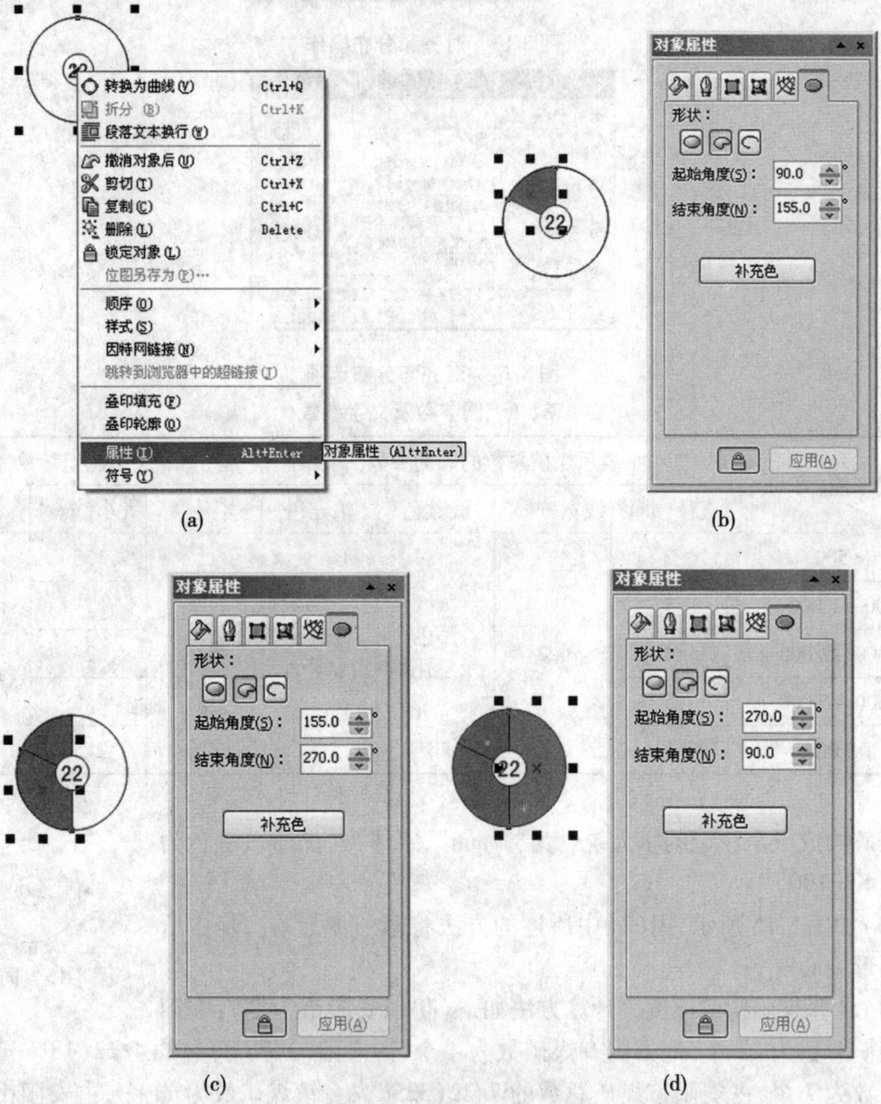

图 8-16　用对象属性工具制作扇形

再选第二个圆→点击右键→属性→点击椭圆形图标→将起始角度值设置成为刚才第一个圆的结束角度值即155°,结束角度值为155°+115°=270°→点击“应用”,如图8-16(c)所示,第二个圆即变为圆心角为115°的扇形→将其用“C40Y75K10”的颜色填充→最后选第三个圆→点击右键→属性→点击椭圆形图标→将起始角度值设置成为第二个圆的结束角度值即270°,结束角度值为270°+180°=450°,450°-360°=90°→点击“应用”,如图8-16(d)所示,第三个圆即变为圆心角为180°的扇形→将其用“Y75K10”的颜色填充。这样,一个城市的煤炭生产总量与煤矿数量的构成的统计图表就编辑完了。最后将所有的对象进行群组。

(6)将做好的统计图表放置在相应的市辖区内,一般不要压盖市界和其他重要地理基础要素。

(7)按上述方法,绘制其他市的统计图表,然后配置到相应市域内。

(8)制作图例。图例如图8-17所示。

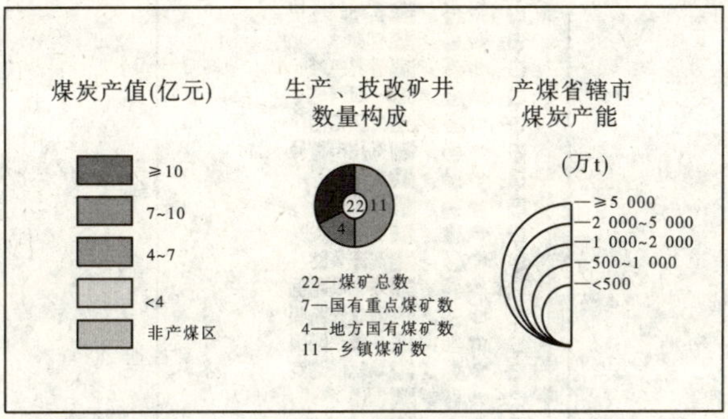

图8-17　图例

2.5　整饰图面

根据图面内容的分布进行调整,使其美观、匀称,参照图8-8,《河南省煤炭工业图》缩小图。

2.6　调整图层顺序

按图8-18所示,调整图层顺序。

2.7　检查,修改

对全图进行检查,修改错漏。

图 8-18 图层顺序

思考题

1. 什么是工业地图？
2. 工业地图有哪些分类？
3. 什么是分区统计图表法？
4. 统计图表的形式有哪些？
5. 定点符号法与分区统计图表法有哪些异同点？
6. 分级统计图法与分区统计图表法有哪些异同点？

项目9　编制农业地图

项目目标

掌握农业地图的概念、类型，重点学习编制粮食作物播种面积图的有关理论、技术方法及步骤。

实例素材

1　各种比例尺的纸质农业地图

(1)1∶10 000 标准分幅土地利用现状图。

(2)湖南农业经济图。

(3)安徽省农业经济图。

(4)农业地图集。

2　各种比例尺的电子农业地图

(1)河南省农业经济图。

(2)河南省粮食主产区图。

(3)西安市农业区划图。

相关知识

1　基本概念

农业地图是一种反映农业生产条件、农业生产分布与发展情况、农产品的贸易和消费以及农业生产规划为主要内容的专题地图。

农业地图在显示农业生产的有利和制约条件、建立农业生产档案、揭示农业生产潜力、指导农业生产方面起着重要作用。其中，大比例尺农业地图用于农业生产管理、农业科学研究和农业现代化规划、实施等方面；小比例尺一览性农业地图则常广泛用于教学、科研与一般参考等方面。

2　农业地图的类型

根据农业地图的不同任务和内容，可将农业地图分为几种类型。通常区分为农业生产配置与发展条件图（简称农业条件图）和农业生产分布与发展特点图（简称农业生产分布图）两大类，每种又可以细分为若干类，如图 9-1 所示。

- 农业地图
  - 农业生产配置与发展条件图
    - 农业自然条件图
    - 农业生产资料条件图
    - 农业技术条件图
    - 劳动力资源状况图等
  - 农业生产分布与发展特点图
    - 农业总图
      - 综合性农业地图
      - 农业区划地图
    - 部门农业总图
      - 种植业图
      - 林业地图
      - 畜牧业图
      - 渔业图
      - 作物状况图
      - 农业经济效益图等

图 9-1　农业地图的类型

2.1　农业生产配置与发展条件图

农业生产配置与发展条件图包括以下几种：

（1）农业自然条件（地貌、气候、土壤、植被等）图。

（2）农业生产资料条件（土地利用、农用地）图。

（3）农业技术条件（水利、机械化、农药化肥）。

（4）劳动力资源状况图等。

2.2　农业生产分布与发展特点图

农业生产分布与发展特点图可分为农业总图和部门农业总图两类。

（1）农业总图反映的是农业方面总的情况。它的形式主要有两种：一种是综合性的农业地图，另一种是农业区划性地图。

（2）部门农业总图是分别表示农业各具体部门，如种植业、畜牧业、林业、渔业等乃至某作物状况的地图，因此农业地图是十分多样的。

3　农业地图的编制特点

3.1　编制方法

农业地图的编制，一般有农业调查测图和根据资料进行室内编图两种。农业调查测图常在大比例尺地形图上进行，根据农业经济、农业土壤及其他调查资料予以补充，大比例尺农业地图常表示农业的一些具体分布状况。在编制中、小比例尺地图时，经常是利用地图资料及统计资料进行。依据普通地图编图时，还需利用土地利用图、耕地分布图、土壤图、植被图和气候图等予以补充，以便更确切地表明农业的生产分布和专业化情况、种植业与畜牧业特征等。利用统计资料编图，需要收集全制图区域的资料，而且应是针对某一特定土地单位的。另外，还需要具有各种农作物和各个农业部门的资料，资料统计指标应按统一的标准。

3.2　资料底图

由于反映农业生产的现象多属面状分布,因此常用面积误差较小的投影编制农业地图。通常对大、中比例尺农业地图采用国家基本地形图的投影,对省一级或面积较大的地区可采用等面积或等距离圆锥投影,对全国的农业图可考虑采用等面积圆锥投影。

农业地图上地理基础要素的选取,依赖于地图的内容和用途、农作物的分布特征及农业部门的特点、专题内容的表示方法等。例如在选取水系时,要考虑与农业有关的灌溉、排涝系统、水库、水电站等。在新垦区要详细表示河流以反映水分条件;在咸水湖中常有很多化学物质可作肥料,因此区分出咸水湖有着特殊的意义;在用分级比值图法或分区图表法编制的农业地图上,水系可简略表示;在用定位布点法(点值法)表示的农业地图上,为使农作物及牲畜的分布反映得更加合理,水系及地貌要素常需要详细表示。在选取居民地要素时,由于居民地对农作物及牲畜的分布起定向和定位的作用,因此需要详细地表示农场、乡镇、农产品加工企业。用分级比值图法或分区图表法表示农业地图时,行政中心及其政区界线要详细地表示;但若改用点值法,则可以大大简化表示。在某些农业地图(如农业总图、农产品加工企业图、农村商业图等)上,应较详细地表示道路网;而在农作物分布图上,道路网可以简略表示。在农业总图上,水系、地貌、土质植被等自然要素都很重要,它们能帮助阐明农业生产分布的规律,阐明农业与地理环境的关系。

4　各种农业地图表示的内容及表示方法

4.1　农业生产配置与发展条件图(条件图)

4.1.1　农业自然条件图

对农业有重大意义的自然要素有地貌、气候、水文、土壤和植被等,表示这些要素的地图主要有地势图、地貌类型图、农业气候图、农业土壤图和农业植被图等几种。

4.1.1.1　地势图

地势图中常用等高线加分层设色表示地貌形态,其等高线的选择需要考虑到与山区农作物耕作有关的高程带。同时,斜坡性质、高程变换点、切割特征等的表示都应注意与机耕及灌溉的关系。水系对农业作用很大,地势图应表示湖、河水源,与灌溉有密切关系的高山积雪等水文要素。

4.1.1.2　地貌类型图

地貌类型图仍应以地貌的成因类型和形态为分类的指标,但应按地貌对农业的影响对平原和丘陵再进行细分,并表示出影响农业生产的不利自然条件,如水土流失状况、盐碱、风沙、易旱和易涝地区等,这可用底色和晕线两种系统来表示。

4.1.1.3　农业气候图

农业气候图上,应表示与农业生产关系密切的光热条件(年平均气温和年较差、太阳年总辐射、各月气温和日照)、农业积温(稳定通过某些农业界线温度的初、终日期及间日数)、霜期、降水量(年降水量及其变率,各季或各月降水情况、典型降水、降雪及日期、冻结及解冻日期、冻土深度等)、风(风向频率、平均风速和最大风速、大风日数)、灾害性天气(台风、暴雨、冰雹及其路径或地区)等。这些一般用等值线法、定位图表法及动线法(路径)、范围法(多雨地区、对农业有利气候区域)等方法表示。在气候图上最好能表示出农业气候分区(用质底法表示)和物候图表。

4.1.1.4 农业土壤图

农业土壤图上除表示土壤的类型外,还应表示土壤的酸碱度、土壤的养分含量和适用肥料的情况(如适用某类肥料的高效、中效、低效区的分布)、水土保持情况及土壤侵蚀类型等(用质底法表示)。

4.1.1.5 农业植被图

农业植被图表示与农业有关的植物,其中包括有用的植物和有害的植物,区分天然生长的与人工培养的植物和作物的种类及其分布,其中包括用作牲畜饲料的植物和牧草。可用质底法、范围法表示。

4.1.2 农业生产资料条件图

4.1.2.1 土地利用图

土地利用图能表明制图地区的土地利用现状、土地资源的利用程度,从而便于评价农业的发展水平,明确进一步合理利用土地资源的方向与可能性。

《第二次全国土地调查技术规程》规定,土地利用现状分类采用一级、二级两个层次的分类体系,共分12个一级类,57个二级类。土地利用现状分类采用数字编码,一级采用二位阿拉伯数字编码,二级采用一位阿拉伯数字编码,从左到右依次代表一、二级。土地利用现状分类、编码和含义见项目10中表10-2。根据实际情况和需要,以及不同地图比例尺的容量可能,可在此基础上续分三、四级类型。

土地利用图的表示方法主要是质底法。图上勾绘出土地利用类型的范围,按分类系统分别设色。设色时应按类型的象征意义设计并注意反映高低两级分类的从属关系,对盐碱、沼泽、沙土等可用普通地图中采用的符号。在分类级别较多时,也可对高级类型用底色、低级类型用晕线或花纹来表示。

4.1.2.2 农业用地分布图

农业用地分布图是评价农业发展水平的标志之一(如垦殖指数高的地区,耕作业必定相当发达)。大、中比例尺农业用地分布图常用范围法表示各种农业用地(如耕地、牧草地、林地、园地或耕地中各类农作物种植用地)的分布,以显示其实际的轮廓范围。若与自然条件图及农业专业化分区图相比,则可评价土地实际利用是否得当,并有助于弄清土地潜力及合理利用土地的方法。

小比例尺图上一般较难表示各种农业用地的实际分布,通常只表示农业用地的构成,图上常用两种统计图方法表示,即按行政单位表示农业用地结构的分区统计图表法和表示各种农业用地占土地总面积比例的分级统计图法。这种统计图的内容结构极为简单,不能反映出用地的地理分布,更没有显示出各区域内部实际分布的差异。另外,可以用点数法表示某一类农业用地的数量及其分布。如果点值大小与按比例尺表示的面积大小相适应,则地图反映的内容更接近于真实情况。

4.1.3 农业技术条件图

农业技术条件是指除自然条件、劳动力条件外,由于人为的技术经济措施,给农业创造的生产条件,如农业水利设施、农业机械化、化肥农药用量等。

4.1.3.1　农业水利设施图

农业水利设施图主要反映各种水利设施的分布,如河流、渠道、渡槽、提引管道、泵站、水库、堤坝、电站等,同时应反映灌溉受益范围的分布(范围法)或灌溉受益面积占全部耕地面积的比例(分级统计图法)。一般来说,这类图中由于水利设施多为点状或线状物体,因此可把易旱、易涝、旱涝保收区域的范围及农作物种植区的范围用范围法作为背景和上述点状、线状物体表示在一起。

4.1.3.2　农业机械化图

农业机械化图主要反映实现农业机械化的条件——田块的大小构成、土壤的比阻(指耕作时消耗于每平方厘米土块上的牵引阻力)以及农业机械化的实施程度,如农业机械的总动力及其构成(包括耕作、收割、灌溉、植保、加工运输机械)。

(1)机耕、机播、机割、机灌的面积构成。

(2)每马力农机(或电排灌)负担的耕地数(或每亩耕地占有的农机数量——马力数)。

(3)农机站、农机修理网点的分布等。

(4)网点分布用符号法,农机负担的耕地数一般用分级统计图法,其他内容一般用分区统计图表法表示。如有的图用分级定值符号累加表示数量指标,效果很好。

4.1.4　化肥农药用量图

化肥农药用量图主要表示化肥、农药厂的分布,化肥、农药的销售量及平均每亩地各类化肥及农药施用量。平均每亩地的施用量用分级统计图法表示,销售总量用分区统计图表法表示,厂点分布用符号法表示。

4.2　农业生产分布与发展特点图(生产分布图)

4.2.1　农业总图

农业总图亦即一览性普通农业图,它可综合地概略反映制图区域的自然与经济条件,以及农业的综合发展。在这种图上可以同时显示多方面的农业现象及其联系和发展规律。

农业总图着重表示地区农业生产的特征,农业生产部门结构与发展水平,主要农作物构成,耕地状况,农业劳动力构成,农业企业(国营农场)及乡、村机构等情况,以及有关的诸地理基础要素。

地区农业生产的特征常常是以划分农业生产专业化分区或农业生产类型来表现的,一般用质底法表示。可以用分区统计图表以符号的形式表示耕地、劳力、农业生产主要品种等。可以用范围法(轮廓界线或符号图形)配合表示主要农作物和牲畜的分类及种类。

农业生产部门有两方面的含义:按小农业概念分农(种植业)、林、牧、副、渔5业,按大农业概念现在一般分农(小农业)、工、商、建筑、运输5类行业。表示它们的构成可依产值为指标,用统计图表表示。

只要是反映农业总体状况的地图都属于农业总图范畴。根据内容容量及表示的可能,农业总图可以表示为一幅综合性图,也可以表示为多幅图。农业总图的形式主要有如下两种。

4.2.1.1　综合性农业地图

是在具有地理基础要素的地图上,将农场,乡、镇和农业企业及主要农作物的构成,农业专业化区划,农产品的贸易运输等内容综合地表示在一幅图上,成为综合性的农业地图。农场,乡、镇和农业企业用符号法表示,主要农作物的构成用分区统计图表法表示,农产品的贸易运输用线状符号法表示,农业专业化区划用质底法表示。

4.2.1.2 农业区划地图

是以质底法形式,以专业化区划为主要内容,并在各区划内附上各区农业内部结构及发展水平统计图,形成农业区划性地图。

4.2.2 部门农业图

4.2.2.1 农作物图

农作物是指农业上栽培的各种植物,具体包括以下内容:

(1)粮食作物。以水稻、小麦、豆类、薯类、青稞、蚕豆为主要作物。

(2)经济作物(油料作物、蔬菜作物、嗜好作物)。油料作物以油籽、蔓青、大芥、胡麻、大麻、向日葵等为主。蔬菜作物主要有萝卜、白菜、芹菜、韭菜、蒜、葱、胡萝卜、菜瓜、莲花菜、莴笋、黄花、辣椒、黄瓜、西红柿等;果类有梨、苹果、桃、杏、核桃、李子、樱桃、草莓等品种,野生果类有酸梨、野杏、毛桃、山樱桃、沙棘等;嗜好作物包括烟草、咖啡等。

(3)工业原料作物。包括棉花、麻类、甘蔗等。

(4)饲料作物。包括玉米、绿肥、紫云英等。

(5)药用作物。包括人参、当归、金银花等。

农作物图是主要反映农业生产能力的地图。一般分为两种类型:一种是较窄部门的作物生产图,如粮食作物、经济作物、油料作物等的生产图;另一种是单一作物的生产图,如水稻、小麦、玉米、高粱、棉花、大豆、花生、甜菜等的生产图。

生产能力可以用种植面积、单位面积产量、总产量、总产值为指标。第一类(较窄部门)作物图,一般是以各分区为单位的分区统计图表法表示,图表的大小以生产能力为依据,按各种不同作物品种的比例划分,指标为种植面积、总产量或总产值(通常以后两者为代表)。单一作物的生产图也同样采用上述几种指标,不过表示方法多样。用种植面积作指标时,可以是绝对数,即耕地的亩数,通常用点数法来表示;也可以是相对数,即占土地总面积或全部种植面积的比例,用这种指标能说明其地位,一般用分级统计图法表示。用总产量或总产值作指标时,一般采用点数法或分区统计图表法。但如果表示该分区的总产量(或总产值)在全部制图区域中所占的比例,则可以用分级统计图法表示。单位面积产量是相对指标,表明了作物生产水平,一般都用分级统计图法来表示。如果将两种统计图法配合应用,则同时可以表示其绝对指标和相对指标,效果也很好。在单一作物图上还可以用分区统计图表表示种植作物的熟制构成或品种构成。

4.2.2.2 林业地图

林业地图应反映森林质的特征、林地占土地面积的比例、林场及分布范围、各分区林木蓄积量、采伐量等。

关于森林质的特征可以有两种划分标准,即按林种划分标准和按树种划分标准。按林种可分为用材林、防护林、特用林、经济林、竹林、薪炭林等。各林种下可进一步划分若干树种组,如用材林种包括针叶林、软阔叶林、硬阔叶林、珍贵软硬阔叶林等,经济林种包括木本粮油林、特种经济林、水果树林和其他经济林等,竹林种包括大径竹和小径竹等。但是用材林、防护林、特用林中常常会含有同一树种,这是因为林种的划分主要依据所起的作用及栽种的目的。即使是经济林中也有树种同时亦是用材林的,如栗树、核桃等。所以在反映森林质的特征时,又常用树种这一标准。对主要的和成片的林地用树种或树种组表示,对次要的和零星的林地用林种表示。此外,还可以按树龄划分林地。

森林质的特征应反映主要的树种、树龄和级别等,用范围法表示。林地占土地面积的比例或森林覆盖率可分别用分级统计图法表示。林地绝对面积可与林木蓄积量一起按照分区(行政区或林区),用分区统计图表法表示。

4.2.2.3 畜牧业图

畜牧业图反映的内容有役用牲畜(牛、马、驴)的地域分布、数量及负担状况(如每亩耕地平均拥有的役用牲畜数量或每头役用牲畜负担的耕地亩数);肉用或其他牲畜(猪、羊、肉牛、奶牛等)的存栏率、出栏率、商品率或数量,家禽(鸡、鸭、鹅、兔等)的数量及良种场的分布等;草场、饲料资源的分布,饲料的构成和供蓄量等。可用点数法表示牲畜的分布。由于牲畜的种类很多,在用点数法时可采用大小不同、颜色不同的点子。分级统计图法可采用表明负担状况等相对指标。如果把区域内各种牲畜集中起来,则可用分区统计图表表示。可用范围法表示草场。可用分区统计图表法表示草场面积及供蓄量、饲料构成等,供蓄量一般以牛为单位计算,对猪、羊以一定的系数折算,如1牛=5猪=10羊。可用动线法表示牲畜放牧的路线。

4.2.2.4 渔业图

渔业图可以用分区统计图表的形式表示各渔业区、渔港的水产品总产量及其品种比例,或表示各种水面(如湖泊、水库、塘堰、港渠、精养池)的可养及已养面积。若不区分各种水面状况,也可依水面可养总面积为指标,用分级统计图法表示。近海渔场多用范围法表示。

4.2.2.5 农业经济效益图

评价农业经济效益的指标有很多,其中主要的是耕地生产率,即单位面积(如亩)上的农业(包括农、林、牧、副、渔)净产值(元),以及农业劳动生产率,主要指平均每个农业劳动力的年产值,每百元产值的物质费用和生产成本,每百元投资创造的产值;以及主要作物如粮食、棉花、油料的平均亩产等。耕地生产率和农业劳动生产率一般可用分级统计图法表示。其他可用分区统计图表法表示。作物的亩产虽然也属相对指标,但若要将三项指标对比表示,则用组合图表表示较为恰当。

5 编图资料的收集整理与分析

从上面农业地图的分类介绍可知,农业地图的类型非常多,编制不同类型的农业地图,需要收集不同的资料,下面以编制《河南省粮食作物播种面积图》为例,介绍资料的收集整理与分析。

《河南省粮食作物播种面积图》是反映各地市粮食作物生产能力的地图。编制《河南省粮食作物播种面积图》,需要收集以下资料。

5.1 基本资料

基本资料主要有以下几种:

(1)底图资料,用于编制地理基础要素。可收集适当比例尺的地理图或行政区划图作为底图资料。

(2)各地市农业人口及主要粮食作物播种总面积,用于计算各地市“农业人口人均粮食作物播种面积”指标,作为新编图上表示的专题要素之一。

(3)各地市主要粮食作物播种(如谷物、豆类、红薯等)面积,它也是地图上重点反映的专题要素。

第(2)、第(3)种资料可从省农业局、省统计局等部门收集。

5.2 补充资料

底图方面的补充资料及数据统计数据方面的补充资料,如补充南水北调干渠、补充济源市统计数据等(济源市是省直辖行政单位)。

5.3 参考资料

(1)《中国公路网超详版地图集》(下册),在选取道路时,作为参考。

(2)当年全省粮食作物播种情况的文字介绍、有关说明等。

收集的资料现势性要强,资料内容要齐全、完备,应和所编图的用途要求相适应,可靠程度要高,无错误,精确性要高,使用方便。

收集资料后,应对其进行整理与分析,如将以“县、区”为统计单位统计的粮食作物播种面积合计为以“市”为单位的粮食作物播种面积,分析播种面积数据分布特征(如面积的最大值、最小值、集群性等),以便随后进行数据分级处理及使用。

6 数据的分级处理

从上述介绍中可知,许多农业地图是根据统计数据编制的,所以编图时,需要对收集的统计资料进行分级处理。数据分级研究已引起许多制图专家的重视,其目的在于改善分级间隔的规则性、同级之中的同质性、不同级别之间的差异性以及图面的视觉效果。

专题数据中的定量数据大多是呈离散分布的,但原始数据并不能直观地反映现象在空间分布上的规律性、由于数量差异而产生的质量差异感、特殊的水平或集群性,因此对原始数据经统计分析后,进行分级是十分必要的。数据分级处理的主要任务是:用恰当的方法对数据进行分级,使分级后的数据客观地反映现象分布的地理规律性并满足专题制图的要求。农业地图中最常见的分级统计图法所表示的就是分级数据,在分区统计图表中也常常出现分级数据。

在地图上,数据一旦表示为分级的形式,同一级的这组数据间的数量差别将消失。在数据处理中损失了的这部分信息就不可能传递给读者了。当然,分级的结果并非单纯地损失信息,它也可以为读者提供更直观的信息。例如,可以通过人均收入水平的某个数值表达出贫困的范围,用人均拥有粮食量表达出能够向国家提供商品粮的区域,也可以把同质的区域作为一个等级表达出来,为读者提供集群的概念。因此,分级的最重要的任务是找出关键的临界值,以增强同一级别区域间的同质性和各级之间的差异性。

6.1 基本原则

专题要素的分级处理主要包括分级数量的确定和分级界线的确定。它们受地图用途、地图比例尺、数据分布特征、表示方法、数据内容实质、使用方式等多种因素的制约。

6.1.1　分级数量的确定

分级数量的确定，要做到详细性与地图的易读性、规律性的统一。依据统计学原理，分级数的多少与对数据的概括程度成反比，即分级数越多，概括程度越小，在图上表示得越详细，反之亦然。但根据人的视觉感受特点，肉眼在地图上所能辨别的等级差别是非常有限的（对纸质地图和电子地图这两种不同介质的地图，所能辨别的等级差别也不同），同时，分级太细不宜反映大的规律性，因此在首先保证地图易读性的前提下，应满足地图用途所要求的规律性，尽可能使分级详细些。如果地图比例尺增大，可利用的视觉变量的变化范围也增大，分级数就可适当增加。如果数据具有较强的集群性，则分级数可依据集群数的多少，不必太多。

分级后的数据作为直接使用的制图数据将以符号的形式表示在地图上，因此分级数与采用的表达手段有着密切的关系，因为读者对不同的符号和图形有不同的感受能力。

采用符号法表示时，若采用的是艺术符号，通常只宜分为3级。用几何符号则可以区分5~7级。线状符号的分级数量同艺术符号相似，即可分为3级。

分级统计图用面积色来区分不同的等级。按读者的分辨能力、目前我国的印刷水平以及显示器的分辨力，在使用同种色表达时，最多分为5级。如果用两个颜色来表达，则可以明确地区分7~8级。

用于分区统计图表的分级，较粗略时只应分为3级，最多不超过5~7级。

6.1.2　分级界线的标定

在国内外的地图和地图集上，我们常常看到在图例中分级界线标定比较混乱。例如，表示某农作物平均亩产时表示为

<100,100~300,300~500,500~700,700~1 000，>1 000(kg/亩)

≤100,101~300,301~500,501~700,701~1 000，>1 001(kg/亩)

0~99,100~299,300~499,500~699,700~999，>1 000(kg/亩)

第一种分级方案使读者无法判别100,300,500,700,1 000这几个界值究竟属于相邻的哪一级。第二种、第三种方案当给定统计精度精确到kg时，这样标定是允许的，否则就会产生100与101、99与100之间等的空白区。

正确的标定方法是采用左闭右开或左开右闭的形式，如：

左闭右开形式　<100,100~300,300~500,500~700,700~1 000，≥1 000(kg/亩)

左开右闭形式　≤100,100~300,300~500,500~700,700~1 000，>1 000(kg/亩)

6.1.3　分级界线的确定

分级界线的确定是分级的最主要问题，其主要原则是保持数据分布特征和分级数据有一定的统计精度。

用等值线法和分级统计图法编制地图时，主要任务是解决级别划分的原则问题（有的原则也适用于定点符号法和分区统计图表法地图的分级）。根据反映现象分布的目的可有以下三种原则：

(1)按数据分布特征分级的原则，适用于任何要素和现象。

(2)按各分级单元的个数分布的原则，适合于按一定指令性标准反映单元个数的统计。

(3)按地图上各级面积分布的原则，适合于与实地面积有关的分布现象，如人口密度。

其中，最常用的是按数据分布特征分级的原则。

6.2　数据分级处理的种类

专题数据分级处理的方法很多,从数据的特征方面来看,主要有以下三类:

(1)考虑数据类型及其分布特征的分级方法。下面将详细介绍这种方法。

(2)按分级数据单元物体的个数进行分级的方法。这种方法常用于依据给定的某一级或几级数量指标标准的社会经济现象的分级。例如,在编制《黑龙江省农业地图集》中的"贫困人口"图幅时,把各县的某项经济指标按照市级贫困县、省级贫困县、国家级贫困县的标准分级,主要反映各级贫困县的个数和分布。这种分级方法较为简单,适用于绝对数量和相对数量指标的分级。

(3)按地图上各级分布面积对比的分级方法。该方法主要用于反映与面积相关的数量指标的分级,通常为相对指标,如人口密度、森林覆盖率等。

6.3　考虑数据类型及其分布特征的分级方法

考虑数据类型及其分布特征的分级方法是专题数据分级最常用、最基本的方法。这种方法既适用于绝对数量的分级,也适用于相对数量的分级;既适用于点状分布要素,也适用于线状和面状分布要素。这种方法一般分为以下两类:

(1)一类是按照简单的数学法则分级,主要有数列分级方法(等差数列分级、等比数列分级、倒数数列分级)和级数分级方法(算术级数分级和几何级数分级)等。

(2)另一类是统计学分级方法,即按某种变量系统确定间隔的分级,主要有统计量分级(平均值、标准差等)法、自然裂点法、逐步聚类法和模糊聚类法等。

按照简单数学法则分级的方法是专题地图设计时较常用的方法,该方法主要考虑了用图者的习惯,易于把握分级数而且分级界线有规律地变化,并考虑了制图者的经验。统计学分级方法的优势在于按照某种数学法则能比较精确地反映数据分布特征,但有时不便于制图。

根据分级系统的数字特征,又可把它分为四个系统,即等间隔分级、间隔有规律地向量表的高端变大或变小的分级、按某种变量系统确定间隔的分级、按需要自由的分级。

下面介绍数列分级方法中的等差数列分级方法。

数列分级的特点是:分级界线是某种数列中的一些点。一旦选定了某种数列(如等差数列或等比数列),则分级界线完全取决于数据的最大值、最小值和分级数。数列分级方法的优点是分级界线(间隔)严格按照数学法则确定,但它不能很好地顾及数据本身的随机分布特征。

等差数列分级是一种最简单的分级形式,等差分级用于具有均匀变化的制图现象,其特点是级差相等便于比较。设 H 为数列的最高值,L 为数列的最低值,K 表示分级间隔(级差),则数列分级后各级的下限为:

$$A_i = L + \frac{i-1}{K}(H-L) \quad (i = 1,2,\cdots,K+1)$$

实际使用时,K 和 A_i 都应当凑成整数。

有时可直接给一个恒定的间隔作为分级的唯一依据。例如,粮食平均亩产:

$\leqslant 200, 200 \sim 400, 400 \sim 600, 600 \sim 800, 800 \sim 1\,000, > 1\,000$(kg)

0－100,100～300,300～600,600～1 000,1 000～1 500,1 500～2 100(kg)

在专题制图中,当待分级的数据分布较均匀,没有明显的集群性,而且最大值和最小值相差不是过于悬殊时,通常可采用等差分级的方法。

6.4　分级结果的检验

不论用哪种方法分级,其分级结果都应能够反映区域的地理特征,一般情况下用下面两种标准来衡量分级的优劣。

(1)各级中样本数呈正态分布或均匀分布。多数情况下希望各级中的样本数量呈正态分布趋势,即把突出高数值和突出低数值的数列段从数列中区分出来,如特别富的地区和特别穷的地区,要能明显地从一般的地区中区分出来,这就要求两端的级别所代表的样点数较小。

(2)同级区域的连通度。处于同一等级的区域,在地理上具有相似的条件,因此表现在地图上,它们各自应组成相对完整的地域。优良的分级应当使分级后产生的区域数相对较少,即连通度较大,这个指标用破碎指数来衡量。破碎指数同分级数量有密切关系,也同各级内部的同质性有关。对不同的分级方案进行比较,破碎指数较小的方案为较好的方案。

生产中,为了提高生产效率,对系列地图(多幅图)的数据分级处理,可设计开发统计指标直方图编辑和分级软件,使用软件直接在屏幕上显示和改变直方图的分割间距,在确定制图分级方法和分级级数后,自动识别分级界限并显示分级评价的精度。制图指标通过统计分析以及制图分级后,生成制图分级文件,供下一步图形表示时使用。

7　《河南省粮食作物播种面积图》专题内容的分布特征及表示方法

7.1　专题内容的分布特征

《河南省粮食作物播种面积图》上表示的专题要素包括“农业人口人均粮食作物播种面积”和“主要粮食作物播种面积及构成”两种,从要素空间分布特征来说,均属面状分布。另外,图上需要反映出这两种要素的数量特征。

7.2　专题内容的表示方法

各种要素(现象)的空间分布不同,选择的表示方法也不同,其符号也各异,相同的空间分布,也可以选用不同的表示方法。“农业人口人均粮食作物播种面积”是相对指标,用分级统计图法表示,“主要粮食作物播种面积及构成”是绝对指标,用分区统计图表法表示。

8　使用的绘图软件

使用 CorelDRAW X3 软件编制《河南省粮食作物播种面积图》。

9 《河南省粮食作物播种面积图》编制方法及一般成图过程

9.1 《河南省粮食作物播种面积图》的编制方法

9.1.1 编写《专业技术设计书》

由设计人员根据本图的性质、使用对象和用途，以及制图区域农业发展状况和统计数据特征进行设计，编写出《专业技术设计书》，用于指导《河南省粮食作物播种面积图》的编制生产。专业技术设计工作包括设计图幅尺寸、比例尺，选择地图内容和各要素的表示方法，确定数据分级处理的原则、方法，设计分层方案，级别底色设计、统计图表设计、彩色选配、整饰设计等内容。

9.1.1.1 设计图幅尺寸、比例尺

地图的比例尺和图幅尺寸与地图内容、用途、制图区域的面积轮廓、地图图面配置、纸张规格、制印工艺条件有着密切的关系。本图幅成品尺寸为320 mm×270 mm，图廓为300 mm×250 mm，比例尺为1∶2 200 000。

9.1.1.2 选择地图内容和各要素的表示方法

不同类型的农业图，选择不同的内容。《河南省粮食作物播种面积图》表示的内容包括底图要素和专题要素两大类，其中专题要素为“农业人口人均粮食作物播种面积”和“主要粮食作物播种面积及构成”。各要素在空间上分布特征不同，使用的表示方法也不同，对于在空间上“线状分布”的道路等，选用线状符号法表示；对于在空间上呈点状分布的居民点，采用定点符号法表示；对于在空间上呈面状分布的“农业人口人均粮食作物播种面积”和“主要粮食作物播种面积及构成”，则分别用分级统计图法和分区统计图表法表示。

9.1.1.3 确定数据分级处理的原则、方法及界线

对《河南省粮食作物播种面积图》上表示的“农业人口人均粮食作物播种面积”和“主要粮食作物播种面积及构成”两种专题数据，遵照“按数据分布特征分级”的原则分级，使用前面介绍的数列分级方法中的等差数列分级对数据进行分级，确定分级界线。

9.1.1.4 设计分层方案

分层方案是确定当前地图的图层的分类体系和专题信息的分类体系，它是对地理现象的综合和概括。分层的多少应以方便制图为原则。根据计算机地图制图数据组织基本原则，可以得到地图图层设计的基本顺序（从上到下）规律如下：

图面整饰部分；

图例部分；

点状要素注记部分；

线状要素注记部分；

面状要素注记部分；

点状要素符号部分（包含分区统计图表）；

线状要素符号部分；

面状要素符号部分；

面积色（分级统计图法使用的级别色）部分等；

底图。

(1)图面整饰部分。根据地图类型不同,内容也有所不同,主要包括图名、图廓等图层。

(2)图例部分。主要包括说明注记、级别色符号、统计图表符号等图层,图层顺序安排与主图类似。

(3)点状要素注记部分。包括地图幅面上所有点状要素注记,这些注记还要按要素种类分层存储,并根据地物的重要性把重要地物注记放置在上层,一般地物注记放置在中间层,次要地物注记放置在最下层。

(4)线状要素注记部分。包括河流、道路等图上所有线状要素注记,这些注记也要按要素种类分层存储,并根据地物的重要性把重要地物注记放置在上层,一般地物注记放置在中间层,次要地物注记放置在最下层。

(5)面状要素注记部分。包括双线河流、湖泊等图上所有面状要素注记,这些注记同样要按要素种类分层存储,并根据地物的重要性把重要地物注记放置在上层,一般地物注记放置在中间层,次要地物注记放置在最下层。

(6)点状要素符号部分。包括地图幅面上所有点状要素符号,这些符号还要按要素种类分层存储,并根据地物的重要性把重要地物符号放置在上层,一般地物符号放置在中间层,次要地物符号放置在最下层。

(7)线状要素符号部分。包括河流、道路等图上所有线状要素符号,线状要素符号部分图层设计和图层顺序安排与点状要素符号部分相似。

(8)面状要素符号部分。包括双线河流、湖泊等图上所有面状要素,面状要素符号部分图层设计和图层顺序安排与点状要素符号部分相似。

(9)面积色部分。包括各市域级别(色级)底色和主区外的衬托底色(本图设计为白色),这些面积色一般是级别(色级)底色放在一个图层,衬托底色放在另一个图层,且将其置于级别底色的下层。

9.1.1.5 处理统计数据,设计级别底色及统计图表

本项目对"农业人口人均粮食作物播种面积"和"主要粮食作物播种面积及构成"两种指标,分别用分级统计图法和分区统计图表法表示,所以要对收集的数据进行处理,即计算出各个市的"农业人口人均粮食作物播种面积"并分级;对谷物、豆类、红薯的"播种面积"分级。

根据《地图整饰》课程及本课程的相关知识,设计用于表示"农业人口人均粮食作物播种面积"指标的级别底色,以及用于表示"主要粮食作物播种面积及构成"指标的统计图表(包括设计统计图表的大小、线宽和颜色)。

9.1.1.6 《河南省粮食作物播种面积图》的整饰设计

其整饰设计内容包括图面配置、彩色选配、图廓设计、图名的字体等。

9.1.2 地图制作

作业人员根据《专业技术设计书》的要求,将有关资料转标到纸质底图上,然后将纸质底图进行扫描,一般情况下可将分辨率设定为 280 dpi 左右。启动 CorelDRAW X3 绘图软件,将底图导入页面中并锁定底图,然后设定各种绘图参数。按照《专业技术设计书》中的分层方案,在 CorelDRAW X3 的"对象管理器"中建立图层并定义各图层名称。图层建立后,就可以开始编制地理基础底图了。利用 CorelDRAW X3 中的"贝塞尔工具""节点编辑工具""轮廓工具"" 填充工具""文本工具"等,对照地图进行矢量化,跟踪描绘各种线状要素

（如单线河、境界线等底图要素）；绘制居民点要素；描绘要素边线且填色构成面状要素（如通过绘制水涯线且填充浅蓝色形成水库等）；输入居民点名称、河流名称等注记。注意：各种要素一定要放在各自图层上，不能放错图层。按照《专业技术设计书》的有关规定，对各种图形要素数据进行编辑，如修改道路的图形、线型、线宽、线颜色；更改面状要素的填充色；定义注记的字体、字大、字色，调整注记字位等（本次实习采用《河南省政区图》矢量数据作为编制地理基础底图的基本资料，经编辑后形成地理基础底图，具体编辑方法和要求见本项目中的“技能训练”）。然后，绘制各个市域，根据前面“农业人口人均粮食作物播种面积”分级结果及设计的级别色，在各个市域内填充相应的颜色；根据谷物、豆类、红薯的“播种面积”及其分级结果，绘制相应大小的统计图表（本项目采用正方形统计图表），并匹配到相应市域内，统计图表一般不要压盖境界线。最后，进行图面配置，合理安排图名、图例、比例尺、插图、图表、文字说明等附属元素。在 CorelDRAW X3 的“对象管理器”中查看图层顺序是否正确，如果有的图层位置有误，则应按照分层方案的规定，调整其至恰当的位置，以正确处理要素之间的压盖关系。以上工作做完后，作业人员应进行自我检查、修改，然后将新编《河南省粮食作物播种面积图》打印出来，对照打印图再次进行自查、修改，修改完毕后，将作业成果上交给质检部门审查、验收。

9.2　一般编制过程

以纸质地图为制图数据源和以各种数据为制图数据源的编制过程稍有差别，如图 9-2 所示是以矢量数据为底图数据源的《河南省粮食作物播种面积图》一般编制过程。其中，统计图表也可在图形软件下生成。

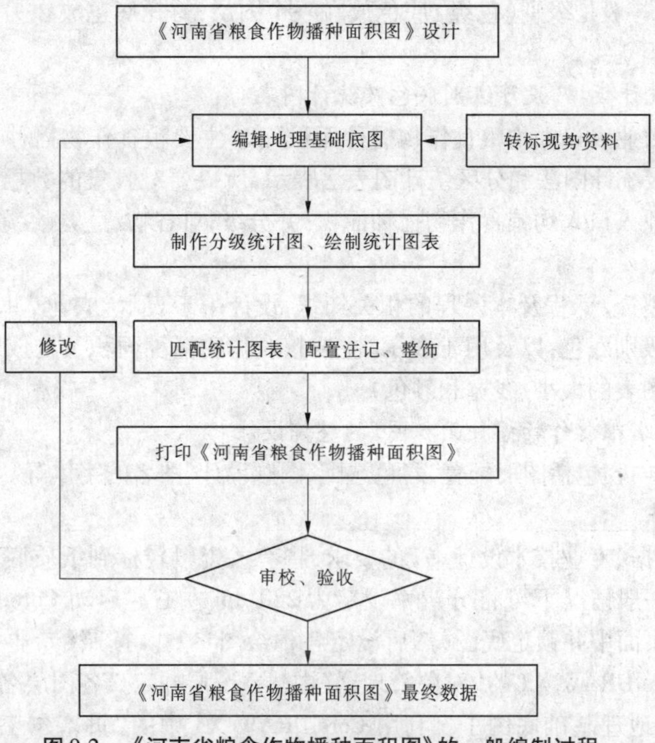

图 9-2　《河南省粮食作物播种面积图》的一般编制过程

技能训练

1　实习目的与要求

（1）掌握农业地图的基本概念、农业地图的编制特点。

（2）掌握数据的分级处理原则、方法。

（3）进一步熟悉分级统计图法与分区统计图表法。

（4）熟练掌握编制《河南省粮食作物播种面积图》的方法及一般步骤。

2　实习内容与步骤

绘制一幅《河南省粮食作物播种面积图》，地图成品尺寸为310 mm×268 mm，图廓尺寸为290 mm×250 mm，比例尺为1∶220万。图上表示两种专题指标，即"农业人口人均粮食作物播种面积"和"主要粮食作物播种总面积及构成"，其中，"农业人口人均粮食作物播种面积"指标用分级统计图法表示，"主要粮食作物播种总面积及构成"指标用分区统计图表法表示。编图时，采用《河南省政区图》作为底图资料，如图9-3所示，编绘地理基础底图要素，专题资料为"河南省各市农业人口、主要粮食作物播种总面积及谷物、豆类、红薯播种面积"统计数据，如表9-1所示。新编图效果如图9-4所示。具体实习内容与步骤如下。

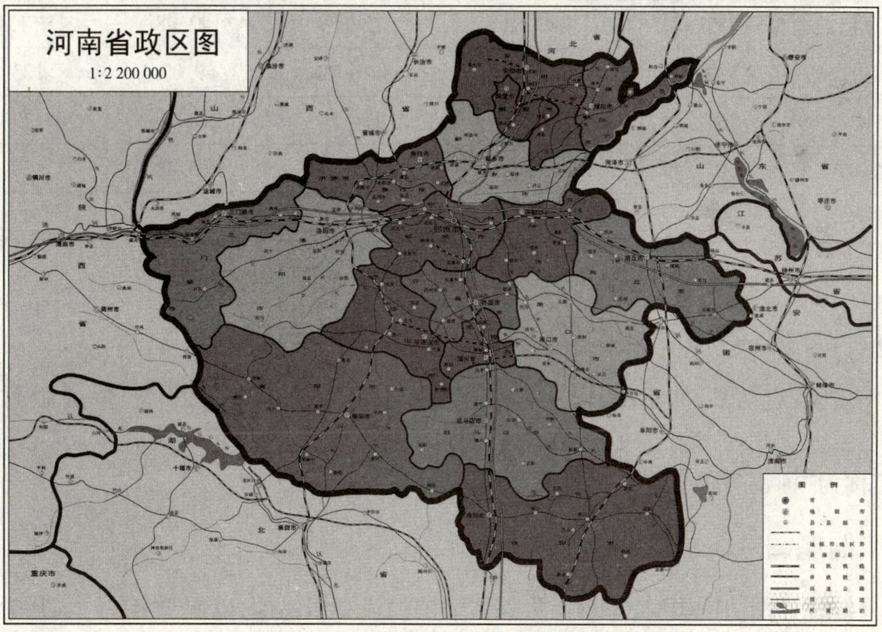

图9-3　《河南省政区图》（缩小图）

表9-1　河南省各市农业人口、主要粮食作物播种面积

项目	农业人口（万人）	粮食作物总面积（10^3 hm^2）	谷物（10^3 hm^2）	豆类（10^3 hm^2）	红薯（10^3 hm^2）
郑州市	244	361.50	331.43	15.56	14.51
开封市	294	455.62	421.27	18.11	16.24
洛阳市	367	521.42	456.33	36.88	28.21
平顶山市	293	410.72	370.09	18.62	22.01
安阳市	333	538.90	373.87	107.18	57.85
鹤壁市	74	164.25	80.07	52.46	31.72
新乡市	333	601.88	419.18	122.45	60.25
焦作市	185	265.55	207.75	35.09	22.71
濮阳市	236	376.82	256.88	73.99	45.95
许昌市	278	427.34	269.70	66.43	91.21
漯河市	157	261.93	202.55	30.41	28.97
三门峡市	122	162.11	100.29	45.19	16.63
南阳市	695	1 121.09	875.22	183.15	62.72
商丘市	555	922.12	728.89	142.08	51.15
信阳市	532	821.09	628.75	69.07	123.27
周口市	769	1 122.27	774.14	218.59	129.54
驻马店市	601	1 154.42	797.33	236.48	120.61
济源市	35	41.77	25.63	8.01	8.13

2.1　打开底图(河南省政区图),定义页面尺寸

操作步骤:启动 CorelDRAW X3→“打开” →选择“河南省政区图”文件→【版面】→〖页面设置〗→“页面”→“大小”→“横向”→“纸张”选〔A3〕,其他项用默认值→“确定” →另存文件,名称为“河南省粮食作物播种面积图”。

2.2　编制底图

用分级统计图法制图时,底图上可保留大的河流和居民地,以便于定位。而用分区统计图表法制图时,因为分区统计图表法的统计图表是按区划单位配置的,所以区划界线(本次实习包括省界和市界)是地图上最重要的要素之一,必须很清楚地表示出来。其他要素如河流、道路、居民点等,则应尽量删简。如果可能,可注记各区划单位的名称和统计数据。为此,本次实习规定,在底图上应选取:①省界及色带、市界;②双轨铁路;③京港澳高速公路、连霍高速公路;④丹江口水库、黄河及长的单线河;⑤省会符号及其注记、各市居民点符号及其注记;⑥市表面注记(各区划单位的名称);⑦湖泊、水库名称;⑧一级河流名称;⑨二级河

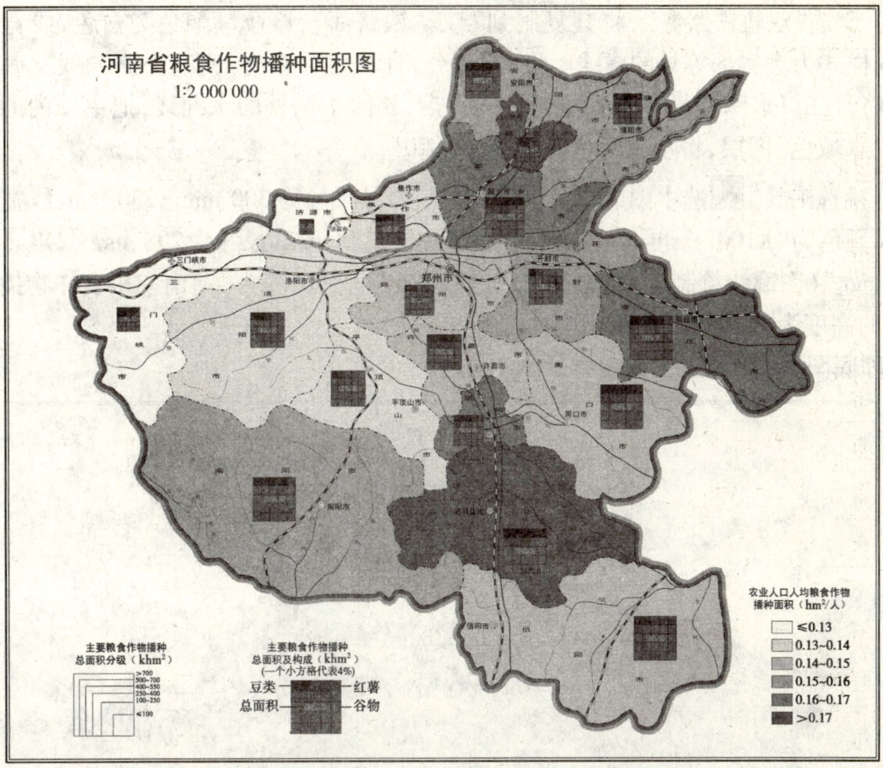

图9-4　《河南省粮食作物播种面积图》(缩小图)

流名称。

删除以下“图层”或“图层中的要素”:①“图名框及底色”图层、“图例底色”图层;②“图例”图层中的符号及注记;③“县、县级市注记”图层及“县、县级市符号”图层;④“省级表面注记”图层;⑤“邻区省界”图层;⑥“县界”图层;⑦“高速公路底”图层;⑧“车挡”图层;⑨“单轨铁路面”图层及“单轨铁路底”图层;⑩“国道”图层;⑪“邻省色带”图层;⑫“市界色带”图层;⑬“水域色”图层中的底色;⑭“邻区底色”图层。

删除图层的操作步骤:将光标放在“对象管理器”中的“需要删除的图层名”上→单击右键→在弹出的菜单上选择“删除”命令,即可将该图层及其图层中的要素删除。

参照样图,删除单线河图层中较短的河流。

将“主区省界”重命名为“省界”。

新编图绘制成“岛状”形式,所以需要将省界以外的要素删除,具体要素为湖泊、水库、河流、铁路、高速公路、居民点符号及其相应的各种注记。

跨省界的河流、道路等线状要素,应先在与省界相交处将其“打断”,然后将其删除,具体操作步骤如下(以单线河为例):

设置“不跨图层编辑”→选择“单线河”为当前图层→选择『形状工具』→在单线河与省界相交处,双击鼠标左键(在单线河)→在属性栏上单击“分割曲线”图标→按<Ctrl>+<K>键→选中主区以外的单线河,按<Del>键将其删除。同法,可以删除主区外的铁路、高速公路、水库和双线河的水涯线。

为降低铁路、高速公路的明显性,而突出专题要素,可将它们改为灰色,颜色值均为

"K60"。全选"双轨铁路底"，将其复制到"双轨铁路面"，修改其颜色为白色，线宽为"0. 4 mm"，线样式为虚实部等长的虚线。将"高速公路面"重命名为"高速公路"，线宽改为"0. 3 mm"。将丹江口水库及黄河的水涯线"打断"后，删除主区外的水涯线，把主图内的水涯线复制到"水域色"图层，将水域底色统一改为"C20"。

用『挑选工具』选中图廓线，在属性栏里，改其尺寸为 300 mm × 250 mm，线宽为"0. 5 mm"，线颜色为"K100"。再选中图廓线，在原位置复制，改其尺寸为 298 mm × 248 mm，线宽为"0. 2 mm"（图廓线绘制成双线）。然后选中图名，将其更名为"河南省粮食作物播种面积图"，字的高度为"9 mm"，字体为黑体。

地理底图要素及效果如图 9-5 所示。

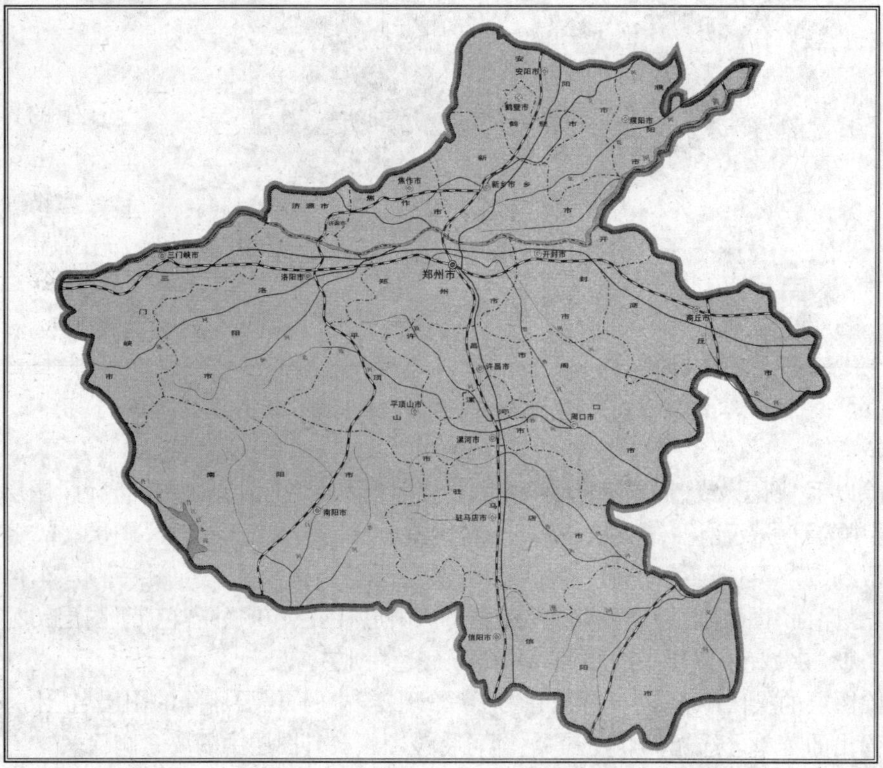

图 9-5　《河南省粮食作物播种面积图》的地理底图要素（缩小图）

2. 3　处理统计数据，制作分级统计图

"农业人口人均粮食作物播种面积"指标采用分级统计图法表示。将图层"市底色"重命名为"农业人口人均粮食作物播种面积底色"→ 分析"农业人口人均粮食作物播种面积"统计数据的分布特征，对数据分级，本次实习采用"等差分级"，"左开右闭"形式，分为 6 级（自己分级，并确定每一级的界线值）→设计每级颜色（采用类似色，双色系）。可自己设计颜色，也可使用如下颜色："C = 10，M = 0，Y = 10，K = 0""C = 5，M = 0，Y = 5，K = 0""C = 10，M = 0，Y = 12，K = 0""C = 17，M = 0，Y = 19，K = 0""C = 25，M = 0，Y = 30，K = 4""C = 34，M = 0，Y = 38，K = 8"或"C = 0，M = 0，Y = 10，K = 0""C = 6，M = 0，Y = 20，K = 0""C = 9，M = 4，Y = 22，K = 0""C = 12，M = 7，Y = 33，K = 0""C = 18，M = 10，Y = 45，K = 0""C = 23，M = 13，

Y=55,K=0"→用『挑选工具』选中某市图形(“农业人口人均粮食作物播种面积底色”图层中的市域图形)→单击『填充工具』,根据“农业人口人均粮食作物播种面积”所处于的等级,用设计的相应级别的颜色填充。

2.4　处理统计数据,制作分区统计图表

制作分区统计图表前,要对表9-1中的“主要粮食作物播种总面积”数据进行分级,以数据的集群性作为分级数的重要依据,分级的结果,要客观反映数据的分布特征。本次实习规定将“主要粮食作物播种总面积”分为6级,采用“左开右闭”形式,进行“等差分级”。可自己分级,也可采用以下分级结果:≤100 khm^2、100~250 khm^2、250~400 khm^2、400~550 khm^2、550~700 khm^2、>700 khm^2。

本图的统计图表设计成正方形,符号(统计图表)的“准线”为正方形的边长。确定符号的比率基数时,要考虑专题要素最大与最小数量指标,以及该专题要素在地图上的具体分布情况。经实验,确定出符号的“比率基数”为:边长为1 mm的正方形面积代表“主要粮食作物播种总面积”4 khm^2。因绝对比率符号的面积大小与它所代表的专题要素的数量指标成绝对正比关系,所以可根据上述每级的右边界值(即100 khm^2、250 khm^2、400 khm^2等,其中,“>700 khm^2”一级,边界值用850 khm^2),计算出每级对应的正方形边长(四舍五入,保留一位小数),结果如下:5.0 mm、7.9 mm、10.0 mm、11.7 mm、13.2 mm、14.6 mm,这些数据就是正方形统计图表符号的准线长度,据此,就可以绘制相应大小的正方形统计图表。下面以郑州市为例,说明统计图表的绘制方法和步骤:

郑州市的“主要粮食作物播种总面积”是361.50 khm^2,位于第三级(即位于250~400 khm^2这一级),应该采用“准线长度”为10.0 mm的正方形表示。选择『图纸工具』→在属性栏里,设置图纸“行数“和”列数“均为5→按下<Ctrl>键,拖绘出正方形(由25个小正方形组成)→单击『挑选工具』,在属性栏里,输入对象的“宽”和“高”均为10.0 mm→按<Enter>键→单击『轮廓工具』,在对话框中,设置正方形统计图表的轮廓颜色为“黑色(K=100)”,轮廓线宽为“0.12 mm”,轮廓线样式为“单实线”→将统计图表匹配到郑州市市域内,不要压盖市界及注记→在属性栏里,单击“取消群组”图标→计算郑州市每种主要粮食作物(谷物、豆类、红薯)占全市“主要粮食作物播种总面积”的百分比,计算结果为91.7%、4.3%、4.0%,因为每个正方形分为25个小方格,所以将91.7%、4.3%、4.0%分别乘25格(四舍五入,取整数),可得出谷物、豆类、红薯播种面积对应的格数为23格、1格、1格。用不同的颜色(色相差可大些)表示不同的粮食作物,可设计三种颜色“M=40,Y=80”“M=70,Y=70,K=10”“C=30,Y=70,K=15”,分别表示谷物、豆类、红薯→利用『挑选工具』选中统计图表左上角的第一个小方格→单击『填充工具』→填充颜色“C=0,M=70,Y=70,K=0”→选中第二个小方格,填充颜色“C=30,Y=70,K=15”→按住<Shift>键,选中剩余的23格,填充颜色“M=40,Y=80”(其他各个统计图表均按照此顺序填充颜色)→在确保“当前图层”是“分区统计图表”的情况下(防止统计图表移到其他图层),全选这25个小方格,然后“群组”。至此,郑州市的“主要粮食作物播种总面积及构成”统计图表绘制完毕,其他各市的统计图表绘制方法和步骤与此相同。

新建图层,命名为“主要粮食作物播种总面积注记”→在每个统计图表的中心位置输入

“主要粮食作物播种总面积”注记→在属性栏中定义注记的字体为“黑体”，字高为“2.0 mm”→设置注记颜色为“黑色（K = 100）”，为增强其明显性，可加绘 0.3 mm 宽的白色轮廓。

2.5　绘制图例，整饰图面

设置“图例”图层为当前图层→参照样图，在“图例”图层内绘制图例，具体包括“农业人口人均粮食作物播种面积”“主要粮食作物播种总面积分级”及“主要粮食作物播种总面积及构成”三组图例，其中，“农业人口人均粮食作物播种面积”图例中的矩形色块尺寸为 7.0 mm ×4.0 mm，轮廓线粗为“0.12 mm”，轮廓线颜色为“黑色（K = 100）”。

新建“图例注记”图层→参照样图，输入相应图例说明注记→所有注记颜色均为“黑色（K = 100）”，图例标题注记用“黑体”，字高为“3.5 mm”，其余注记均用“宋体”，字高分别为“2.0 mm、2.5 mm、3.0 mm”。

调整统计图表的位置，不要压盖各种注记、居民点符号和界线，在市域面积较小的情况下，统计图表可少量压盖市界线。

根据图面的内容，按形式美的有关法则，配置图面附属元素，如图名、图例、比例尺等，使新编图图面平衡、匀称、美观。

2.6　调整图层顺序

按照图 9-6 所示，调整图层顺序。

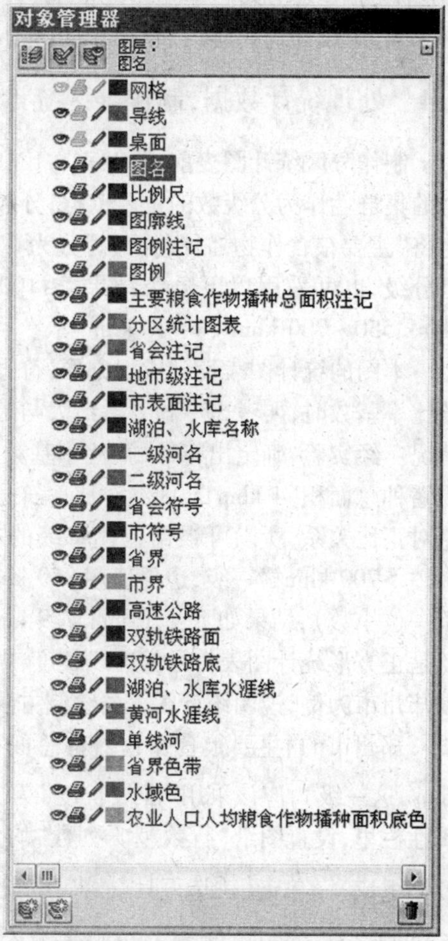

图 9-6　图层顺序

2.7　专题地图的质量检查

专题地图的质量检查是制图生产中的重要环节，目的在于对成图进行全面系统的检查，消除作业过程中由于各种原因而引起的错误、遗漏以及不合理的现象，从而保证成图的质量。在专题地图上存在着两种内容：一种是地理底图内容，另一种是专题内容。因此，检查时可分两部分进行。下面介绍专题地图的检查内容及方法（不限于本项目的检查）。

2.7.1　地理底图的检查

专题地图的种类非常多，不同类型的专题地图其地理底图内容有很大差异。检查时，应根据编图大纲的要求，按照作业规定，逐要素进行。

2.7.1.1　地理底图质量检查的基本内容

检查的内容因图种而异，主要包括以下几点：

（1）检查底图上各要素表示（包括图形、尺寸和颜色）是否符合编图大纲、技术指标的规定。

（2）检查底图尺寸是否符合精度要求。

(3)检查图廓外整饰是否符合规定,有无错漏。

(4)检查图廓间的经纬度注记、分度带注记及其他注记是否正确。

(5)检查水系描绘是否正确,主支流区分是否明显,河流汇合处的描绘是否合理。

(6)检查道路网等级是否正确,有无遗漏,道路与桥梁、道路与街道的描绘关系是否正确。

(7)检查居民地是否有遗漏或绘错,主次街道描绘得是否正确,居民地与其他要素符号关系是否合理。

(8)检查境界线的等级与位置,有国界的图幅,特别要注意符号的准确性,有坐标的界碑、界桩,要检查位置的精度、编号;检查河流中的岛屿归属;检查境界与河流、山脊符号的关系是否正确等。

(9)检查植被的范围,说明符号配置是否正确。

(10)检查等高线有无多绘、漏绘和错绘,等高线与高程注记是否相符,间曲线与助曲线运用是否恰当,地貌的基本形态有无变形,等高线与其他符号特别是与河流符号关系是否正确。

(11)检查图内所有注记及其位置配置是否正确,有否张冠李戴的错误,字体、字大、字色是否符合规定要求,有无盖压重要地物等。

2.7.1.2　地理底图质量检查的方法与要求

首先,可在计算机屏幕上,分图层逐层进行检查,打开所有图层检查。检查完后,再将地图用绘图仪喷绘,然后在喷绘图上进行检查、校对。

检查的方法很多,通常有以下四种:

(1)以方里网格或经纬度格网作控制,从上到下,从左至右,逐格逐项检查。

(2)以自然界线,如以道路、河流等线状符号作控制,把图面划分成若干块,逐块检查。

(3)按地图各要素分项检查,如按水系、居民地、道路等顺序检查。

(4)分项和方里网格相结合的方法进行检查。

以上几种方法,可根据作业人员、审校员的习惯和图幅内容的具体情况而定。

在检查过程中,若发现错漏或需修改的地方,应当用简明的文字及符号在新建的图层里、文档里或喷绘图纸上,标明错漏情况及修改办法。如发现遗漏,可写"加"字并标出符号;如发现错误,可写"改"并标出符号或用文字说明;如需要修改,则写"修";如需要移位,则写"移"等。

检查是一件非常细致而又复杂的工作,检查时必须认真、细致,一丝不苟,确实把好质量关。

2.7.2　专题内容的检查

专题地图的种类繁多,内容各异。在检查专题内容时,仍需根据具体图幅的编图大纲要求,逐项进行。检查主要从以下几个方面进行:

(1)检查专题地图数学基础(地图投影、制图网格和地图比例尺)是否正确。

(2)检查专题内容的表示方法是否合理。

(3)检查制图资料的使用是否正确,有无错漏。

(4)检查制图资料的制图综合(专题要素的选取、分类分级和简化)是否符合要求。

(5)检查专题要素的分类、分级是否正确。

(6)检查专题符号(包括符号的形状、大小和颜色)设计是否正确。

(7)检查专题符号的定位是否准确,与底图要素的关系是否合理。

(8)检查作者原图的转绘是否正确,精度是否符合要求。

(9)检查图例要素是否齐全。

(10)检查图面配置是否符合设计要求。

(11)检查所有注记的字体、字大、字形、字色、字位是否符合设计要求,是否有错漏等。

经检查发现错漏或不合理的地方,应认真进行修改。修改完毕,即可送审。

思考题

1. 什么是农业地图?
2. 农业地图的类型有哪些?
3. 分级数量如何确定?
4. 分级界线如何标定?

项目 10　编制土地利用现状图

项目目标

掌握土地利用现状图的相关知识及编制土地利用现状图的方法、步骤。

实例素材

1　各种比例尺的纸质土地利用现状图

(1)1∶10 000 标准分幅土地利用现状图。
(2)县级土地利用现状挂图。
(3)乡(镇)级土地利用现状挂图。
(4)土地利用现状图集(册)。

2　各种比例尺的电子土地利用现状图

(1)1∶5 000 土地利用现状图。
(2)1∶30 000 土地利用现状图。
(3)1∶180 000 土地利用现状图。

相关知识

1　基本概念

土地利用现状图是以地图形式,全面、准确反映本行政辖区内的土地利用类型、分布、利用现状,以及与自然、社会经济等要素的相互关系的专题地图。图上主要表示行政区域界线、权属界线、地类界线、地类属性及地理名称注记等要素。依据统一的编制原则而系统汇集的一组土地利用现状图,编制成集(册),即称为土地利用现状地图集(册)。

土地利用现状图及土地利用现状地图集(册)是研究土地利用的重要工具和基础资料,同时也是土地利用调查研究的主要成果之一,它们利用地图形象化的语言,直观地显示各种土地类型的分布、范围,为领导组织和协调生产布局、研究现状、进行总体规划、合理开发土地提供科学依据。在编制土地利用图的基础上,可对当前利用的合理程度和存在的问题、进一步利用的潜力、合理利用的方向和途径进行综合分析和评价。因此,土地利用图是调整土地利用结构,进行农业、工矿业和交通布局、城镇建设、区域规划、国土整治、农业区划等的一项重要参考依据。

2 土地利用现状图的类型及表示的内容

2.1 土地利用现状图的类型

土地利用现状图常见的有两种类型,即标准分幅土地利用现状图和土地利用现状挂图,并可派生出耕地坡度分级图、基本农田分布图等各类专题地图。土地利用现状挂图又可分为乡(镇)级、县(市)级、市(州)级和省级等,编制土地利用现状挂图是以标准分幅土地利用现状图为基础,逐级缩编。

县级标准分幅土地利用现状图的比例尺为1:10 000(部分地区为1:5 000),以调查底图为基础,由数据库自动生成含有行政区域界线、权属界线、地类界线、地类属性、地理名称注记等要素的标准分幅土地利用现状电子图。图式、图例、图面各要素按第二次全国土地调查图式执行,见表10-1。

表10-1 第二次全国土地调查图式

J.1 界线表示

各种界线以国界、省界、市(地)界、县界、土地权属界线、地类界为高低顺序,当重合时,只表示高一级界线。

J.2 图斑表示

J.2.1 地类界与线状地物重合时不表示。

J.2.2 图斑地类可用注记表示,也可用符号表示。用符号表示的应同时标注图斑编号和权属性质。

J.2.3 注记采用 ab/c 的形式。a 表示图斑编号,b 表示权属性质(国有土地标注为"G",集体土地不标注),c 表示图斑地类编号。用符号标志的图斑注记用 ab 表示。

J.3 线状地物表示

J.3.1 线状地物交叉,上面的线状地物连续表示。

J.3.2 线状地物与界线重合时,线状地物调绘在准确位置上,界线视下列不同情况标绘:

以双线表示的线状地物中心为界的,界线符号绘在线状地物中心线上;

以双线表示的线状地物一侧为界的,界线符号在线状地物该侧 0.2 mm 处标绘;

以单线表示的线状地物中心为界的,界线符号跳绘表示;

以单线表示的线状地物一侧为界的,界线符号在线状地物该侧 0.2 mm 处标绘。

J.3.3 线状地物并行,符号化后距离小于图上 0.2 mm 影响表示的,主要线状地物在准确位置表示,次要线状地物偏离主要线状地物 0.2 mm 表示。线状地物重要性按照河流、铁路、高速公路、国道、干渠、县(含)以上公路、农村道路、沟渠、林带、管道的顺序逐次降低。

J.3.4 线状地物注记采用 ab/c 的形式,a 表示线状地物编号,b 表示权属性质(国有土地表示为"G",集体土地不标注),c 表示地类编号。

J.3.5 在线状地物宽度量测点上,字头朝北(东北)或朝西(西北),平行线状地物标注宽度。

J.4 图例说明

J.4.1 图例中尺寸单位为毫米(mm)。

J.4.2 ( )中的数字为1:50 000图用,无( )的数字为1:5 000、1:10 000图用。

J.4.3 各地根据实际情况,可适当调整地类符号大小。

第二次全国土地调查土地分类图式、图例、色标

地类编号	地类名称	式样	RGB【数据】	地类编号	地类名称	式样	RGB【数据】
071	城镇住宅用地		R0 G0 B0 R240 G110 B125	089	长城	0.12 1.2 0.12 3.0 1.5	R0 G0 B0
072	农村宅基地		R0 G0 B0 R240 G110 B125	091	军事设施用地	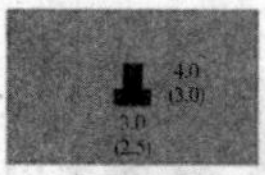	R0 G0 B0 R240 G100 B200
081	机关团体用地		R220 G40 B30 R255 G170 B200	092	使领馆用地		R0 G0 B0 R240 G100 B200
082	新闻出版用地		R0 G0 B0 R255 G170 B200	093	监教场所用地	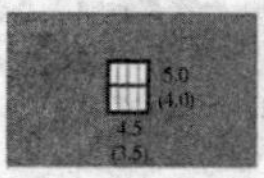	R0 G0 B0 R240 G100 B200
083	科教用地		R220 G220 B210 R255 G170 B200	094	宗教用地		R0 G0 B0 R240 G100 B200
084	医卫慈善用地	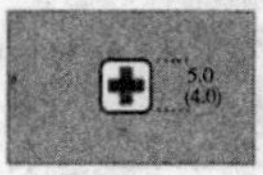	R220 G30 B80 R255 G170 B200	095	殡葬用地	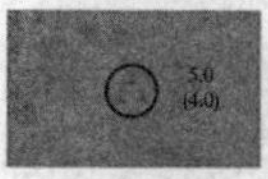	R0 G0 B0 R240 G100 B200
085	文体娱乐用地		R0 G0 B0 R255 G170 B200	101	铁路用地 面状		R0 G0 B0 R178 G170 B176
					线状	10.0 0.6	R178 G170 B176
086	公共设施用地		R210 G120 B140 R255 G170 B200	102	公路用地 面状		R0 G0 B0 R170 G85 B80
087	公园与绿地		R130 G240 B50 R255 G170 B200		线状 高速公路	0.6	R170 G85 B80
088	风景名胜用地		R0 G0 B0 R255 G170 B200		国道	0.4	R170 G85 B80
					县乡(含)以上公路	0.2	R170 G85 B80

第二次全国土地调查土地分类图式、图例、色标

地类编号	地类名称	式样	RGB【数据】	地类编号	地类名称	式样	RGB【数据】
103	街巷用地		R0 G0 B0 R180 G80 B30	114	坑塘水面	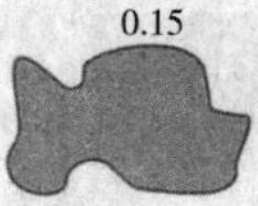	R0 G120 B200 R160 G205 B240
104	农村道路面状		R0 G0 B0 R170 G85 B80	115	沿海滩涂	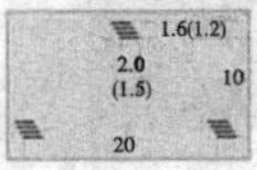	R0 G120 B200 R215 G255 B255
	线状	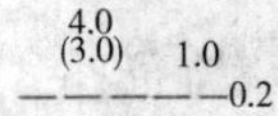	R170 G85 B80	116	内陆滩涂	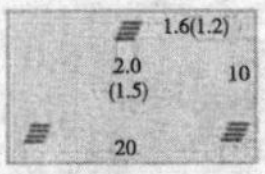	R0 G120 B200 R215 G255 B255
105	机场用地		R0 G0 B0 R235 G130 B130	117	沟渠面状	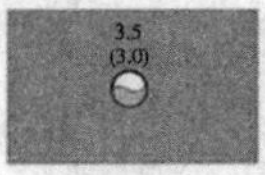	R180 G220 B250 R160 G205 B240
106	港口码头用地	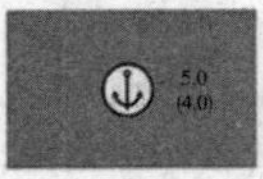	R0 G0 B0 R235 G130 B130		①干渠 ②一般沟渠	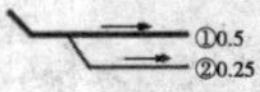	R0 G120 B200
107	管道运输用地面状	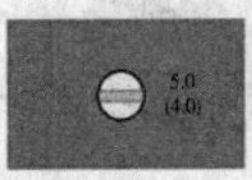	R235 G215 B150 R235 G130 B130	118	水工建筑用地面状	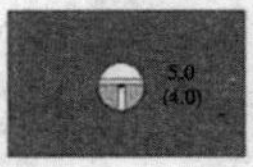	R180 G220 B250 R230 G130 B100
	线状	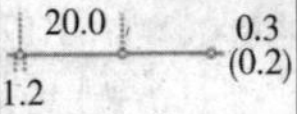	R235 G130 B130		线状		R230 G130 B100
111	河流水面	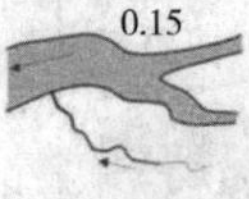	R0 G120 B200 R150 G240 B255	119	冰川及永久积雪	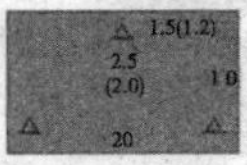	R0 G150 B220 R135 G205 B240
112	湖泊水面	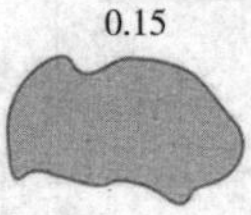	R0 G120 B200 R150 G240 B255	121	空闲地		R0 G0 B0 R225 G220 B225
113	水库水面	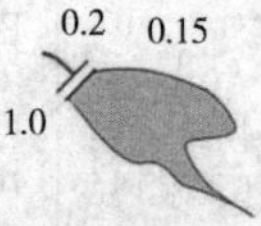	R0 G0 B0 R0 G120 B200 R150 G240 B255	122	设施农用地	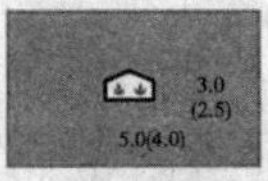	R70 G150 B100 R220 G10 B130
				123	田坎	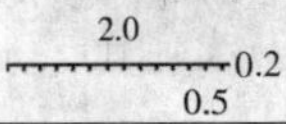	R0 G0 B0

第二次全国土地调查土地分类图式、图例、色标

地类编号	地类名称	式样	RGB【数据】	地类编号	地类名称	式样	RGB【数据】
					界线		
124	盐碱地	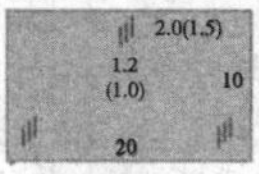	R0 G140 B80 R200 G205 B200		国界		R0 G0 B0
					未定国界	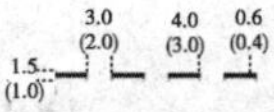	R0 G0 B0
125	沼泽地	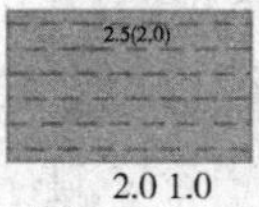	R0 G140 B220 R185 G185 B190		省、自治区、直辖市界	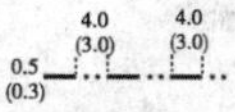	R0 G0 B0
					地区、州、地级市界	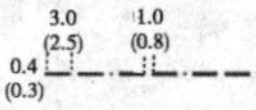	R0 G0 B0
126	沙地	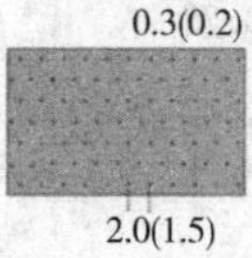	R140 G80 B60 R200 G190 B170		县、区、县级市界	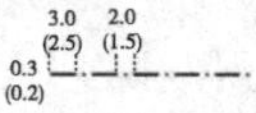	R0 G0 B0
127	裸地	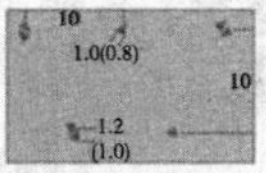	R160 G100 B80 R215 G200 B185		乡、镇、街道界	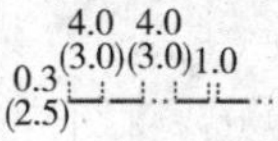	R0 G0 B0
201	城市	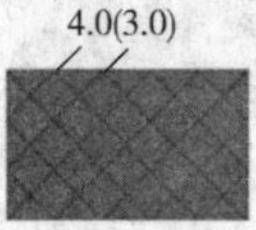	R0 G0 B0 R220 G100 B120		村界	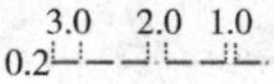	R0 G0 B0
					村庄小组界		R0 G0 B0
202	建制镇		R0 G0 B0 R220 G100 B120		争议界	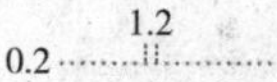	R0 G0 B0
203	村庄	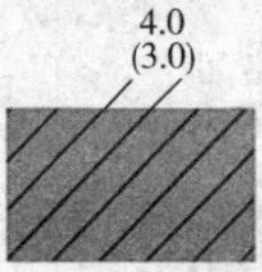	R0 G0 B0 R230 G140 B160		工作界	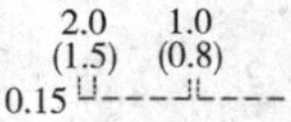	R0 G0 B0
					土地权属界		R255 G0 B0
204	采矿用地	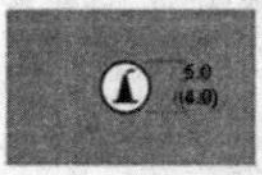	R0 G0 B0 R230 G120 B130		土地权属争议界	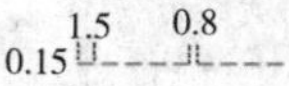	R255 G0 B0
205	风景名胜及特殊用地		R0 G0 B0 R230 G120 B130		地类界		R0 G0 B0
					海岸线		R0 G150 B220
					滩涂界线（低潮线）		R0 G150 B220

第二次全国土地调查土地分类图式、图例、色标

地类编号	地类名称	式样	RGB【数据】	地类编号	地类名称	式样	RGB【数据】
	地貌地素				大型湖泊名称	仿宋体,左斜体,6.0	R0 G150 B250
	首曲线	0.12	R190 G130 B90		一般湖泊名称	仿宋体,左斜体,5.0～3.5	R0 G150 B220
	计曲线	0.25	R190 G130 B90		大型水库名称	仿宋体、左斜体,6.0	R0 G150 B220
	示坡线	0.5	R190 G130 B90		一般水库名称	仿宋体、左斜体,5.0～3.5	R0 G150 B220
	高程点	· 0.3	R0 G0 B0		坑塘水面名称	仿宋体、左斜体,3.75	R0 G150 B220
	三角点	△ 2.0, 0.2	R0 G0 B0		省级政府驻地名称	黑体,正体,6.0	R0 G0 B0
	埋石点	⊡ 1.5, 0.2	R0 G0 B0		地(市)级政府驻地名称	黑体,正体,5.5	R0 G0 B0
	权属拐点(界址点)	⊙ 1.5, 0.2	R0 G0 B0		县(市)级政府驻地名称	黑体,正体,4.5	R0 G0 B0
	地物要素 隧道				乡(镇)级政府驻地名称	中等线,正体,3.75	R0 G0 B0
	单线	1.0 0.5 0.12	R0 G0 B0		村、权属单位名称	仿宋体,正体,3.0	R0 G0 B0
	双线	1.0 0.5 0.5 0.1	R0 G0 B0		村民小组名称	仿宋体,正体,2.5	R0 G0 B0
	桥梁	1.0 0.12	R0 G0 B0		自然村名称	仿宋体,正体,2.5	R0 G0 B0
	注记 地类编号	黑体,正体,2.0～1.5	R0 G0 B0		等高线注记	黑体,正体,2.0	R190 G130 B90
	图斑编号	黑体,正体,2.0～1.5	R0 G0 B0		高程点注记	黑体,正体,2.0	R0 G0 B0
	权属拐点号界址点号	中等线,正体,2.0	R0 G0 B0		线状地物宽度注记	黑体,正体,2.0	R0 G0 B0
	大型江河名称	仿宋体,左斜体,6.0	R70 G180 B235		铁路名称注记	仿宋体,正体,4.0～2.5	R0 G0 B0
	一般河流名称	仿宋体,左斜体,5.0～3.5	R70 G180 B235		道路名称注记	仿宋体,正体,5.0～2.5	R0 G0 B0
	干渠名称	仿宋体,左斜体,4.0～3.0	R0 G150 B220				
	支渠名称	仿宋体,左斜体,3.0～2.0	R0 G150 B220				

县级土地利用现状挂图比例尺一般为 1∶50 000，也可根据辖区面积或幅面大小确定，但比例尺分母必须是 5 000 的整数倍。县级土地利用现状挂图以分幅土地利用现状图为基础，利用计算机辅助制图等技术，采用人机交互方式，通过制图综合缩编而成。应达到综合取舍科学、土地分类正确、定性定位准确、层次分明、清晰易读、保密内容技术处理适当等。

乡（镇）级土地利用现状挂图比例尺一般为 1∶10 000，也可根据辖区面积或幅面大小确定，但比例尺分母必须是 5 000 的整数倍。乡（镇）级土地利用现状挂图先由土地利用数据库自动生成，再在数据库软件制图平台上进行编绘。地类内容原则上不作取舍。面状地类用地类符号和颜色表示。地类符号根据地类图斑大小应作调整，确保图面效果的协调。舍去由数据库生成的地类标注和线状地物标注。辖区外地类不表示，相邻县级、乡级名称应标注。境界线向外延伸 2 cm。地类颜色按第二次全国土地调查图式执行。

2.2　土地利用现状图表示的内容

土地利用现状图是农村地籍管理的基本图件，常用的比例尺有 1∶5 000 和 1∶10 000，编入地图集（册）中的土地利用现状图，其比例尺较小，视地图集（册）开本尺寸和制图区域面积大小不同，而有 1∶30 000、1∶50 000 及 1∶80 000 等多种。

不同比例尺的土地利用现状图，表示的内容有所差别，一般是比例尺越大的地图，表示的内容越详细。土地利用现状图表示的主要内容有以下几点：

（1）政府符号：表示省、市（地区）、县（县级市）、乡（镇）等各级政府驻地的符号。

（2）行政村符号：表示村委会位置的符号。

（3）线状地物：包括河流、铁路、公路、管道用地、农村道路、林带、沟渠和田坎等。

线状地物宽度大于等于图上 2 mm 的，按图斑表示；线状地物宽度小于图上 2 mm 的，用单线符号表示，称为单线线状地物（以下未作特殊说明的线状地物指单线线状地物）。

（4）图斑：是指单一地类地块，以及被行政区界线、权属界线及单一线状地物等分割的单一地类地块。

《第二次全国土地调查技术规程》规定，最小上图图斑面积（比例尺 1∶10 000）：城镇村及工矿用地为图上 4.0 mm^2，耕地、园地为图上 6.0 mm^2，林地、草地等其他地类图上为 15.0 mm^2。

《第二次全国土地调查技术规程》规定的土地利用现状分类、编码和含义见表 10-2。土地利用现状分类采用一级、二级两个层次的分类体系，共分 12 个一级类，57 个二级类。土地利用现状分类采用数字编码，一级采用二位阿拉伯数字编码，二级采用一位阿拉伯数字编码，从左到右依次代表一、二级。

表 10-2　土地利用现状分类、编码和含义

一级类		二级类		含义
编码	名称	编码	名称	
01	耕地			指种植农作物的土地，包括熟地、新开发、复垦、整理地、休闲地(含轮歇地、轮作地)；以种植农作物(含蔬菜)为主，间有零星果树、桑树或其他树木的土地；平均每年能保证收获一季的已垦滩地和海涂。耕地中包括南方宽度 <1.0 m，北方宽度 <2.0 m 固定的沟、渠、路和地坎(埂)；临时种植药材、草皮、花卉、苗木等的耕地，以及其他临时改变用途的耕地
		011	水田	指用于种植水稻、莲藕等水生农作物的耕地，包括实行水生、旱生农作物轮种的耕地
		012	水浇地	指有水源保证和灌溉设施，在一般年景能正常灌溉，种植旱生农作物的耕地，包括种植蔬菜等的非工厂化的大棚田地
		013	旱地	指无灌溉设施，主要靠天然降水种植旱生农作物的耕地，包括没有灌溉设施，仅靠引洪淤灌的耕地
02	园地			指种植以采集果、叶、根、茎、汁等为主的集约经营的多年生木本和草本作物，覆盖度大于 50% 或每亩株数大于合理株数 70% 的土地，包括用于育苗的土地
		021	果园	指种植果树的园地
		022	茶园	指种植茶树的园地
		023	其他园地	指种植桑树、橡胶、可可、咖啡、油棕、胡椒、药材等其他多年生作物的园地
03	林地			指生长乔木、竹类、灌木的土地，以及沿海生长红树林的土地。包括迹地，不包括居民点内部的绿化林木用地，铁路、公路征地范围内的林木，以及河流、沟渠的护堤林
		031	有林地	指树木郁闭度≥0.2 的乔木林地，包括红树林地和竹林地
		032	灌木林地	指灌木覆盖度 <40% 的林地
		033	其他林地	包括疏林地(指树木郁闭度≥0.1 且 <0.2 的林地)、未成林地、迹地、苗圃等林地
04	草地			指以生长草本植物为主的土地
		041	天然牧草地	指以天然草本植物为主，用于放牧或割草的草地
		042	人工牧草地	指人工种植的草地
		043	其他草地	指树木郁闭度 <0.1，表层为土质，以生长草本植物为主，不用于畜牧业的草地

续表 10-2

一级类		二级类		含义
编码	名称	编码	名称	
05	商服用地			指主要用于商业、服务业的土地
		051	批发零售用地	指主要用于商品批发、零售的用地。包括商场、商店、超市、各类批发(零售)市场,加油站等及其附属的小型仓库、车间、工场等的用地
		052	住宿餐饮用地	指主要用于提供住宿、餐饮服务的用地。包括宾馆、酒店、饭店、旅馆、招待所、度假村、餐厅、酒吧等
		053	商务金融用地	指企业、服务业等办公用地,以及经营性的办公场所用地。包括写字楼、商业性办公场所、金融活动场所和企业厂区外独立的办公场所用地
		054	其他商服用地	指上述用地以外的其他商业、服务业用地。包括洗车场、洗染店、废旧物资回收站、维修网点、照相馆、理发美容店、洗浴场所等用地
06	工矿仓储用地			指主要用于工业生产、物资存放场所的用地
		061	工业用地	指工业生产及直接为工业生产服务的附属设施用地
		062	采矿用地	指采矿、采石、采砂(沙)场,盐田,砖瓦窑等地面生产用地及尾矿堆放地
		063	仓储用地	指用于物资储备、中转的场所用地
07	住宅用地			指主要用于人们生活居住的宅基地及其附属设施的土地
		071	城镇住宅用地	指城镇用于生活居住的各类房屋用地及其附属设施用地。包括普通住宅、公寓、别墅等用地
		072	农村宅基地	指农村用于生活居住的宅基地
08	公共管理与公共服务用地			指用于机关团体、新闻出版、科教文卫、风景名胜、公共设施等的土地
		081	机关团体用地	指用于党政机关、社会团体、群众自治组织等的用地
		082	新闻出版用地	指用于广播电台、电视台、电影厂、报社、杂志社、通讯社、出版社等的用地
		083	科教用地	指用于各类教育,独立的科研、勘测、设计、技术推广、科普等的用地
		084	医卫慈善用地	指用于医疗保健、卫生防疫、急救康复、医检药检、福利救助等的用地
		085	文体娱乐用地	指用于各类文化、体育、娱乐及公共广场等的用地
		086	公共设施用地	指用于城乡基础设施的用地。包括给水排水、供电、供热、供气、邮政、电信、消防、环卫、公共设施维修等用地
		087	公园与绿地	指城镇、村庄内部的公园、动物园、植物园、街心花园和用于休憩及美化环境的绿化用地
		088	风景名胜设施用地	指风景名胜(包括名胜古迹、旅游景点、革命遗址等)景点及管理机构的建筑用地。景区内的其他用地按现状归入相应地类

续表 10-2

一级类		二级类		含义
编码	名称	编码	名称	
09	特殊用地			指用于军事设施、涉外、宗教、监教、殡葬等的土地
		091	军事设施用地	指直接用于军事目的的设施用地
		092	使领馆用地	指用于外国政府及国际组织驻华使领馆、办事处等的建筑用地
		093	监教场所用地	指用于监狱、看守所、劳改场、劳教所、戒毒所等的建筑用地
		094	宗教用地	指专门用于宗教活动的庙宇、寺院、道观、教学等宗教自用地
		095	殡葬用地	指陵园、墓地、殡葬场所用地
10	交通运输用地			指用于运输通行的地面线路、场站等的土地。包括民用机场、港口、码头、地面运输管道和各种道路用地
		101	铁路用地	指用于铁道线路、轻轨、场站的用地。包括设计内的路堤、路堑、道沟、桥梁、林木等用地
		102	公路用地	指用于国道、省道、县道和乡道的用地。包括设计内的路堤、路堑、道沟、桥梁、汽车停靠站、林木及直接为其服务的附属用地
		103	街巷用地	指用于城镇、村庄内部公用道路(含立交桥)及行道树的用地。包括公共停车场、汽车客货运输站点及停车场等用地
		104	农村道路	指公路用地以外的南方宽度≥1.0 m、北方宽度≥2.0 m 的村间、田间道路(含机耕道路)
		105	机场用地	指用于民用机场的用地
		106	港口码头用地	指用于人工修建的客运、货运、捕捞及工作船舶停靠的场所及其附属建筑物的用地,不包括常水位以下部分
		107	管道运输用地	指用于运输煤炭、石油、天然气等管道及其相应附属设施的地上部分用地
11	水域及水利设施用地			指陆地水域、海涂、沟渠、水工建筑物等用地。不包括滞洪区和已垦滩涂中的耕地、园地、林地、居民点、道路等用地
		111	河流水面	指天然形成或人工开挖河流常水位岸线之间的水面。不包括被堤坝拦截后形成的水库水面
		112	湖泊水面	指天然形成的积水区常水位岸线所围成的水面
		113	水库水面	指人工拦截汇集而成的总库容≥10 万 m^3 的水库正常蓄水位岸线所围成的水面
		114	坑塘水面	指人工开挖或天然形成的蓄水量<10 万 m^3 的坑塘常水位岸线所围成的水面
		115	沿海滩涂	指沿海大潮位之间的潮浸地带。包括海岛的沿海滩涂。不包括已利用的滩地
		116	内陆滩涂	指河流、湖泊常水位至洪水位间的滩地;时令湖、河洪水位以下的滩地;水库、坑塘的正常蓄水位与洪水位间的滩地。包括海岛的内陆滩地,不包括已利用的滩地

续表 10-2

一级类		二级类		含义
编码	名称	编码	名称	
11	水域及水利设施用地	117	沟渠	指人工修建的南方宽度≥1.0 m、北方宽度≥2.0 m 用于引、排、灌的渠道,包括渠槽、渠堤、取土坑、护堤林
		118	水工建筑用地	指人工修建的闸、坝、堤路林、水电厂房、扬水站等常水位岸线以上的建筑物用地
		119	冰川及永久积雪	指表层被冰雪常年覆盖的土地
12	其他土地			指上述地类以外的其他类型的土地
		121	空闲地	指城镇、村庄、工矿内部尚未利用的土地
		122	设施农用地	指直接用于经营性养殖的畜禽舍、工厂化作物栽培或水产养殖的生产设施用地及其相应附属用地,农村宅基地以外的晾晒场等农业设施用地
		123	田坎	主要指耕地中南方宽度≥1.0 m、北方宽度≥2.0 m 的地坎
		124	盐碱地	指表层盐碱聚集,生长天然耐盐植物的土地
		125	沼泽地	指经常积水或渍水,一般生长沼生、湿生植物的土地
		126	沙地	指表层被沙覆盖、基本无植被的土地。不包括滩涂中的沙地
		127	裸地	指表层为土质,基本无植被覆盖的土地;或表层为岩石、石砾,其覆盖面积≥70% 的土地

城镇村及工矿用地分类和编码见表 10-3。

表 10-3　城镇村及工矿用地分类和编码

一级类		二级类		含义
编码	名称	编码	名称	
20	城镇村及工矿用地			指城乡居民点、独立居民点及居民点以外的工矿、国防、名胜古迹等企事业单位用地,包括其内部交通、绿化用地
		201	地市	指城市居民点与城市连片的和区政府、县级市政府所在地镇级辖区内的商服、住宅、工业、仓储、机关、学校等单位用地
		202	建制镇	指建制镇居民点辖区内的商服、住宅、工业、仓储、学校等企事业单位用地
		203	村庄	指农村居民点所属的商服、住宅、工矿、工业、仓储、学校等用地
		204	采矿用地	指采矿、采石、采砂(沙)场,盐田,砖瓦窑等地面生产用地及尾矿堆放地
		205	风景名胜及特殊用地	指城镇村用地以外用于军事设施、涉外、宗教、监教、殡葬等的土地,以及风景名胜(包括名胜古迹、旅游景点、革命遗址等)景点及管理机构的建筑用地

图斑按如下方法划分：

按《土地利用现状分类》末级地类划分图斑，农村土地调查时，其中城市用地、建制镇用地、村庄用地、采矿用地、风景名胜及特殊用地外围闭合界线形成的地块为一图斑。

宽度大于等于图上 2 mm 的线状地物为图斑。

行政辖区界线、土地权属界线、单线线状地物、地类界线分割的地块形成图斑。

线状地物密集，造成图斑过于破碎时，在同一权属单位内，权属、地类、坡度相同的相邻图斑可以适当综合，但综合后的图斑面积不超过 2.0 cm^2。

当各种界线重合时，依行政区域界线、权属界线、地类界线的高低顺序，表示高一级界线。

梯田、坡地单独划分图斑。

(5)零星地物：是指耕地中小于最小上图图斑面积的非耕地或非耕地中小于最小上图图斑面积的耕地。

(6)境界线：指省、市、县、乡等行政区域间的界线。

(7)图斑注记：是关于图斑的数字说明，一个是图斑号，另一个是地类号，利用横线上下隔开，标注在图斑范围的中央。比例尺较小的土地利用现状图不表示图斑注记。

(8)路宽注记：说明道路宽度的数字注记，按垂直于道路的延伸方向标注在道路中间。

(9)名称注记：指县、乡、村等要素的名称。

3　编图资料的收集整理与分析评价

资料收集工作随着地图主题和比例尺的不同而有不同的特点。本项目的主题是土地利用现状，主要讨论非标准分幅土地利用现状图的编制，是以标准分幅土地利用现状图或非标准分幅土地利用现状图为基础，进行缩编。因此，编图资料主要以地图资料为主，有时还需要土地利用现状基本构成和土地利用现状一级分类等统计资料。通过测绘局档案馆、基础地理信息中心和互联网媒体等，收集如下资料，然后仔细阅读全部资料，并进行分类（分三类）排目，便于以后的选择、分析和评价。

3.1　基本资料

(1)标准分幅土地利用现状图。

(2)土地利用挂图电子图。

(3)与成图比例尺相同的地理底图，主要用于挂图的地貌选取、经纬网及注记的确定。

3.2　补充资料

(1)土地利用现状基本构成统计资料。

(2)土地利用现状一级分类统计资料等。

3.3　参考资料

(1)最新的行政区划图。

(2)最新的交通图。

(3)最新的水利图等资料。

4　专题内容的分布特征及表示方法

4.1　专题内容的分布特征

从上述介绍的土地利用现状图表示的内容可知,本图主要反映图斑、线状地物和界线等专题内容,这些专题内容在空间分布上分别呈面状和线状分布。

4.2　专题内容的表示方法

土地利用现状图专题内容的分布特征,决定了专题内容主要采用质底法和线状符号法表示,用质底法表示各类图斑,用线状符号法表示线状地物和界线。另外,图上的政府符号采用定点符号法表示。编制土地利用现状图用到的这些表示方法在此不一一赘述,质底法的有关知识详见“项目4”;线状符号法的有关知识详见“项目6”;定点符号法的有关知识详见“项目5”。

5　使用的绘图软件

由于新编图所采用的数据源不同,例如,有时编图使用的基本资料是纸质地图,有时是数据库中的数据,它们各有不同的特点,所以编图时采用的绘图软件也各不相同,甚至为了完成一个项目,可以同时使用多款绘图软件,充分发挥各款软件的优点,以提高绘图质量和工作效率。编制土地利用现状图时,若使用的基本资料是纸质地图,可以使用 CorelDRAW X3 绘制;若使用的基本资料是 ArcGIS 格式的数据,则可以采用 ArcGIS 软件绘制;若使用的基本资料是基于苍穹国土数据处理系统 KANQ LandPS 软件建立的数据库数据(其数据格式为“vtm”),可使用苍穹软件绘制。为了利用不同软件的优势,需要进行各种数据格式转换,要完成土地利用现状图的编制、出版工作,可采用苍穹 KANQ LandPS、AutoCAD Map3D 2010 及 CorelDRAW X3 等软件。本项目主要介绍以纸质地图为基本资料,使用 CorelDRAW X3 编制土地利用现状图。

6　土地利用现状图绘制方法及一般编制过程

6.1　土地利用现状图的编制方法

6.1.1　编写《专业技术设计书》

由设计人员根据土地利用现状图的性质、服务对象和用途,以及制图区域土地利用现状的特点等,参考表10-1,编写出《专业技术设计书》,用于指导土地利用现状图的编制生产。土地利用现状图的设计工作包括选择地图内容和各要素的表示方法,设计分层方案,确定开本大小、比例尺、图面配置、彩色选配、图例设计、图边设计以及统计图表设计等内容。

6.1.1.1　选择地图内容和各要素的表示方法

非标准分幅的土地利用现状图,其上主要表示地类图斑、线状地物及地理名称注记等内容要素,不表示图斑地类标注和线状地物标注。地类图斑和线状地物等要素均为专题要素,不同的专题要素,需要选择不同的表示方法。地类图斑在空间上呈面状分布,应选用质底法表示;线状地物在空间上呈线状分布,应选择线状符号法表示;政府驻地要素在空间上呈点状分布，则选用定点符号法表示。

6.1.1.2　设计分层方案

分层的多少应以方便制图为原则。根据计算机地图制图数据组织基本原则，可以得到地图图层设计的基本顺序（从上到下）规律如下：

图面整饰部分；

图例部分；

统计图表部分；

点状要素注记部分；

线状要素注记部分；

面状要素注记部分；

点状要素符号部分；

线状要素符号部分；

面状要素符号部分；

底图。

（1）图面整饰部分。主要包括图名、图廓、图边等图层。

（2）图例部分。主要包括说明注记、点状符号、线状符号、面状符号、图例底色（背景色）等图层，图层顺序安排与主图类似。

（3）统计图表部分。主要包括土地利用现状基本构成（分农用地、建设用地和未利用地三类）图表，以及土地利用现状一级分类（分耕地、园地、其他土地等十二类，详见表10-2）图表，它们的图层顺序安排与主图基本一致。

（4）点状要素注记部分。包括地图幅面上所有点状要素注记，这里主要指政府驻地及村名注记，这些注记要按要素种类分层存储，并把行政等级高的政府驻地名放置在靠上的图层，行政村名及自然村名放置在靠下的图层。

（5）线状要素注记部分。包括线状沟渠、线状公路用地等图上所有线状要素注记，这些注记也要按要素种类分层存储，并根据地物的重要性把重要地物注记放置在上层，一般地物注记放置在中间层，次要地物注记放置在最下层。

（6）面状要素注记部分。包括湖泊、水库、河流等图上所有面状要素注记，这些注记同样要按要素种类分层存储，并根据地物的重要性把重要地物注记放置在上层，一般地物注记放置在中间层，次要地物注记放置在最下层。

（7）点状要素符号部分。包括地图幅面上所有点状要素符号，这些符号还要按要素种类分层存储，并根据地物的重要性把重要地物符号放置在上层，一般地物符号放置在中间层，次要地物符号放置在最下层。

（8）线状要素符号部分。包括线状沟渠、线状公路用地、线状农村道路、线状水工建筑等图上所有线状要素符号，线状要素符号部分图层设计和图层顺序安排与点状要素符号部分相似。

（9）面状要素符号部分。包括旱地、果园、面状公路用地、湖泊、河流等图上所有地类图斑要素，面状要素符号部分图层设计和图层顺序安排与点状要素符号部分相似。

6.1.1.3　确定地图比例尺、幅面尺寸

应根据土地利用现状图的内容、用途、制图区域的面积、地图图面配置、纸张规格等来设

计比例尺和幅面尺寸。若是编制土地利用现状图挂图,常设计为单全开或双全开;若是编制土地利用现状图图集,常设计为8开、4开、对开等。

6.1.1.4 设计土地利用现状图的符号

符号设计包括图形、尺寸和颜色设计。根据新编土地利用现状图的比例尺及幅面尺寸等情况,可以参考"第二次全国土地调查土地分类图式、图例、色标"(详见表10-1)进行设计,新设计的符号图形及颜色尽量与其接近,以便于识别。当然,新编图也可以直接使用"第二次全国土地调查土地分类图式、图例、色标"中的符号。

6.1.1.5 确定综合取舍原则及要求

1. 综合取舍原则

新绘制的图斑与底图图斑(或调查图斑)的地类面积比例保持一致,图形相似;线状地物经综合取舍后,能充分反映不同地区的特点、密度的对比关系。

2. 综合取舍的基本要求

(1)图斑最小上图指标:城镇村及工矿仓储用地、交通运输用地为2~4 mm^2,耕地、园地及其他农用地为4~6 mm^2,林地、草地等为10~15 mm^2。小于上图指标的一般舍去,或在同级地类内合并,对有重要意义的地类用相应独立符号标绘。对特殊地区的重要地类,如深山区中的耕地、园地等,可适当缩小上图指标。

(2)水系基本保留标准分幅的土地利用现状图上的双线河、单线河和主干沟渠、湖泊、水库以及满足上图面积的坑塘。有名称的水系要注记其名称。重要的但不够上图面积的湖泊、水库用独立的符号及名称予以表示。河面宽度大于等于100 m的河流依比例尺表示,其他一律不依比例尺表示。境内主要河道两侧的护岸堤应予以表示。

(3)城镇村包括设区市、县(市、区)、乡(镇)、行政村、自然村。图上标出的(含圈型符号表示的)居民点均应注记。行政村以上居民地必须保留,自然村视占地面积及辖区居民点密集程度而定。山地丘陵区自然村亦应全部标注。图斑不够上图面积时用"○"表示。乡、镇以上(含乡、镇)驻地的居民点注记行政名称。当行政名称与驻地名称不一致时,括注驻地名;当一个居民点图斑内含多个村庄时,只选注其中一个主要村庄的名称。村庄以外独立工矿、学校、农(林、牧、渔)场应予以注记表示。

(4)道路要素包括复线铁路、单线铁路、高速公路、主要公路(指省及省级以上公路)、一般公路、农村道路共六种。道路均采用不依比例尺表示,铁路、高速公路、主要公路、一般公路应全部选取,铁路、高速公路、国道应注记其名称;村与村相通的农村道路、坝上、山地丘陵区的农村道路必须选取,其他农村道路可根据比例尺和图面负载量适当选取。

(5)境界分国界、省界、设区市界、县(市、区)界、乡(镇)界五级。辖区内的权属界及国有农、林、牧、渔场的权属界应予以表示。本辖区内部的飞地界线不表示,外县飞入地界线应予以表示,并加注隶属注记。

(6)图形概括主要是对复杂图斑(如鸡爪形和梳形图斑)的轮廓作平滑处理,矢长小于0.4 mm或弦长不足0.6 mm的弧段,通常可拉直表示,从而可削平细部波形,突出总体轮廓的基本特征。线型地类必须作平滑处理,尽量保证其形状不变,同时使得图形美观。

(7)对分洪(蓄洪)区、自然保护区、防护林、居民点以外的名胜古迹、风景旅游点等应予以表示。新增或规划已确定的大型水利工程、铁路、高速公路应根据规划路线用规划图形予以表示。

(8)辖区外的图面以仅表示主要的水系、铁路、高速公路、主要公路、县级以上境界和建制镇以上(含建制镇)的居民点,总的负载量一般为境内部分的1/4~1/5,以能反映基本地理骨架与轮廓为限。

(9)县级土地利用现状图图名、比例尺、图例、地类汇总表、指北针等要素视图面合理配置。图廓四角、经纬网注记、经纬度坐标、编制单位、成图时间等要素齐全。

3.要素之间的关系处理

线状地物之间的关系按如下方法处理:

(1)河流、道路、沟渠均为双线依比例尺线状地物并行时,均要按底图位置描绘。

(2)双线线状地物与单线线状地物并行时,以双线线状地物为图斑界线,单线线状地物离双线线状地物边界0.2 mm描绘。

(3)单线线状地物并行时,依河流、铁路、高速公路、国道、干渠、县(含)以上公路、农村道路、沟渠、林带、管道等为主次顺序,主要线状地物描绘在底图准确位置,并为图斑界线,次要线状地物离主要线状地物0.2 mm描绘。

(4)线状地物交叉时,上面线状地物连续表示,下面线状地物断在交叉处。

线状地物与居民点的关系按如下方法处理:

(1)线状地物穿过城市时,线状地物断在城市外围界线处。

(2)河流、铁路、高速公路、国道、干渠、县(含)以上公路穿过农村居民点时,线状地物应连续描绘;农村道路、沟渠等线状地物穿过农村居民点时,断在居民点外围界线处。

(3)双线依比例尺线状地物与居民点并行,间距大于等于图上2 mm时,双线线状地物、居民点边线均应描绘在底图准确位置;当间距小于图上2 mm时,双线线状地物描绘在底图准确位置,其某一边线可作为居民点界线。

(4)单线线状地物与居民点并行,间距大于等于图上2 mm时,线状地物、居民点边线均应描绘在底图准确位置;间距小于图上2 mm时,线状地物描绘在底图准确位置,并可作为居民点界线。

(5)线状地物穿过隧道时,线状地物断在隧道两端,隧道内线状地物可用虚线表示。

6.1.1.6　土地利用现状图的整饰设计

整饰设计内容包括图面配置、彩色选配、图框设计、图名的字体等。土地利用现状图的图面配置,除地图的主图、图名、图例、比例尺等基本内容外,常附有较多的统计图表及附图等内容,因此图面比较复杂。其基本原则与其他地图是一致的,图面配置与制图区域轮廓范围、开本、比例尺、附图数量、纸张规格等因素有关,在设计过程中应全面考虑、统筹安排,注意图面平衡,常以等大绘制的彩色略图进行比较,以求得理想的方案。

6.1.2　编制地图

作业人员根据《专业技术设计书》的要求,将专题资料、现势资料转标到纸质底图上,然后将纸质底图进行扫描,一般情况下可将分辨率设定为280 dpi左右。启动CorelDRAW X3绘图软件,将底图导入页面中并锁定底图,然后设定各种绘图参数。按照《专业技术设计书》中的分层方案,在CorelDRAW X3的“对象管理器”中建立图层并定义各图层名称。图层建立后,就可以开始创作新地图了。利用CorelDRAW X3中各种工具及命令,对照地图进行矢量化,根据上述综合取舍原则及要求进行制图综合。跟踪描绘各种线状要素(如单线河、单线沟渠、铁路、高速公路及农村道路等要素,);绘制县、乡(镇)政府驻地等点状符号;

描绘各种地类图斑边线(地类界)且填色构成面状要素(如通过描绘村庄边线且填充橙灰色形成村庄等);输入各种注记。注意:各种要素一定要放在各自图层上,不能放错图层。按照《专业技术设计书》的有关规定,对各种图形要素数据进行编辑,如修改道路的图形、线型、线宽、线颜色;更改面状要素的填充色;定义注记的字体、字大、字色,调整注记字位等。然后进行图面配置,合理安排图名、图例、比例尺、插图、统计图表等附属元素。在CorelDRAW X3的“对象管理器”中查看图层顺序是否正确,如果有的图层位置有误,则应按照分层方案的规定,调整其至恰当的位置,以正确处理要素之间的压盖关系。以上工作做完后,作业人员应进行自我检查、修改,然后将新编土地利用现状图打印出来,对照打印图再次进行自查、修改,修改完毕后,将作业成果上交给质检部门审查、验收。

6.2　一般编制过程

以纸质地图为制图数据源和以数据库数据为制图数据源的编制过程有一定差别,如图10-1所示是以纸质地图为制图数据源的土地利用现状图一般编制过程。

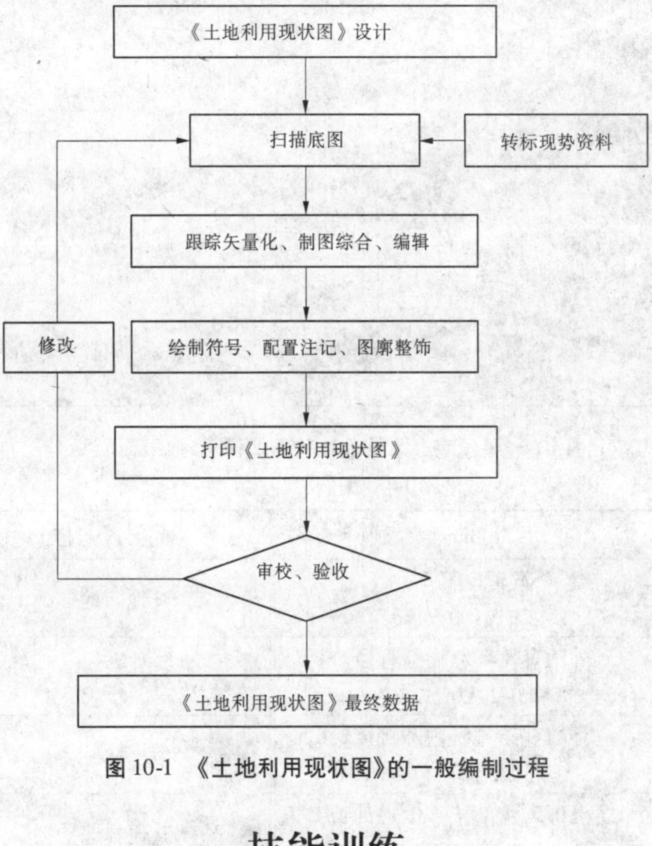

图10-1　《土地利用现状图》的一般编制过程

技能训练

1　实习目的与要求

(1)掌握土地利用现状图的基本概念、土地利用现状分类及土地分类图式。

(2)进一步熟悉线状分布要素的表示方法——线状符号法。

(3)进一步熟悉面状分布现象的表示方法——质底法。

(4)熟练掌握编制土地利用现状图的一般步骤。

(5)熟练掌握土地利用现状图的编制方法。

2　实习内容与步骤

编制一幅《颍南办事处土地利用现状图》,局部效果如图10-2所示。以1∶30 000比例尺的颍南办事处土地利用现状图(纸质图)为基本资料,进行扫描,等大编绘。新编图的图廓尺寸为400 mm×260 mm,成品尺寸为415 mm×292 mm。除田庄、程庄和范庄等三个村庄内的坑塘水面合并到村庄宅基地外,其他要素不进行制图综合,全部按照底图描绘,各要素按照表10-4所示的图例、尺寸、颜色表示。

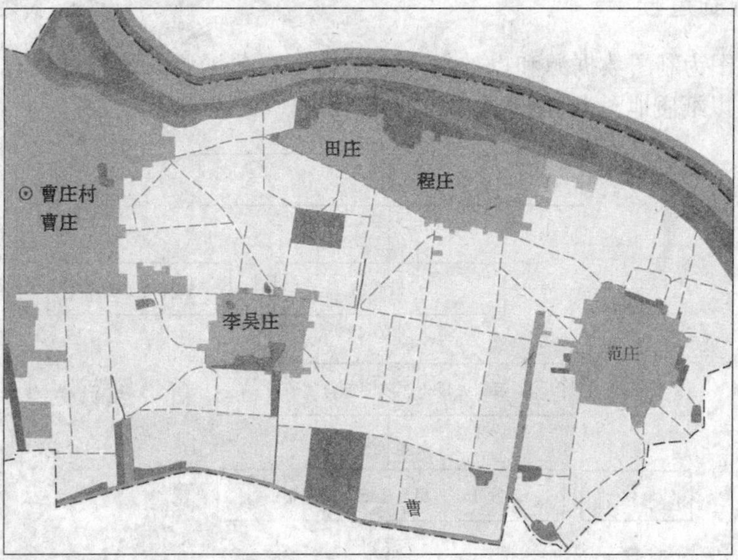

图10-2　《颍南办事处土地利用现状图》效果(局部)

表10-4　图例、尺寸、颜色

要素符号及名称	尺寸(mm)及颜色	要素符号及名称	尺寸(mm)及颜色
★ 县政府	宽3.8、高3.618,C0 M100 Y100 50	其他园地	C0 M30 Y100 K20
◎ 乡(镇)政府	外圆直径2.5、内圆直径1.2,线粗0.2,C0 M0 Y0 K100	有林地	C60 M5 Y90 K0
⊙ 行政村	外圆直径1.8、内圆直径0.6,线粗0.2,C0 M0 Y0 K100	灌木林	C80 M7 Y60 K0
省界	线粗0.5,实部长4.0、虚部长1.0,点大0.5,C0 M0 Y0 K100	其他林地	C30 M0 Y90 K10
县(市、区)界	线粗0.3,实部长2.7、虚部长0.9,点大0.3,C0 M0 Y0 K100	铁路用地	C0 M0 Y0 K50
乡(镇)界	线粗0.3,实部长2.7、虚部长0.9,点大0.3,C0 M0 Y0 K100	公路用地(面状)	C40 M60 Y60 K0

续表 10-4

要素符号及名称	尺寸(mm)及颜色	要素符号及名称	尺寸(mm)及颜色
村界	线粗 0.2,实部长 1.8、虚部长 0.6,点大 0.2,C0 M0 Y0 K100	农村道路(面状)	C0 M25 Y45 K30
铁路	下层线粗 0.7,K100,上层线粗 0.5,C0 M0 Y0 K0,黑白节长 3.5	港口码头用地	C50 M60 Y0 K0
高速公路	线粗 0.6,C40 M60 Y60 K0	水库、河流、湖泊	C40 M5 Y0 K0
公路用地(线状)	线粗 0.4,C40 M60 Y60 K0	坑塘水面	C60 M15 Y0 K0
农村道路(线状)	线粗 0.18,实部长 1.8,虚部长 0.5,C0 M25 Y45 K30	内陆滩涂	C15 M0 Y5 K0
水工建筑(线状)	线粗 0.1,短线长 1.0,短线间隔 1.0,C0 M0 Y0 K70	水工建筑用地	C3 M55 Y64 K0
单线河	线粗 0.08 ~ 0.4,C100 M0 Y0 K0	设施农用地	C0 M40 Y70 K10
沟渠	依比例沟渠 C40 M10 Y0 K0,单线沟渠线粗 0.25,C40 M10 Y0 K0	城市	C4 M30 Y20 K0
水田	C4 M0 Y70 K0	建制镇	C4 M65 Y50 K0
水浇地	C0 M0 Y50 K0	村庄	C20 M40 Y20 K0
旱地	C0 M0 Y25 K0	采矿用地	C20 M60 Y60 K0
果园	C0 M12 Y90 K0	风景名胜用地	C15 M50 Y0 K0

以编绘曹庄村为例。具体实习内容与步骤如下。

2.1　定义页面尺寸

操作步骤:启动 CorelDRAW X3→“新建”→【版面】→〖页面设置〗→“页面”→“大小”→“横向”→“纸张”选〔A3〕,其他项用默认值→“确定”。

2.2　导入底图

操作步骤:单击【文件】→选择〖导入〗→在“颍南办事处土地利用现状图资料”文件夹中,选择“颍南办事处土地利用现状图—底图”文件→单击“导入”按钮→在页面任意处单击左键→单击【排列】→选择〖对齐和分布〗→选择[在页面居中]→在“对象管理器”中的“图层 1”上单击右键→〖重命名〗为“底图”→在“打印和导出图标”上单击左键(使其变成灰色),禁用打印和导出→在“编辑”图标上单击左键(使其变成灰色),使“底图”图层不可编辑(锁定底图,防止其无意中被移位)→单击【文件】→选择〖保存〗→(选择自己的文件夹)

"文件名"定义为"颍南办事处土地利用现状图"→单击"保存"按钮。

2.3 读图,建立绘图图层

绘图之前,首先应认真阅读底图资料,对整个图形要有全面的了解。然后,根据新编图的分层方案,在 CorelDRAW X3 的"对象管理器"中建立绘图图层。

操作步骤:点击"对象管理器"中左下角的"新建图层"图标→输入"图廓线"图层名。用同样方法新建如下图层:色带;旱地;水浇地;村庄;建制镇;城市;风景名胜用地及特殊用地;采矿用地;裸地;有林地;设施农用地;其他林地;水工建筑用地(面状);坑塘水面;水库、河流、湖泊;港口码头用地;农村道路(面状);公路用地(面状);果园;单线沟渠;农村道路(线状);公路用地(线状);村界;乡(镇)界;省界;村驻地符号;乡(镇)、办事处驻地符号;水系注记;自然村注记;行政村注记;乡(镇)、办事处注记;比例尺;图例文字;图例;位置图;统计图;图名;裁切线。各个图层的上下顺序如图 10-3 所示。

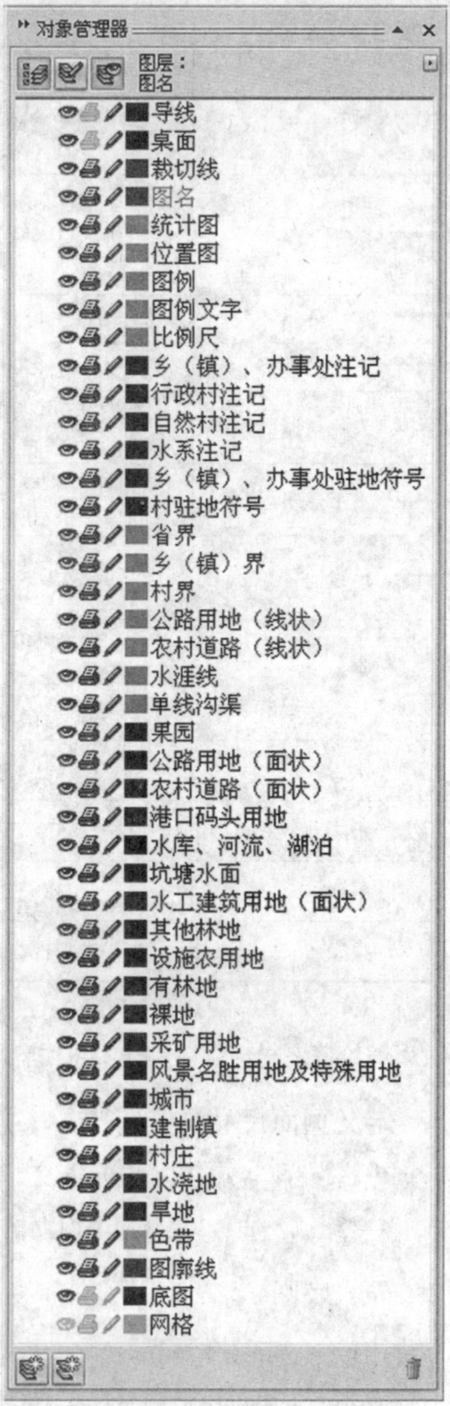

图 10-3 图层顺序

2.4 绘制图廓线

操作步骤:在"对象管理器"中,单击"图廓线"图层,使其成为"当前图层"→单击『矩形工具』→按住鼠标左键,拖绘出一个任意大小的矩形→单击属性栏中的带"锁"图形的按钮,使之处于"不成比例的缩放"状态("锁"处于"打开"状态)→在"对象大小"文本框中输入图廓的宽 400 mm、高 260 mm(与底图同尺寸)→单击回车键→单击『轮廓工具』→单击"轮廓画笔对话框"按钮→在弹出的"轮廓笔"对话框中,单击颜色按钮→点击"其他"按钮→在"模型"选择框中,选择 CMYK→在"组件"文本框中输入轮廓线颜色值(K 为 100,其他 C、M、Y 值均为 0)→单击"确定"按钮→在"宽度"文本框中输入轮廓线宽度 1.0→单击"确定"按钮→单击【排列】菜单→选择〖对齐和分布〗→单击[在页面居中]命令,以使图廓线与底图对齐→单击"图廓线"图层的"编辑"图标,使其变成灰色,锁定此图层,以防止图廓线无意中被移动。

2.5 导入图例

操作步骤:在“对象管理器”中,单击“图例”图层,使其成为“当前图层”→单击【文件】→选择〖导入〗→在“颍南办事处土地利用现状图资料”文件夹中,选择“图例”文件→单击“导入”按钮→在底图图例附近,单击左键→通过拖移,使其与底图图例重合→单击属性栏上的“取消全部群组”→全选图例文字→在“对象管理器”中,单击“对象管理器选项”按钮→选择“移动到图层…”选项→将弹出的箭头在“图例文字”图层上单击,以便将图例文字移动到该图层。

2.6 绘制主图

图廓线绘制完毕后,就可以分层编绘各个要素。编绘各要素时,可以根据《专业技术设计书》设计的图例,在 CorelDRAW X3 中预设符号的缺省值(默认值),然后跟踪矢量化、编辑;也可以先分要素并分层跟踪矢量化,然后按图例规格分层统改各个要素的图形、尺寸及颜色。本次实习采用后一种方法,绘制内容及操作步骤如下。

2.6.1 绘村驻地符号

在图例中选择行政村符号→在“对象管理器”中,单击“对象管理器选项”按钮→选择“复制到图层…”选项→将弹出的箭头在“村驻地符号”图层上单击→将复制的行政村符号拖移到曹庄村位置,与底图符号中心对准。

2.6.2 输入行政村注记

在“对象管理器”中,单击“行政村注记”图层,使其成为“当前图层”→单击工具箱中的〖文本工具〗,输入“曹庄村”,字体为“黑体”,字高为“3 mm”,颜色为“黑色(K=100)”。

2.6.3 输入自然村注记

在“对象管理器”中,单击“自然村注记”图层,使其成为“当前图层”→单击工具箱中的〖文本工具〗,输入各个自然村名,字体为“宋体”,字高为“2.5 mm”,颜色为“黑色(K=100)”。

2.6.4 输入水系注记

在“对象管理器”中,单击“水系注记”图层,使其成为“当前图层”→单击工具箱中的〖文本工具〗,分别输入曹、田、沟→全选注记→单击【排列】菜单→选择〖变换〗菜单项→选择[倾斜]菜单项,在弹出的对话框中设置选项及参数,如图 10-4 所示→单击“应用”按钮→在属性栏中,设置字体为“宋体”,字高为“2.5 mm”→单击〖填充工具〗→单击“填充对话框”图标,在弹出的“均匀填充”对话框中,输入颜色值“C=100”→单击“确定”按钮→移动注记到适当位置,并使字间距相等。

2.6.5 绘制省界

在“对象管理器”中,单击“省界”图层,使其成为“当前图层”→选择〖贝塞尔工具〗→将光标中心点对准底图上“省界”的“中心线”,进行跟踪矢量化(在“省界”各个转折点单击鼠标左键,以形成折线)→矢量化完后,选择〖挑选工具〗→单击【编辑】菜单→选择〖复制属性自…〗菜单项→在弹出的“复制属性”对话框中,勾选“轮廓笔”及“轮廓色”,如图 10-5 所示→单击“确定”按钮→将弹出的“箭头”移到“省界”符号上,单击左键,即可复制“省界”

的属性(图形、尺寸及颜色)→将“省界”复制到“色带”图层。

2.6.6　绘制乡(镇)界

乡(镇)界的绘制方法与省界的绘制方法相同,但需要贴齐省两端界端点(节点)。单击【视图】菜单→选择〖贴齐对象〗菜单项→在“对象管理器”中,单击“乡(镇)界”图层,使其成为“当前图层”→选择〖贝塞尔工具〗→将光标中心点对准已绘制的“省界”端点(节点),沿底图上“乡(镇)界”的“中心线”,进行跟踪矢量化(矢量化河流中的界线时,要拖动鼠标,以形成曲线,其余界线,可在各个转折点单击鼠标左键,形成折线)→矢量化结束时,将光标贴齐“省界”另一端节点,单击左键→选择〖挑选工具〗→单击【编辑】菜单→选择〖复制属性自…〗菜单项→在弹出的“复制属性”对话框中,勾选“轮廓笔”及“轮廓色”→单击“确定”按钮→将弹出的“箭头”移到“乡(镇)界”符号上,单击左键,即可复制“乡(镇)界”的属性(图形、尺寸及颜色)→将“乡(镇)界”复制到“色带”图层,并关闭眼睛图标,使色带”图层不可见→将“乡(镇)界”复制到“水库、河流、湖泊”图层→将“乡(镇)界”复制到“旱地”图层。

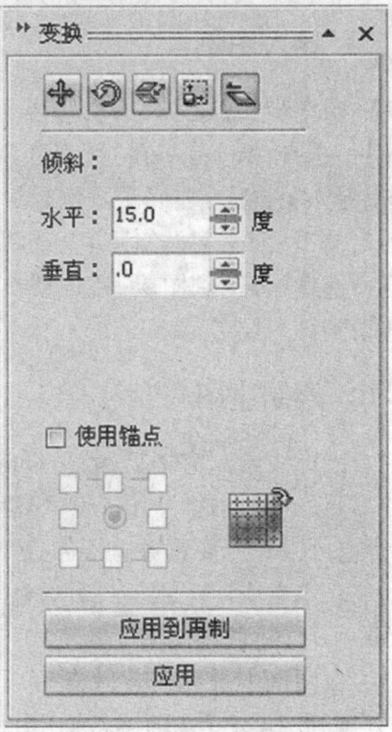

图 10-4　水系注记的倾斜设置

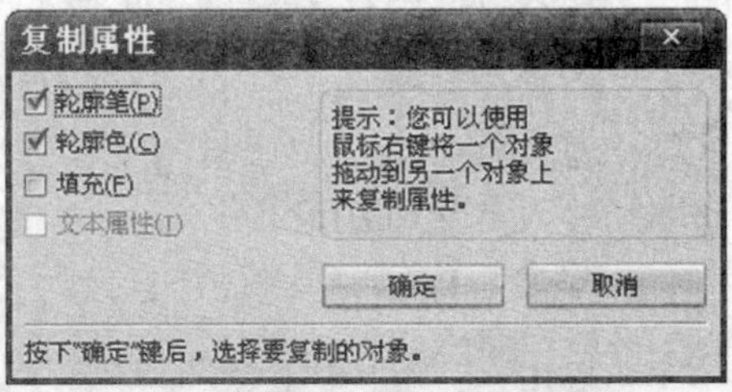

图 10-5　“复制属性”对话框选项

2.6.7　绘制村界

村界的绘制方法与乡(镇)界的绘制方法相同,但需要贴齐省界及乡(镇)界的边缘、节点,并且各条村界之间也要对准、贴齐。

将“村界”复制到“水库、河流、湖泊”图层→将“村界”复制到“旱地”图层,并关闭眼睛图标,使“旱地”图层不可见。

2.6.8　绘制水涯线

在“对象管理器”中,单击“水涯线”图层,使其成为“当前图层”→选择〖贝塞尔工具〗→沿底图上“水涯线”的“中心线”,进行跟踪矢量化(注意:水涯线与界线相交时,水涯线要与界线边缘贴齐)→将双线河水涯线、乡(镇)界及村界复制到“水库、河流、湖泊”图层→全选水涯线→单击〖轮廓工具〗,在“轮廓笔”对话框中,将水涯线的宽度定义为“0.1 mm”,颜色定义为“C=100”→将三处水涯线改为虚线。

2.6.9　编辑双线河水面

在“对象管理器”中,关闭“乡(镇)界”及“村界”的眼睛图标,使其图层不可见→单击“水库、河流、湖泊”图层,使其成为“当前图层”→用〖形状工具〗,在水涯线与界线相交处打断(分割曲线)→删除不构成水面的多余界线→按住 <Shift> 键,选择构成河面的水涯线和界线→单击【排列】菜单→选择〖结合〗菜单项→用〖形状工具〗,连接节点,形成封闭边线→两个河流水面图斑边线连接好后,全选之→单击【编辑】菜单→选择〖复制属性自…〗菜单项→在弹出的“复制属性”对话框中,勾选“填充”→单击“确定”按钮→将弹出的“箭头”移到“水库、河流、湖泊”图例上,单击左键,即可复制河流水面的颜色→单击〖轮廓工具〗→单击“无轮廓”图标,取消水面边线。

2.6.10 编辑坑塘水面

全选坑塘水涯线,将其复制到“坑塘水面”图层→单击【编辑】菜单→选择〖复制属性自…〗菜单项→在弹出的“复制属性”对话框中,勾选“填充”→单击“确定”按钮→将弹出的“箭头”移到“坑塘水面”图例上,单击左键,即可复制坑塘水面的颜色→单击〖轮廓工具〗→单击“无轮廓”图标,取消坑塘水面边线。

2.6.11 绘制单线沟渠

单击【视图】菜单→选择〖贴齐对象〗菜单项→在“对象管理器”中,单击“单线沟渠”图层,使其成为“当前图层”→选择〖贝塞尔工具〗→沿底图上“单线沟渠”的中心线,进行跟踪矢量化(注意与其他要素贴齐)→所有单线沟渠绘制完毕后,在“对象管理器”中,单击“跨图层编辑”图标,使其弹起(处于非跨图层编辑状态)→双击〖挑选工具〗图标,以全选所有单线沟渠→单击“跨图层编辑”图标,使其按下(处于跨图层编辑状态)→单击【编辑】菜单→选择〖复制属性自…〗菜单项→在弹出的“复制属性”对话框中,勾选“轮廓笔”及“轮廓色”→单击“确定”按钮→将弹出的“箭头”移到“沟渠”(单线部分)图例上,单击左键,即可复制单线沟渠符号。

2.6.12 绘制公路用地(面状)

在“对象管理器”中,单击“公路用地(面状)”图层,使其成为“当前图层”→选择〖贝塞尔工具〗→沿底图上“公路用地(面状)”的边线,进行跟踪矢量化(注意与其他要素贴齐),形成封闭曲线→单击【编辑】菜单→选择〖复制属性自…〗菜单项→在弹出的“复制属性”对话框中,勾选“轮廓笔”及“填充”选项→单击“确定”按钮→将弹出的“箭头”移到“公路用地(面状)”图例上,单击左键,即可复制公路用地(面状)的颜色。

2.6.13 绘制水工建筑用地(面状)

在“对象管理器”中,单击“水工建筑用地(面状)”图层,使其成为“当前图层”→选择〖贝塞尔工具〗→沿底图上“水工建筑用地”的边线,进行跟踪矢量化,形成封闭曲线→单击【编辑】菜单→选择〖复制属性自…〗菜单项→在弹出的“复制属性”对话框中,勾选“填充”及“轮廓笔”→单击“确定”按钮→将弹出的“箭头”移到“水工建筑用地(面状)”图例上,单击左键,即可复制水工建筑用地(面状)的颜色。

2.6.14 绘制设施农用地

在“对象管理器”中,单击“设施农用地”图层,使其成为“当前图层”→选择〖贝塞尔工具〗→沿底图上“设施农用地”的边线,进行跟踪矢量化,形成封闭曲线→单击【编辑】菜单→选择〖复制属性自…〗菜单项→在弹出的“复制属性”对话框中,勾选“轮廓笔”及“填充”→单击“确定”按钮→将弹出的“箭头”移到“设施农用地”图例上,单击左键,即可复制设施农用地的颜色。

2.6.15 绘制果园

绘制果园的方法与绘制设施农用地的方法相同,注意设置“果园”为当前图层,在此不再赘述。

2.6.16 绘制其他林地

绘制其他林地的方法与绘制设施农用地的方法相同，注意设置“其他林地”为当前图层。

2.6.17 绘制农村道路（线状）

在“对象管理器”中，单击“农村道路（线状）”图层，使其成为“当前图层”→选择『贝塞尔工具』→沿底图上“农村道路”的中心线，进行跟踪矢量化（注意与其他要素贴齐）→所有农村道路绘制完毕后，在“对象管理器”中，单击“跨图层编辑”图标，使其弹起（处于非跨图层编辑状态）→双击『挑选工具』图标，以全选所有“农村道路”→单击“跨图层编辑”图标，使其按下（处于跨图层编辑状态）→单击【编辑】菜单→选择〖复制属性自…〗菜单项→在弹出的“复制属性”对话框中，勾选“轮廓笔”及“轮廓色”→单击“确定”按钮→将弹出的“箭头”移到“农村道路（线状）”图例上，单击左键，即可复制农村道路符号。

2.6.18 绘制有林地

在“对象管理器”中，单击“有林地”图层，使其成为“当前图层”→选择『贝塞尔工具』→沿底图上“有林地”的边线，进行跟踪矢量化，形成封闭曲线。水工建筑用地与河流间的有林地可适当扩宽（因为上层的水工建筑用地与河流面层可以将扩宽的部分遮盖）→所有有林地绘制完毕后，在“对象管理器”中，单击“跨图层编辑”图标，使其弹起（处于非跨图层编辑状态）→双击『挑选工具』图标，以全选所有“有林地”→单击“跨图层编辑”图标，使其按下（处于跨图层编辑状态）→单击【编辑】菜单→选择〖复制属性自…〗菜单项→在弹出的“复制属性”对话框中，勾选“轮廓笔”及“填充”选项→单击“确定”按钮→将弹出的“箭头”移到“有林地”图例上，单击左键，即可复制有林地的颜色。

2.6.19 绘制村庄

绘制村庄的方法与绘制有林地的方法相同，村界处要与村界线贴齐。注意设置“村庄”为当前图层。

2.6.20 绘制水浇地

绘制水浇地的方法与绘制有林地的方法相同，水浇地与相关要素（如与农村道路）应贴齐。注意设置“水浇地”为当前图层。

2.6.21 绘制旱地

关闭“乡（镇）界”及“村界”图层眼睛图标，使其图层不可见→打开“旱地”图层眼睛图标→用『形状工具』，在“村界”与“乡（镇）界”相交处打断“乡（镇）界”（分割曲线）→删除多余的“乡（镇）界”→按住 <Shift> 键，选择“村界”与“乡（镇）界”→单击【排列】菜单→选择〖结合〗菜单项→用『形状工具』，连接节点，形成封闭边线→单击【编辑】菜单→选择〖复制属性自…〗菜单项→在弹出的“复制属性”对话框中，勾选“轮廓笔”及“填充”→单击“确定”按钮→将弹出的“箭头”移到“旱地”图例上，单击左键，即可复制旱地的颜色。

2.6.22 绘制色带

使“色带”层可见且可编辑→按住 <Shift> 键，选择“省界”与“乡（镇）界”→单击【排列】菜单→选择〖结合〗菜单项→用『形状工具』，连接节点，形成封闭曲线→单击【窗口】

菜单→选择〖泊坞窗〗菜单项→选择[轮廓图]菜单项，在弹出的对话框中设置选项及参数，如图 10-6 所示→单击“应用”按钮，形成轮廓图→单击【排列】菜单→选择〖拆分轮廓图群组〗菜单项→单击【排列】菜单→选择〖取消全部群组〗菜单项→单击选择中间轮廓线→单击【排列】菜单→选择〖变换〗菜单项→选择[位置]菜单项，在弹出的对话框中设置选项及参数，如图 10-7 所示→单击“应用到再制”按钮（在原位置复制一条轮廓线）→按住 < Shift > 键，选择内侧及中间轮廓线→在属性栏上单击“结合”图标→填充颜色值“C = 0, M = 30, Y = 0, K = 40”→取消轮廓线→按住 < Shift > 键，选择外侧及中间轮廓线→在属性栏上单击“结合”图标→填充颜色值“C = 0, M = 20, Y = 0, K = 20”→取消轮廓线。

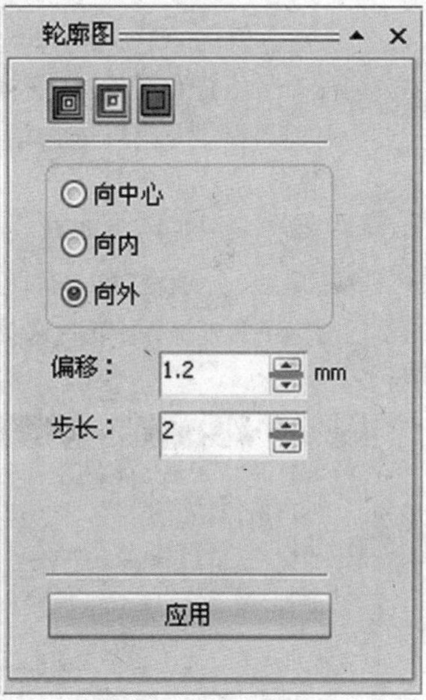

图 10-6　生成轮廓图的设置

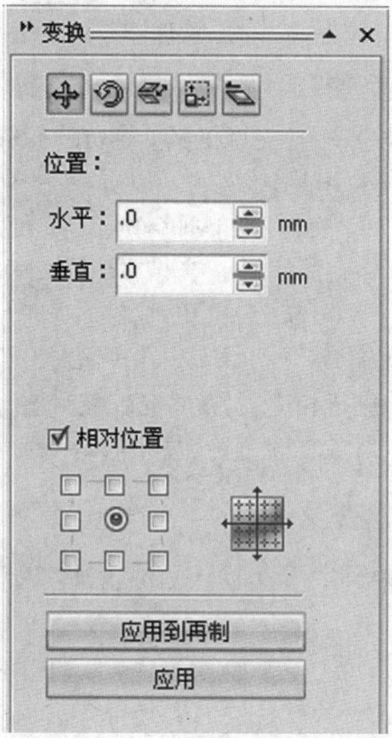

图 10-7　复制轮廓线的设置

2.7　输入比例尺

操作步骤：在“对象管理器”中，单击“比例尺”图层，使其成为“当前图层”→单击工具箱中的〖文本工具〗字，在图例正下方 3 mm 处，输入“比例尺 1∶30 000”文字，字体为“黑体”，高度为“3 mm”，颜色为“黑色（K = 100）”。

2.8　绘制颍南办事处位置图

对于颍南办事处位置图，可以新建文件，单独绘制，绘完后导入到“位置图”图层中。

2.9　绘制土地利用现状统计图

对于“土地利用现状基本构成”和“土地利用现状一级分类”两个统计图，可以根据统计数据，利用分区统计图表法的有关知识，绘制统计图及指示线，并添加文字说明，然后导入到“统计图”图层中。为了提高作业效率，也可编写应用程序，利用程序生成统计图，经编辑后导入“统计图”图层中。

2.10 输入图名

操作步骤:在“对象管理器”中,单击“图名”图层,使其成为“当前图层”→单击工具箱中的『文本工具』,在图廓线正上方3 mm处,输入“颍南办事处土地利用现状图”,字体为“黑体”,高度为“8 mm”,颜色为“黑色”。

2.11 绘制裁切线

操作步骤:在“对象管理器”中,单击“裁切线”图层,使其成为“当前图层”→单击工具箱中的『手绘工具』→按住<Ctrl>键,绘制一条水平线→在属性栏中输入长度5 mm,单击回车键→单击『轮廓工具』,在“轮廓笔”对话框中,设置线颜色值为“C=100,M=100,Y=100,K=100”,线宽为“0.1 mm”→单击“确定”按钮→单击【排列】菜单→选择〖变换〗菜单项→选择[旋转]菜单项,输入旋转角度为“90”→单击“应用到再制”按钮→全选已绘制的两条线→在属性栏中单击“群组”按钮→单击【排列】菜单→选择〖对齐和分布〗菜单项→选择[对齐和分布…]菜单项,在“对齐和分布”对话框中进行设置,如图10-8所示→单击“应用”按钮,将裁切线安排在页面左上角→复制三个“+”字裁切线,分别在“对齐和分布”对话框中进行相应设置,将它们安排在页面的另外三个角上→单击【文件】菜单→选择〖保存〗菜单项(绘图过程中,每隔10多分钟要保存一次文件)。

2.12 检查及修改

编制完毕后,参照图10-3,检查“对象管理器”中的图层是否齐全,各图层上下顺序是否正确。然后关闭所有图层,从最上层开始,逐层打开(打开眼睛图标),分层检查、修改。检查各层内容是否齐全,有无缺漏,要素有无放错图层,位置是否正确,图形精度、颜色及尺寸是否符合要求,注记的字体、字形、字高及颜色是否符合规定,各要素关系是否合理等,对于检查出的错漏,及时编辑修改。

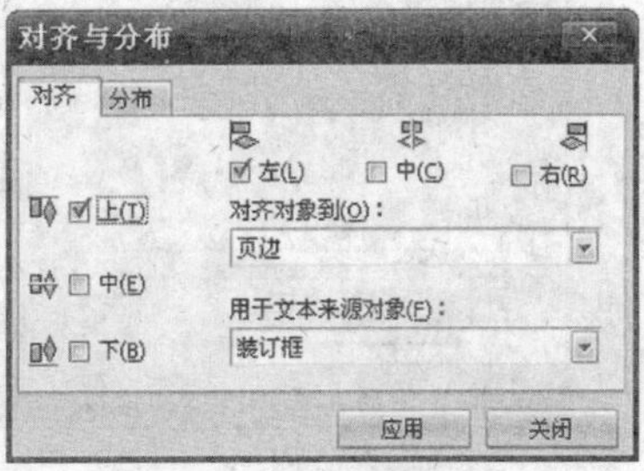

图10-8 对齐与分布设置

思考题

1. 什么是土地利用现状图?
2. 土地利用现状图的类型有哪些?
3. 土地利用现状图表示的内容有哪些?
4. 图斑如何划分?
5. 图斑的综合取舍基本要求是什么?
6. 要素之间的关系如何处理?

项目11 编制地势图

项目目标

通过本项目的教学,使学生掌握地势图的相关知识及编制地势图的方法、步骤。

实例素材

1 各种单张纸质地势图

(1)中国地势图。
(2)河南省地势图。
(3)海南省地势图。

2 各种比例尺电子地势图

(1)中国地势图。
(2)河南省地势图。
(3)海南省地势图。

相关知识

1 地势图的基本概念

地势图是以表示地区的地貌特征为主的自然地图,通常用等高线加分层设色的方法表示,故也称分层设色图。因此,与一般的地形图相比,它能更为明显地反映地貌的类型和形态特征。在图上应详细表示与地貌有密切关系的水系。而居民点在地势图上则常只作定位用,要进行较多的舍弃;土质、植被与政区界线适当表示。

分层设色地势图的比例尺一般是比较小的,通常是指小于1:100万比例尺的地图(也有大于1:100万的实质上是属于地势图的,如地区、县地图)。有的把地势图和地貌图合为同一种类,称为地表形态图,但按其内容和意义来看,它们是有区别的。同时,地势图可看作是普通地图与专题地图的过渡类型。

地势图对在较大区域范围内进行建设的预想规划(如修建铁路、大型水库和水电站),对地区的地形、水文研究(为军事目的或科研、教学目的)和民航都有极广泛的实用价值。同时,地势图是编制气候图、土壤图、植被图等的基础。此外,它也是编制其他专题地图和地理基础底图的重要资料。

2　地势图的编图要求

分层设色地势图对地貌显示的要求如下：

(1)应该显示出地表面大的地貌形态及轮廓形状、绝对高程与相对高程、斜坡的特征，以及切割的类型、特点和程度等。当图上未设分层设色时，也应能明显地看出地貌形态的结构特征、延伸方向、倾斜度、水文线和集水线，能近似决定相对高程（最高点与最低点的高差）。

(2)显示地貌应有的地理相似性，即在图上应该保持与大型地貌形态的构造和成因有关的图形特征。在等高线图形化简时，在保证地貌形态结构的原则下，对次要的细小碎部可作较大的概括。

(3)地貌的高程与平面精度，应与地图比例尺和用途相适应。地势图质量的好坏，取决于等高距的选择、等高线图形的概括程度和分层设色的选择。采用相等的等高距，能够精确而明显地显示地貌，尤其在较小区域内的较大比例尺图上，用相等的等高距更为适宜。然而，当比例尺缩小，地区范围扩大，且在同一地图上包括了各种复杂的地貌类型时，由于地面坡度变化复杂，倾角相差悬殊，就不能也不应该选用相等的等高距了。为了正确地显示地貌形态，必须考虑到地图的比例尺、用途和景观显示的特点，适当地选择等高线的等高距，一般采用从低到高逐渐增大的变距等高距。

3　确定等高距，选择等高线

在小比例尺地图上，采用逐渐变换的等高距是有很多优点的。这种等高距的设计原则是：等高线间的高程变化尽可能逐渐地与斜坡平均倾斜角的变化相适应。对斜坡的倾斜角越向高处变化越大的地貌形态，最好用逐渐增大的等高距来表示，但这种“逐渐增大”是较缓慢的，以保证倾斜度大的地方等高线仍保持较密集的特征。有一些地图，在较低平地区用较小的等高距，使平原地区成了有很多切割的微地形；但到高山地区等高距又不恰当地增大得过大，以致在等高线图形上很多山峰不能用等高线表示出来，尖顶山变成了高平原，山脉方向亦不明显。由于从等高线图形上看不出等高线间较密集与较稀疏的特征，从而失去了斜坡倾斜度的特征，如图 11-1 所示。

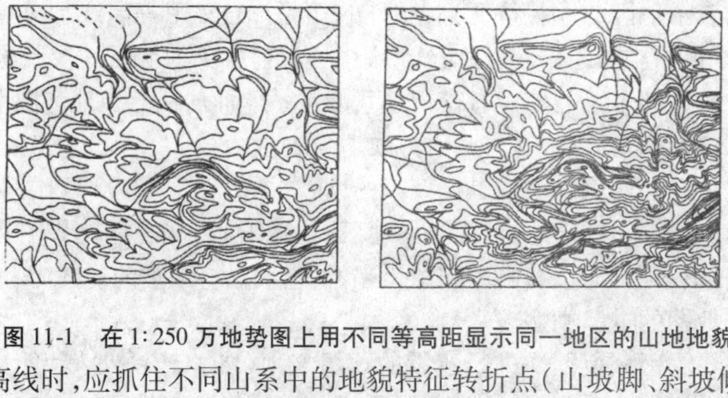

图 11-1　在 1∶250 万地势图上用不同等高距显示同一地区的山地地貌

在选择等高线时，应抓住不同山系中的地貌特征转折点（山坡脚、斜坡倾角变换点），根据这些地貌特征转折点，可将山系分成若干高程带。划分高程带时，尽可能使通过这些特征点的等高线包括在等高线间距表内，以显示低地向高地、高地向山区等的转变位置及特征。

同时,需要包括有一些在地图上通常习惯使用的等高线,如 0 m、200 m、500 m、1 000 m、2 000 m 等。

地貌等高线等高距表的确定,主要取决于地图的用途、比例尺与资料的情况。要选择恰当的等高线等高距表,通常需按以下工作步骤进行:

(1)区分不同地貌类型的区域。

(2)在每个区域内选择有代表性的地区。

(3)在每个代表性地区内作剖面图,标出该区的地形变化点,并计算极限性的和占优势的倾斜角值。

(4)对每个代表性区域,研究等高线近于合并的地段和等高线间距较近的地段,据此选择各类地貌合适的等高线等高距。

(5)把各个区域的等高线间距表合并为一个统一的等高距表。这里要保证等高线间距是逐渐增大的,并且包括了特征等高线与常用的等高线。

(6)最后,研究各区域是否都适用这统一的等高线等高距表,若不适用,则需在编绘时考虑补充某几条对全区特征有意义的等高线,与此同时,舍去与补充等高线邻近的那几条等高线。

在很大地区范围的地图上,当用统一的等高线间距表不能包括所有特征等高线时,通常用以下方法弥补:

(1)在一幅地图内用两种不同的间距,即在平原地带与高山地带用不同的间距。

(2)增加补充等高线或地貌符号。

在地势图上,由于比例尺较小,只能是突出显示各种地貌类型的主要形态特征,因此对一些较小的或小范围的地貌要素,如火山锥、冲沟、陡崖、微冲积扇等,常常只能用地貌符号表示。符号表示的多少、大小与表达形式取决于地图的比例尺和用途。

为了提高地图的易读性,有时在分层设色图上再加晕渲。对平原地区来说,晕渲能把没有用足够的等高线表示的地形微起伏显示出来。

4　专题内容的表示方法

等值线是专题要素数值相等的连线,例如等高线、等深线、等温线、等压线、等降水量线、等磁偏线、等震线、等重力异常线等。

等值线可以显示地面和空间连续分布且均匀渐变的现象,并能说明这种现象在地图上任一点的数值和强度。如自然现象中的地形、气候、地壳变动等现象。有的地图用等值线表示人文现象(如人口分布密度),因为人文现象的分布不一定是连续的、均匀的和渐变的,而往往是错综复杂的,因此根据观测点代表的面积指标绘出的等值线被称为伪等值线。

等值线法——用等值线表示专题现象的方法。

等值线法的特点如下:

(1)等值线法用来表示连续分布于整个制图区域的各种变化渐移的现象。

(2)在采用这种方法时,每个点所具有的数据指标都必须完全是同一性质的。例如,根据各地同一时间的记录,以代表当时区域内的气候情况(某年某月某日的气温),或者取较长时间记录的平均数(如多年观测的某月全月气温,取平均数而得该月的平均气温)来代表。又例如,等高线必须根据同精度测量和化为同高程起算基准的成果,才能正确反映客观实际情况。

(3)单独一条等高线只表示数值相等各点之间的连线,不能表示某种现象的变化情况,只有组成一个系统后,才能表示现象的分布特征。地图上描绘的等值线,通常是根据观测点的数值内插而得的。但对观测资料不足的地区,则是在已知等值线外,根据具体情况,向外推断而得,此法称为外推法,这种等值线的精度不甚可靠。

(4)等值线的间隔最好保持一定的常数,这样有利于根据等值线的疏密程度判断现象的变化程度。但这也不是绝对的,例如在小比例尺地图上,用等高线表示地貌时,由于所包括区域范围大,地貌形态复杂,多数是采用随高度和坡度而变化的等高距。

在选择等高线的间隔时,现象本身的特点(如变动范围的大小)、观测点的多少、地图的比例尺、地图的用途等都影响等值线的选择。一般来说,观测点多,等值线间隔就可以小,反之就大;比例尺小,间隔就大;科研和设计用图,等值线间隔宜小,一般参考图可大一些。但是,反映现象分布特征的典型等值线应予以表示。

(5)等值线和分层设色相配合时,各层的颜色随现象数值的变化改变其饱和度、冷暖和亮度等,以表示现象的质和量的变化特征及其明显性。例如,在气温图上,用暖冷两类不同的颜色反映正、负气温的变化。

(6)等值线直接加数量注记可以显示数量指标,无须另作图例。这是等值线法优于其他表示法之处。用等值线法表示气温和河流径流如图 11-2 所示。

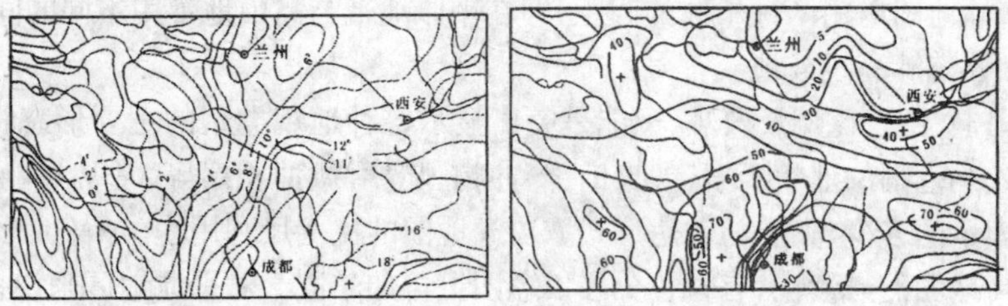

图 11-2　用等值线法表示气温和河流径流

(7)各种地图上等值线法不但反映了现象的强度(数量指标),而且还可反映以下几点:①随着时间而变化的现象,如用多组等磁差线反映磁差年变化。②现象的移动,如用多组等值线反映气团季节性变化、海底的升降等。③反映现象的重复及或然率,如一年中哪些时间的气温是相同的,一年中各月的大风和暴雨的次数。如果用两三种等值线系统,则可以显示几种现象的相互联系,如同时表示 7 月的等温线和等降水线,如图 11-3 所示。但这种图的易读性会相应降低,因此常用分层设色辅助表示其中一种等值线系统。

5　绘图软件

在本项目中使用 CorelDRAW X3 软件绘制,在实际工作中也可以采用其他软件。

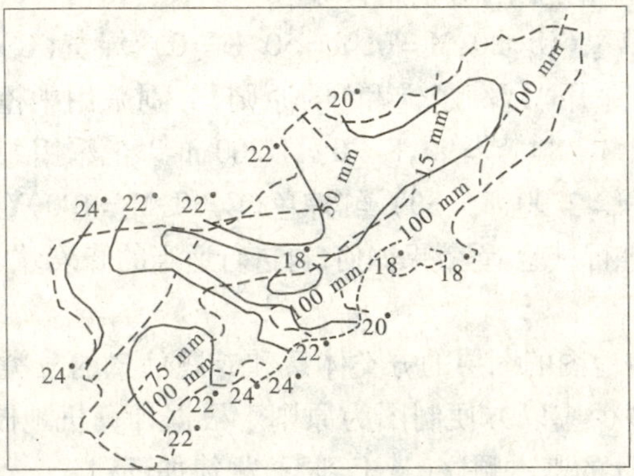

图 11-3 7 月气温和降水

6 地势图编制方法及一般成图过程

6.1 地势图的编制方法

6.1.1 编写《专业技术设计书》

由生产单位设计人员根据地势图的性质、用途，以及制图区域地势特点等进行设计，编写出《专业技术设计书》，用于指导地势图的编制生产。地势图的设计工作包括确定开本大小、比例尺、分析制图区域地理特征，选择地图内容和各要素的表示方法；确定等高距，选择等高线，制订等高线制图综合原则，确定设色原则，设计各高程带颜色；设计分层方案；图面配置设计、图例设计、封面装帧、图边设计；以及编写文字简介等内容。

6.1.1.1 分析制图区域地理特征

下面以海南省为例，分析其地理特征。

分析制图区域的地貌类型，海南地势中高周低，以五指山、鹦歌岭为隆起核心，山地、丘陵、台地、平原呈环形层状分布，山地和丘陵面积占全岛面积的 38.7%，周围广泛分布着宽窄不一的台地和阶地，占全岛总面积的 49.5%。一般海拔低于 100 m，相对高度在 80 m 以下，包括熔岩台地、花岗岩台地、红岩台地、山麓洪积台地、变质岩台地和河流阶地，海成阶地等熔岩台地常见的地貌是火山锥，多分布在海南岛北部。在山地中，还散布着丘陵性的盆地，著名的盆地有通什盆地、营根盆地、东方盆地、乐东盆地。主要河流都发源于中部山区，组成辐射状水系，南渡江、昌化江、万泉河为海南岛三大河流。3 条大河流域面积占全岛面积的 47%，湖泊多为人工湖（水库）。

6.1.1.2 选择地图内容和各要素的表示方法

地势图是以表示地区的地貌特征为主的自然地图，通常地势起伏采用等值线法，用等高线加分层设色表示。而居民点在地势图上则常只作定位用，要进行较多的舍弃，用定点符号法表示；土质、植被与政区界线适当表示，土质、植被可用范围法，政区界线用线状符号法表示。

6.1.1.3 确定设色原则，设计各色层颜色

用分层设色法表示地貌，关键在于选择合适的设色原则和颜色，建立一个富有表现力的色层表。色层表的成败主要取决于颜色及其科学组合。

根据地貌类型，确定合适的设色原则。由于海南地貌类型多样，可采用综合型色层表：

0~500 m,采用“越高越亮”的原则,分别用青绿(C=80,M=0,Y=50,K=0)、草绿(C=40,M=0,Y=70,K=0)、淡草绿(C=20,M=0,Y=50,K=0)、绿黄(C=10,M=0,Y=40,K=0)等色彩;500~1 200 m,采用“越高越饱和”的原则,分别采用中橙色(C=0,M=45,Y=70,K=0)、深橙色(C=0,M=80,Y=90,K=0);1 200 m以上采用“越高越暗”的原则,分别采用暗橙色(C=0,M=90,Y=90,K=30)、红棕色(C=0,M=100,Y=100,K=50)。

确定好色层表以后,进行试验,看效果如何,再进行适当的修改,作为最终分层设色方案。

6.1.1.4 设计分层方案

分层方案是确定当前地图的图层的分类体系和专题信息的分类体系,它是对地理现象的综合和概括。分层的多少应以方便制图为原则。根据计算机地图制图数据组织基本原则,可以得到地图图层设计的基本顺序(从上到下)规律如下:

图面整饰部分;

图例部分;

附图部分(插图、移图、扩大图);

点状要素注记部分;

线状要素注记部分;

面状要素注记部分;

点状要素符号部分;

线状要素符号部分;

面状要素符号部分;

面积色部分;

底图。

(1)图面整饰部分。根据地图类型不同,内容也有所不同,主要包括图名、图廓、花边等图层。

(2)图例部分。主要包括说明注记、色层表、图例底色(背景色)等图层。

(3)附图部分。通常包括位置图、重点区域扩大图、某要素的说明图表等,它们的图层顺序安排与主图基本一致。

(4)点状要素注记部分。包括地图幅面上所有点状要素注记,这些注记还要按要素种类分层存储,并根据地物的重要性把重要地物注记放置在上层,一般地物注记放置在中间层,次要地物注记放置在最下层。

(5)线状要素注记部分。包括河流、道路、等高线高程等图上所有线状要素注记,这些注记也要按要素种类分层存储,并根据地物的重要性把重要地物注记放置在上层,一般地物注记放置在中间层,次要地物注记放置在最下层。

(6)面状要素注记部分。包括山脉注记、面状水系注记,这些注记同样要按要素种类分层存储。

(7)点状要素符号部分。包括地图幅面上所有点状要素符号,这些符号还要按要素种类分层存储,并根据地物的重要性把重要地物符号放置在上层,一般地物符号放置在中间层,次要地物符号放置在最下层。

(8)线状要素符号部分。包括境界线、河流、道路等图上所有线状要素符号,线状要素符号部分图层设计和图层顺序安排与点状要素符号部分相似。

(9)面状要素符号部分。包括各色层色、色带等图上所有面状要素,这些面积色一般都是一种颜色一个图层,图层的顺序主要依据压盖关系来确定。

6.1.1.5　确定地图比例尺、开本大小

地势图的比例尺和开本与地图内容、用途、制图区域的面积轮廓、地图图面配置、纸张规格、制印工艺条件、折叠方式有着密切的关系。常用的开本(包括折叠图和图册)有32开、24开、20开和12开、4开、对开、全开、双全开等。

6.1.1.6　设计地势图中的符号

符号设计包括图形、尺寸和颜色设计。地势图专题要素主要是色层色的设计。首先根据地区特点选择合适的设色原则,再选择合适的颜色。

6.1.1.7　地势图的整饰设计

整饰设计内容包括图面配置、彩色选配、图框设计、图名的字体等。地势图的图面配置,除地图的图名、图例、比例尺等基本内容外,也有附图、图表,以及文字简介等内容。其基本原则与其他地图是一致的,图面配置与制图区域轮廓范围、开本、比例尺、附图数量、印刷工艺、纸张规格等因素有关,在设计过程中应全面考虑、统筹安排,常以等大绘制的彩色略图进行比较,以求得理想的方案。图面彩色选配应注意两方面问题,即色彩的配合和色调的选择。要达到色彩配合优良,除按色彩规律设色外,还要注意颜色的视觉效应与地图内容的结合,使地图符号在形式上具有较高的表达地图内容的作用。

6.1.2　地图制作

作业人员根据《专业技术设计书》的要求,将专题资料、现势资料转标到纸质底图上,然后将纸质底图进行扫描,一般情况下可将分辨率设定为280 dpi左右。启动CorelDRAW X3绘图软件,将底图导入页面中并锁定底图,然后设定各种绘图参数。按照《专业技术设计书》中的分层方案,在CorelDRAW X3的“对象管理器”中建立图层并定义各图层名称。图层建立后,就可以开始创作新地图了。利用CorelDRAW X3中的“贝塞尔工具”“节点编辑工具”“轮廓工具”“ 填充工具”“文本工具”等,对照地图进行矢量化,跟踪描绘各种线状要素(如单线河、境界线等底图要素,以及等高线等);绘制居民点;描绘要素边线且填色构成面状要素(如通过绘制水涯线且填充浅蓝色形成水库,各色层色等);输入居民点名称、道路名称等注记。注意:各种要素一定要放在各自图层上,不能放错图层。按照《专业技术设计书》的有关规定,对各种图形要素数据进行编辑,如等高线及等深线的绘制、色层表的建立;修改道路的图形、线型、线宽、线颜色;更改面状要素的填充色;定义注记的字体、字大、字色,调整注记字位等。然后进行图面配置,合理安排图名、图例、比例尺等附属元素。在CorelDRAW X3的“对象管理器”中查看图层顺序是否正确,如果有的图层位置有误,则应按照分层方案的规定,调整其至恰当的位置,以正确处理要素之间的压盖关系。以上工作做完后,作业人员应进行自我检查、修改,然后将新编地势图打印出来,对照打印图再次进行自查、修改,修改完毕后,将作业成果上交给质检部门审查、验收。

6.2　地势图的一般成图过程

地势图的一般成图过程见图11-4。

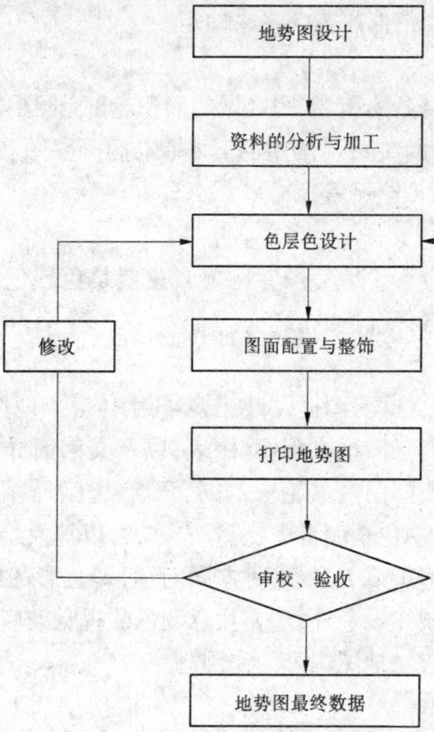

图 11-4　地势图的一般成图过程

技能训练

1　实习目的与要求

(1)熟练掌握布满于全制图区域现象数量特征的表示方法——等值线法。

(2)熟练掌握编制海南地势图的一般步骤和方法。

2　实习内容与步骤

绘制一幅《海南省地势图》,样图如图 11-5 所示。将底图导入 CorelDRAW X3 编辑页面中,对各要素进行矢量化。具体实习内容与步骤如下。

2.1　定义页面尺寸

操作步骤:启动 CorelDRAW X3→"新建"→【版面】→〖页面设置〗→"页面"→"大小"→"横向"→"纸张"选〔A4〕,其他项用默认值→"确定"。

2.2　导入底图

操作步骤:【文件】→〖导入〗→选择"海南地势图—底图"文件→"导入"→在页面任意处单击左键→【排列】→〖对齐和分布〗→[在页面居中]→在"对象管理器"中的"图层 1"上单击右键→〖重命名〗为"底图"→在"打印和导出图标"上单击左键(使其变成灰色),禁用

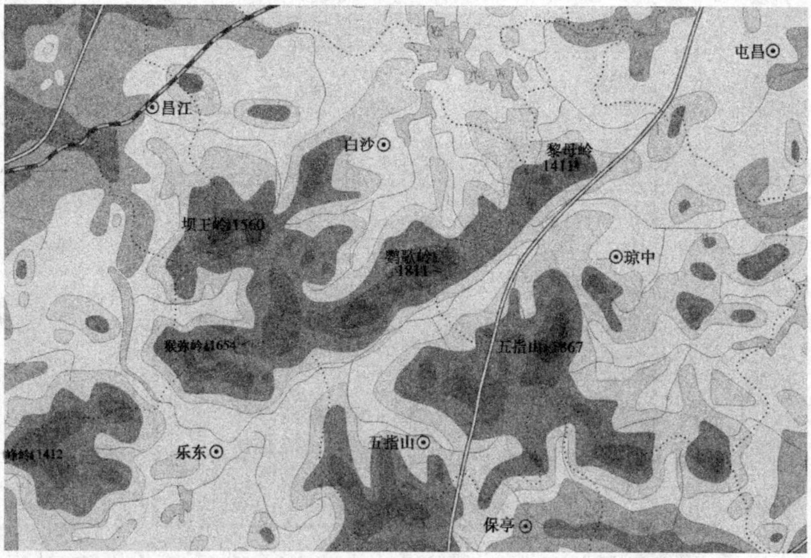

图 11-5　海南省地势图(局部图)

打印和导出→在“编辑”图标上单击左键(使其变成灰色),使“底图”图层不可编辑(锁定底图,防止其无意中被移位)→【文件】→〖保存〗→(选择自己的文件夹)“文件名”定义为“海南地势图”→单击“保存”按钮。

2.3　读图,建立绘图图层,地图要素的绘制

绘图之前,首先应认真阅读底图,对整个图形要有全面的了解。然后,根据新编图的分层方案,在 CorelDRAW X3 的“对象管理器”中建立绘图图层。图层叠加的一般顺序是:最下层为底图图层,然后依次往上是面状要素层、线状要素层、点状要素层及注记层、图例层、整饰要素层。

2.3.1　绘制图廓线

操作步骤:新建图层→改图层名为“图廓”→用工具框里的〖矩形工具〗→框出制图范围 293 mm×206 mm→点击〖轮廓工具〗右下角的黑三角→选择〖轮廓画笔对话框〗,如图 11-6 所示,会弹出“轮廓笔”对话框,如图 11-7 所示,设置颜色为“黑色(K=100)”,宽度为“0.5 mm”,样式为“直线”→单击“确定”按钮。

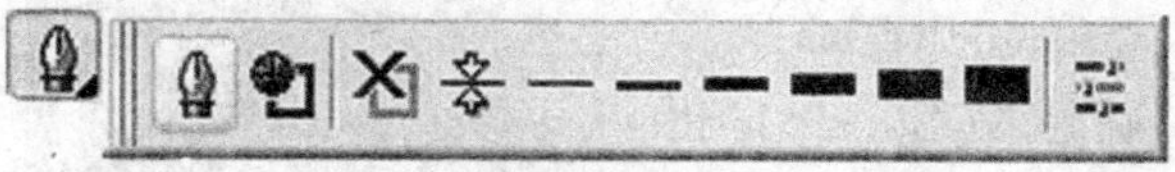

图 11-6　选择轮廓工具

2.3.2　绘制河流

操作步骤:新建图层→改图层名为“单线河流”→在编辑窗口内空白处单击鼠标左键→单击〖轮廓工具〗→选择〖轮廓画笔对话框〗,会弹出“轮廓笔”对话框→设置轮廓画笔默认参数,颜色为“青色(C=100)”,宽度为“0.1 mm”,样式为“直线”→单击“确定”按钮。矢量化单线河。

单线河流应从上游到下游逐渐加粗表示。河源处的为 0.1 mm,河流线粗变化的范围为

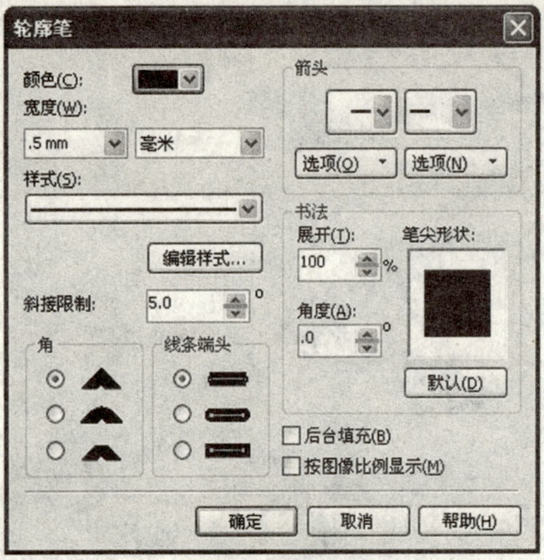

图 11-7　“轮廓笔”对话框

0.1 ~ 0.4 mm，一般河源处可以每 2 ~ 3 cm 变化一次线粗，中游可以每 3 ~ 5 cm 变化一次线粗，下游每 5 ~ 10 cm 变化一次线粗。支流与主流交汇处，支流线粗应小于主流线粗。

2.3.3　绘制湖泊、水库

操作步骤：新建图层→改图层名为“湖泊、水库”→ 单击『轮廓工具』→选择『轮廓画笔对话框』→设置轮廓画笔默认参数，颜色为“青色（C = 100）”，宽度为“0.1 mm”，样式为“直线”→单击“确定”按钮→设置填充颜色默认参数，单击工具箱中的『填充工具』→选择“填充对话框”，如图 11-8 所示，单击即可弹出“均匀填充”对话框，如图 11-9 所示，设置“组件”（C = 20）→矢量化所有的湖泊和水库。

图 11-8　选择填充工具

2.3.4　绘县界

操作步骤：新建图层→改图层名为“县界”→ 单击『轮廓工具』→选择『轮廓画笔对话框』→设置轮廓画笔默认参数，颜色为“黑色（K = 100）”，宽度为“0.2 mm”，样式为“点线”→单击“确定”按钮→矢量化主区内所有县界。

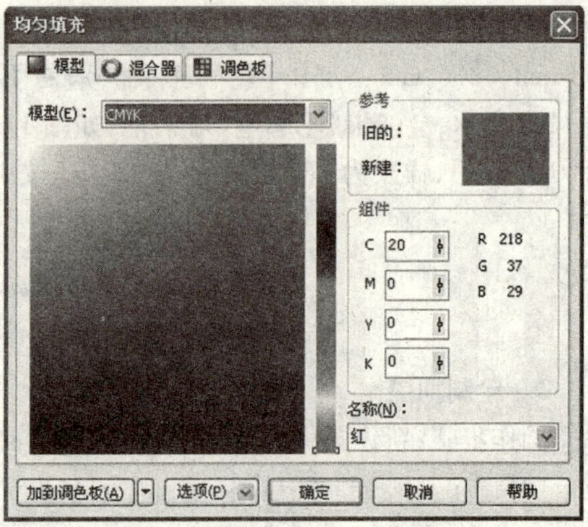

图 11-9　“均匀填充”对话框

2.3.5　绘铁路底

操作步骤：新建图层→改图层名为“铁路底”→单击『轮廓工具』→选择『轮廓画笔对话框』→设置轮廓画笔默认参数，颜色为“灰色（K = 75）”，宽度为“0.7 mm”，样式为“直线”→单击“确定”按钮→矢量化铁路。

2.3.6　绘铁路面

操作步骤:新建图层→改图层名为“铁路面”→设置“铁路底”为当前图层→双击『挑选工具』,选中“铁路底”图层中所有要素→单击“复制”→设置“铁路面”为当前图层→单击“粘贴”→单击『轮廓工具』→选择『轮廓画笔对话框』→修改轮廓画笔参数(见表 11-1):颜色为“青灰色(C = 10,K = 10)”,宽度为“0.4 mm”→单击“编辑样式”按钮,会弹出“编辑线条样式”对话框,如图 11-10 所示,设置完成后单击“添加”按钮即可得到所需样式→单击“确定”按钮。

表 11-1　线状要素图层命名及参数

图层名	参数设置	图例示意
县界	颜色为“黑色”(C0 M0 Y0 K100) 宽度为“0.2 mm”	
高速公路面	颜色为“灰色”(C0 M0 Y0 K10) 宽度为“0.4 mm”	
高速公路底	颜色为“灰色”(C0 M0 Y0 K75) 宽度为“0.7 mm”	
铁路面	颜色为“青灰色”(C10 M0 Y0 K10) 宽度为“0.4 mm”	
铁路底	颜色为“灰色”(C0 M0 Y0 K75) 宽度为“0.7 mm”	
单线河流	颜色为“青色”(C100 M0 Y0 K0) 宽度为“0.1 ~ 0.4 mm”	
等高线	颜色为“褐色”(C0 M40 Y60 K20) 宽度为“0.15 mm”	

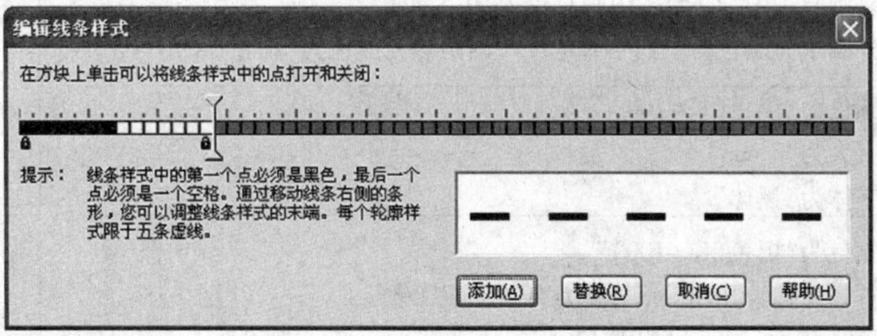

图 11-10　铁路面样式设置

2.3.7　绘高速公路底

操作步骤:新建图层→改图层名为“高速公路底”→单击『轮廓工具』→选择『轮廓画笔对话框』→设置轮廓画笔默认参数,颜色为“灰色(K = 75)”,宽度为“0.7 mm”,样式为“直线”→单击“确定”按钮→矢量化所有的高速公路。

2.3.8　绘高速公路面

操作步骤:新建图层→改图层名为“高速公路面”→设置“高速公路底”为当前图层→双

击『挑选工具』，选中“高速公路底”图层中所有要素→单击“复制”→设置“高速公路面”为当前图层→单击“粘贴”→单击『轮廓工具』→选择『轮廓画笔对话框』→修改轮廓画笔参数：颜色为“灰色（K=10）”，宽度为“0.4 mm”，样式为“直线”→单击“确定”按钮。

2.3.9　绘等高线

操作步骤：新建图层→改图层名为“×米等高线及填充色”（注意：等高线也要按照高程值分图层放置，如 50 米等高线应该放在“50 米等高线及填充色”层）→单击『轮廓工具』→选择『轮廓画笔对话框』→设置轮廓画笔默认参数，颜色为“褐色（C=0，M=40，Y=60，K=20）”，宽度为“0.15 mm”，样式为“直线”→单击“确定”按钮→矢量化所有的等高线。0 米等高线也是海岸线，所以用青色（C=100）表示。

2.3.10　绘地市符号

操作步骤：新建图层→改图层名为“地市符号”→对地市级居民地配置符号，本图中只有“海口市”和“三亚市”两个地市符号，符号样式参见所给图例（见表 11-2），直接进行复制并配置到相应位置即可。

表 11-2　点状要素及注记图层命名及参数

图层名	参数设置	图例示意
地市符号	颜色为“黑色（K=100）” 线粗为“0.2 mm” 外圆直径为“2.5 mm”，内圆直径为“1.5 mm” 填充颜色为“白色（K=0）”	◎海口市
地市注记	颜色为“黑色（K=100）” 字大为“3 mm” 字体为“黑体”	
县符号	颜色为“黑色（K=100）” 线粗为“0.2 mm” 外圆直径为“2 mm”，内圆直径为“0.5 mm” 外圆填充颜色为“白色（K=0）”，内圆填充颜色为“黑色（K=100）”	⊙临高
县注记	颜色为“黑色（K=100）” 字大为“3 mm” 字体为“黑体”	
山峰符号	颜色为“黑色（K=100）” 符号底宽为“0.8 mm”，高为“1.8 mm”	五指山▲1867
山峰注记	颜色为“黑色（K=100）” 字大为“2 mm”，水平压缩 80% 字体为“黑体”	
水系注记	颜色为“青色（C=100）” 字大为“2 ~4 mm”，水平压缩 80% 字体为“宋体”，水平倾斜 15°	南渡江

2.3.11　绘县符号

操作步骤:新建图层→改图层名为“县符号”→对县级居民地配置符号,符号样式参见所给图例,直接进行复制并配置到相应位置即可。

2.3.12　绘山峰符号

操作步骤:新建图层→改图层名为“山峰符号”→对图中的山峰处配置符号,符号样式参见所给图例,直接进行复制并配置到相应位置即可。

2.3.13　输入地市注记

操作步骤:新建图层→改图层名为“地市注记”→对地市级居民地符号配置注记,单击工具箱中的『文本工具』,在编辑窗口内相应位置单击鼠标,即可输入文字→参照表 3-1 对文字属性进行设置参数:单击标准“属性栏”如图 11-11 所示中的“字符格式化”按钮,即可弹出“字符格式化”参数设置对话框,如图 11-12 所示,选择字体为“黑体”,字大为“3 mm”→颜色的设置:单击工具箱中的『填充工具』右下角的黑三角,选择“填充对话框”,如图 11-8所示,单击即可弹出“均匀填充”对话框,参考图 11-9,设置颜色为“黑色(K=100)”。

图 11-11　文本属性栏

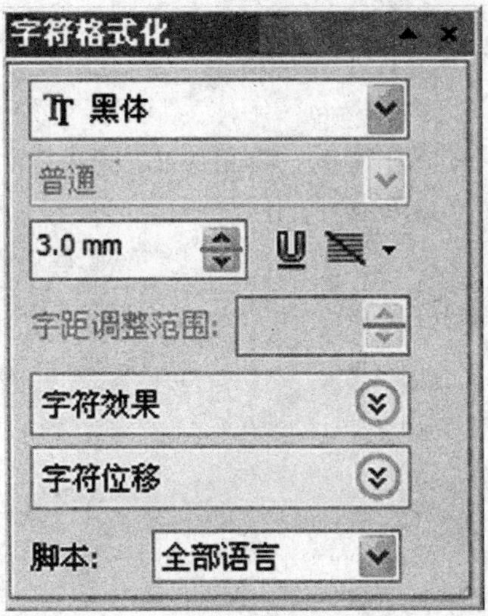

图 11-12　文本参数设置

2.3.14　输入县注记

操作步骤:新建图层→改图层名为“县注记”→ 对县级居民地符号配置注记,文本参数设置参照 2.3.13,县注记字大为“3 mm”,字体为“黑体”,颜色为“黑色(K=100)”。

2.3.15　输入水系注记

操作步骤:新建图层→改图层名为“水系注记”→对图中河流、湖泊、水库等进行注记名称,采用左斜宋体,屈曲字列的方式进行排列。注记大小按河流等级标注,字大为“2 ~ 4 mm”,支流注记要比主流注记小。一幅图内的同一条河,如果河流过长,可分段 15 ~ 20 cm 重复注记。输入河名并选中河名→单击【排列】→[变换]→选择[倾斜],参照图 11-13 所示,即可弹出“变换”对话框,如图 11-14 所示,设置水平倾斜为“15 度”,垂直倾斜为“0”→单击“应用”按钮→设置颜色为“青色(C = 100)”。

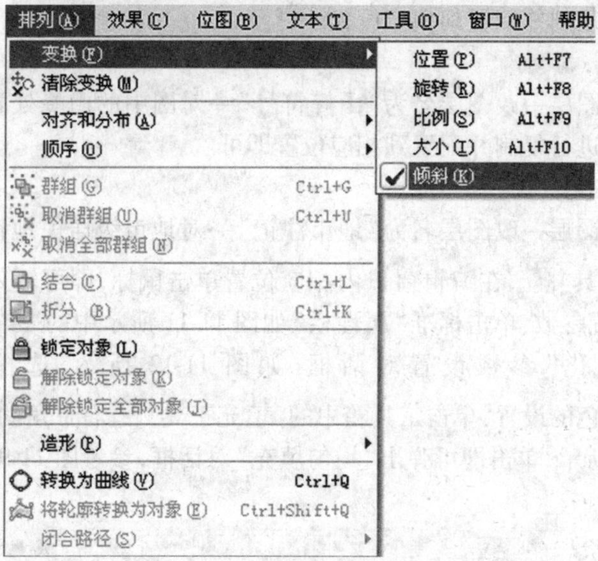

图 11-13 打开倾斜对话框

2.3.16 输入山峰注记

操作步骤:新建图层→改图层名为“山峰注记”→ 对山峰符号配置注记,文本参数设置参照步骤 2.3.13,山峰注记字大为“2 mm”,字体为“黑体”,颜色为“黑色(K = 100)”→压缩文字:单击【排列】→〖变换〗→选择[比例],即可弹出“变换”对话框,如图 11-15 所示,设置水平为“80%”,垂直为“100%”→单击“应用”按钮。

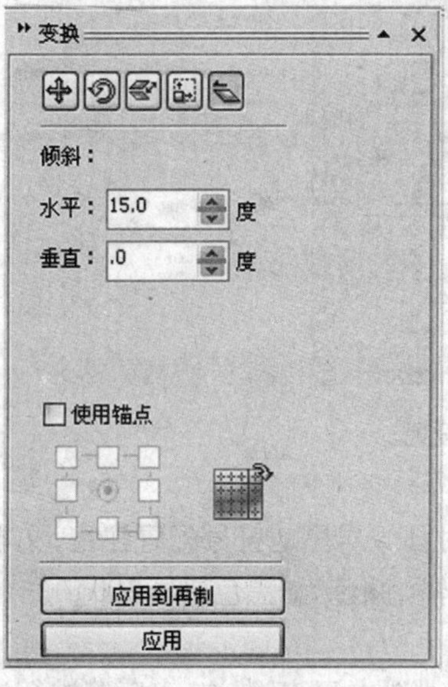

图 11-14 注记的倾斜

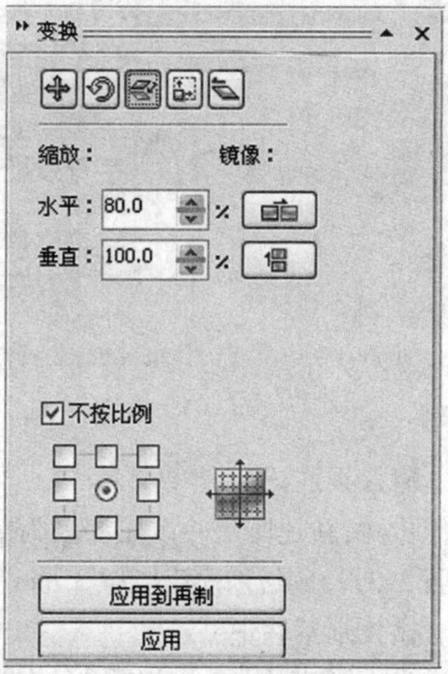

图 11-15 注记的压缩

2.3.17 分高程带填充颜色

相邻等高线之间填充适当的颜色,利用颜色的进退感,体现出较好的立体性。在 Corel-

DRAW X3 中，图形可进行叠加，上层图形会遮盖下层图形，故可将每一高程的封闭等高线填充颜色，就可以得到分层设色的效果。参照表 11-3，设置颜色。

表 11-3　高程带颜色参数

高程带	颜色值
海域	C = 20，M = 0，Y = 0，K = 0
0 ~ 50 m	C = 50，M = 0，Y = 45，K = 0
50 ~ 100 m	C = 25，M = 0，Y = 35，K = 0
100 ~ 300 m	C = 10，M = 0，Y = 20，K = 0
300 ~ 500 m	C = 0，M = 10，Y = 50，K = 1
500 ~ 1 000 m	C = 0，M = 45，Y = 70，K = 5
1 000 ~ 1 200 m	C = 0，M = 70，Y = 80，K = 7
1 200 ~ 1 500 m	C = 0，M = 80，Y = 90，K = 15
1 500 m 以上	C = 0，M = 90，Y = 90，K = 30

图 11-16　《海南省地势图》图层顺序

2.4　绘制附图、图名、比例尺等

分图层绘制附图、图名、比例尺等。

2.5　整饰图面

根据图面内容的分布进行调整，使图面美观、匀称。关闭“底图”层，调整注记与符号之间的位置关系，注记尽量不压盖其他要素。查看图名、图例、比例尺等要素，并调整其位置。

2.6　调整图层顺序

图层顺序可参照图 11-16 所示。

2.7　自校、修改

关闭所有图层→逐层打开，检查是否有要素放错图层，将放错的要素移到正确图层→检查有无错绘、漏绘，然后修改。

思考题

1. 什么是地势图？
2. 地势图的编图要求是什么？
3. 在编制地势图时，如何确定等高距？
4. 等值线法的特点是什么？

参 考 文 献

[1] 张克权,黄仁涛,等. 专题地图编制[M]. 北京:测绘出版社,1991.

[2] 国家测绘局人事司,国家测绘局职业技能鉴定指导中心. 地图制图(技师版)[M]. 北京:测绘出版社,2009.

[3] 黄仁涛,庞小平,马晨燕. 专题地图编制[M]. 武汉:武汉大学出版社,2003.

[4] 祝国瑞,苗先荣,陈丽珍. 地图设计[M]. 广州:广东省地图出版社,1993.

[5] 俞连笙,等. 地图整饰[M]. 北京:测绘出版社,1995.

[6] 刘万青,刘咏梅,袁勘省. 数字专题地图[M]. 北京:科学出版社,2007.

[7] 何宗宜. 计算机地图制图[M]. 北京:测绘出版社,2008.

[8] 艾自兴,龙毅. 计算机地图制图[M]. 武汉:武汉大学出版社,2005.

[9] 姚兴海,姚磊. CorelDRAW 地图制图[M]. 北京:中国地图出版社,2003.

[10] 蔡孟裔,等. 新编地图学实习教程[M]. 北京:高等教育出版社,2004.

[11] 中国科学院、国家计划委员会地理研究所,国家经济信息中心,国家统计局统计科学研究所. 中华人民共和国国家经济地图集[M]. 北京:中国地图出版社,1993.

[12] 测绘出版社. 中国公路网超详版地图集[M]. 北京:测绘出版社,2010.

[13] 西安市地图集编纂委员会. 西安市地图集[M]. 西安:西安地图出版社,1989.

[14] 安徽省国土资源厅,安徽省测绘局. 安徽省领导工作用图(套图). 2009.

[15] 云南测绘局. 云南省地图集(盒装). 2002.